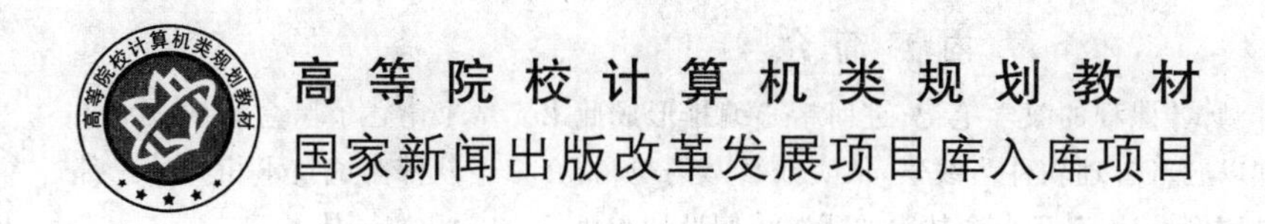

软件测试技术基础实践教程

何海江 编著

北京邮电大学出版社
www.buptpress.com

内 容 简 介

作者整理了十余年"软件测试"课程的教学笔记，进而精心编排形成此书。本书阐述了黑盒测试技术和白盒测试技术的理论知识，并以航班管理软件为线索，从实践教学的视角，介绍了软件测试技术相关的三部分内容：基于黑盒技术的测试用例设计，基于白盒技术的测试用例设计和执行，自动化测试技术。

本书的特色在于案例的完整性和测试用例设计的全面性，其实践性强，有助于学生更好地学习和掌握软件测试的基本技术。本书详细的设计步骤为读者自学提供了有力的支持。

本书可作为高等学校"软件测试"课程的教材或教学参考书。

图书在版编目（CIP）数据

软件测试技术基础实践教程 / 何海江编著. -- 北京 ：北京邮电大学出版社，2024. -- ISBN 978-7-5635-7389-9

Ⅰ. TP311. 55

中国国家版本馆 CIP 数据核字第 2025PL4718 号

策划编辑：姚　顺　　**责任编辑**：满志文　　**责任校对**：张会良　　**封面设计**：七星博纳

出版发行：北京邮电大学出版社
社　　址：北京市海淀区西土城路 10 号
邮政编码：100876
发 行 部：电话：010-62282185　传真：010-62283578
E-mail：publish@bupt. edu. cn
经　　销：各地新华书店
印　　刷：保定市中画美凯印刷有限公司
开　　本：787 mm×1 092 mm　1/16
印　　张：15. 25
字　　数：405 千字
版　　次：2024 年 11 月第 1 版
印　　次：2024 年 11 月第 1 次印刷

ISBN 978-7-5635-7389-9　　定价：49. 00 元

前　言

软件测试是软件工程专业的专业必修课。“软件测试”课程的教学目的不仅在于培养学生掌握专业化的软件测试技术，还注重训练学生的工程实践能力。由于本科教学过程“软件测试”课程的课时量并不多，因此，本书将重点讲授功能测试，对于性能测试、安全性测试、兼容性测试和可靠性测试等内容的实践，本书仅作一般性介绍。由于集成测试、系统测试和验收性测试的实践复杂且耗时，本书将简要介绍这些内容，而将单元测试的实践作为讲授重点。

本书针对的读者是计算机应用相关专业的本科生。在书中的案例和课后思考题中，我们将 Java 作为主要的编程语言。在执行白盒方法的测试用例时，本书以 Java 程序为例，详细讲解断点、程序插桩和断言的操作步骤。

目前，UML 统一建模语言是软件建模工程实践时业界最为偏爱的工具。计算机应用相关专业普遍开设了“软件工程”课程，同学们系统地学习了 UML 统一建模语言。考虑到这一因素，本书采用 UML 活动图来描述代码逻辑，而不再使用程序流程图。

软件规模不断增大，软件复杂性也日益增加，相应的测试工作量也越来越大，而其中许多测试用例会被不断地重复执行。敏捷开发过程的盛行，也使得软件版本的迭代加快，测试用例重复执行的频率也随之增大。自然地，软件工程师不再满足于人工执行测试活动，开发了许多自动化测试技术，用以执行重复的测试用例，提高工作效率。当下流行的 DevOps 是一种重视“软件开发人员(Dev)”和“IT 运维技术人员(Ops)”之间沟通合作的理念和实践，它能够促进应用程序开发、技术运营和质量保障部门之间的沟通、协作与整合。DevOps 通过自动化软件交付和架构变更的流程，使构建、测试、发布软件能够更加地快捷、频繁和可靠，因此它同样强调测试的自动化。自动化测试技术有众多的工具和框架来支持，本书使用主流的工具和框架，方便读者学习自动化测试技术。本书使用 JUnit 和 AssertJ Swing 来介绍图形用户界面应用程序的自动化测试，相关测试用例依据白盒方法来设计。本书使用 Selenium 来讲解 Web 应用程序的自动化测试，相应的测试用例根据黑盒方法来设计。

本书共有 10 章。第 1 章介绍软件测试相关的概念和基础知识，包括软件缺陷、软件故障、软件质量、软件测试目标、软件测试基本原则、软件测试基本过程、软件测试基本技术和软件测试工程师职责等内容。第 2 章介绍黑盒测试的基本技术，分别讲解了静态黑盒测试和动态黑盒测试。在介绍动态黑盒测试时，我们会专注于四类经典的黑盒测试技术：等价类划分、组合测试设计技术、边界值分析和判定表。组合测试设计技术允许通过完全组合、成对组合和单一选择等方式来组合测试项。另外，错误推测这一基于经验的测试技术也在本章进行了介绍。第 3 章讲述黑盒测试技术的实践，先引入航班管理软件，这是一个 Java Swing 界面的程序。接着基于动态黑盒测试方法设计测试用例，用以测试该软件的功能。第 4 章讲述白盒测试基本技术，包括静态白盒测试和动态白盒测试。针对动态白盒测试，讲述了逻辑覆盖、基本路径覆盖和循环测试。第5章讲述白盒测试的执行，介绍断点、程序插桩和断言，使用这3种方式运行动态白盒测试技术设计的测试用例。第6章讲述白盒测试技术的实践，用于测试航班管理软件的代码。第7章先引入一个关于汽车雨刷的简单软件WindshieldWiper，再介绍开源的Java语言程序测试框架JUnit。JUnit是Java程序的标准单元测试库，本章使用白盒测试技术为WindshieldWiper设计测试用例，再结合到JUnit的测试类，用于测试汽车雨刷软件。第8章讲解图形用户界面应用程序的自动化测试，结合JUnit和AssertJ Swing实现航班管理软件业务功能的自动化测试。本章将以航班管理软件为案例，完成自动化测试的实践。Selenium是一个可用于Web应用程序测试的工具。通过编写模仿用户操作的Selenium测试脚本，可以从用户的角度测试应用程序。第9章讲述Web应用程序的自动化测试，由Selenium的WebDriver来实现自动化测试，自动执行黑盒方法设计的测试用例。第10章简要介绍了性能测试、安全性测试、兼容性测试等内容，讲解了几种集成测试策略，另外，还介绍了调试程序的基本技能以及软件错误定位技术的发展。

在本书编写过程中，作者参考和引用了许多专家学者的著作和论文。虽然书中提及了大部分参考文献，但未逐一注明。在此，谨向相关参考文献的作者表示衷心的感谢。对于某些段落和句子，由于未能找到其原始出处，也未在参考文献中列出，在此向相关作者表示歉意。尽管作者已经尽力确保本书的准确性和完整性，但难免会有一些疏漏或不足之处，恳请读者谅解，并欢迎提出宝贵意见以便及时改正。希望读者阅读本书后能获取新的知识，并对软件测试实践有所帮助。本书案例的完整程序可从Gitee网站下载，书中提供了具体的下载地址。本书作者的电子邮箱为haijianghe@ccsu.edu.cn。

作　者

目 录

第1章 软件测试的基础知识

为了确保软件产品的质量和可靠性，软件测试是软件开发过程中不可或缺的一环。Bill Hetzel 将软件测试定义为“软件测试就是一系列活动，这些活动是为了评估一个程序或者软件系统的特性或能力，并确认其是否达到预期效果”。软件测试通过识别和报告软件中的错误和缺陷，帮助提升软件的稳定性和性能，进而确保软件的正常运行。此外，测试有助于验证软件是否满足用户的需求和产品规格要求，确保软件的功能和用户体验与设计目标一致。软件测试还是防止潜在故障和安全问题的关键环节，特别是在数据保护和隐私方面，有效的测试能够防范数据泄露和安全漏洞。通过及早发现和修复问题，软件测试有助于减少维护成本，提高用户满意度，避免因质量问题导致的品牌声誉损失。此外，面对复杂多变的市场需求，软件测试能够确保产品迅速适应变化，从而提升竞争力。总之，软件测试能够发现软件产品中的缺陷和故障，验证软件产品特性是否满足用户的需求，它是确保软件产品成功交付和长期可持续发展的关键步骤。

1.1 软件缺陷和软件故障

软件缺陷是一种静态行为，软件故障是一种动态行为，如果软件存在缺陷，在系统运维过程中，当这些缺陷被激活，则导致软件出现故障。不同程度的软件故障都会导致数据丢失、经济损失、财物损伤和安全风险。

1.1.1 软件缺陷及修复优先级

软件缺陷指的是软件中那些非预期或不可接受的偏差。这些偏差可能源于编程错误、设计缺陷或需求理解的偏差等多种原因。例如，如果代码中的变量没有适当初始化，可能会导致不确定的行为或运行时错误。循环终止条件设置错误是另一个常见缺陷，可能导致无限循环或提前结束循环，从而影响程序的逻辑和效率。算法错误（如错误的逻辑判断或计算方法）也是软件缺陷的一种，可能导致软件无法正确执行预定功能或产生错误结果。此外，软件缺陷还可能涉及用户界面问题、性能问题和兼容性问题等。这些缺陷不仅影响软件的正常运行，还可能导致数据丢失、安全漏洞甚至系统崩溃。软件通常由程序、数据和文档组成，这三者都可能存在缺陷。因此，识别和修复这些软件缺陷在软件开发和维护过程中至关重要，它有助于提高软件质量、保障用户体验和维护软件的长期稳定运行。

软件缺陷修复的优先级分为以下 4 类。

- 紧急:这些缺陷对软件的影响极为严重,可能导致系统崩溃、数据丢失或安全漏洞。因为它们可能严重影响用户体验、业务运行甚至导致法律风险。例如,涉及金融交易安全的缺陷或导致系统完全不可用的错误。通常需要停止其他测试,立即修复此类缺陷。
- 高优先级:高优先级缺陷不会立即导致系统崩溃,但会严重影响软件的关键功能。例如,影响用户完成主要任务的功能性错误。这类缺陷在产品发布之前必须修复,以确保软件能够正常运行并满足用户需求。
- 中等优先级:中优先级缺陷影响较小,通常不会直接影响关键功能。它们可能涉及用户界面问题、导致性能下降或造成功能上的不便。这类缺陷应在日常维护过程中得到解决,在时间允许的情况下应该进行修复。
- 低优先级:低优先级缺陷通常是轻微的问题,对用户体验或软件功能的影响最小。这些缺陷可能包括界面上的小瑕疵或轻微的不便。在资源允许的情况下可以修复,它们通常不需要紧急处理。大多数情况下,即使不修复此类软件缺陷,也能发布产品。

1.1.2 软件故障及严重程度

软件故障是指软件在执行过程中出现的任何异常行为或失败,这些故障会阻碍软件正常运作,影响用户体验和软件的可靠性。例如,异常终止是一种常见的软件故障,它可能由于未处理的错误或资源冲突导致软件突然停止运行,给用户带来不便,甚至可能导致数据丢失。文件无法保存数据的故障也很常见,这可能是由于文件权限问题、磁盘空间不足或编程错误等原因造成的,严重时可能导致重要信息的丢失。网页元素无法显示是一个典型的前端软件故障,可能由于网页代码错误、浏览器兼容性问题或服务器端响应失败等原因引起,这直接影响用户的浏览体验和网站的功能性。软件故障不仅限于功能性问题,还包括性能问题(如响应缓慢、系统过载)和安全问题(如数据泄露、未授权访问)。

软件故障的严重性通常分为 4 类:致命、严重、一般和轻微。

- 致命:这类故障导致软件完全无法使用或系统崩溃。例如,软件在启动时崩溃,或执行关键功能时导致整个系统不稳定。这类故障可能会造成数据丢失或损坏,对用户或业务造成重大影响。
- 严重:这类故障会严重影响软件的功能,虽然不至于导致整个系统崩溃,但关键功能的损坏或失效会显著降低软件的可用性和用户体验。例如,软件中的一个主要模块无法正常工作,或者关键的用户界面元素无法正确响应。
- 一般:这类故障影响较为有限,不会严重影响软件的主要功能。它们可能涉及用户界面的小错误、性能问题或功能上的不便。例如,界面元素显示不正确或响应稍慢。
- 轻微:轻微故障通常是非关键的小问题,对用户的影响最小。这些可能是视觉上的小瑕疵,如字体大小不一致、颜色轻微偏差,或者是对用户体验影响不大的小错误。

基于以上分类,软件开发团队可以合理安排资源和时间,优先处理对系统稳定性和用户体验影响最大的问题,同时也确保所有已知问题都能得到适当的关注和处理。

1.1.3 软件缺陷导致软件出现故障的实例

在特定条件下,潜在的软件缺陷可能被触发,导致软件出现故障,而在其他情况下则不会。参考下面的 Java 程序。

【例 1.1】软件缺陷与软件故障

```
public class AccountManager {
      private double balance;

      public AccountManager(double initialBalance) {
            this.balance = initialBalance;
      }

      public void deposit(double amount) {
            balance += amount;
      }

      public void withdraw(double amount) {
            if (balance >= amount) {
                  balance -= amount;
            }
            else {
                  System.out.println("Insufficient funds.");
            }
      }

      public double getBalance() {
            return balance;
      }
} //end of public class AccountManager
```

在这个例子中,类 AccountManager 用于模拟一个简单的银行账户管理,包括存款、取款和查询余额的功能。虽然 withdraw()方法检查了取款金额不能超过账户余额的有效性,但 deposit()和 withdraw()都有一个潜在错误,这两个方法允许存储、提取负数金额,这在现实世界中是不合理的。用户操作的界面虽然不会允许负数金额的操作,但类 AccountManager 始终存在严重缺陷,这个缺陷在特定条件下被触发,将导致严重的软件故障。这个例子展示了在特定条件下才会出现的逻辑错误,强调测试各种不同的执行路径的重要性。

1.2 软件质量

开发高质量的软件是软件工程的首要目标,这样的软件系统更可能是稳定和可维护的。软件质量是一个依赖于应用背景和多维度视角的概念。IEEE 将软件质量定义为“系统、组件、过程满足规定要求和用户需求或期望的程度”。软件质量通常被描述为软件本身所具有的一组属性,这些质量属性的存在与否有助于区分软件质量的级别。以下是一些关键的软件质量属性。

功能性(Functionality):软件是否提供了满足用户需求的功能,包括软件的适用性、准确性、互操作性和合规性。

性能(Performance):软件系统的响应能力,软件系统对某个事件做出响应所需要的时间,或者在某段时间内系统所能处理的事件个数。

可靠性(Reliability):软件在意外或错误使用的情况下执行其功能的能力,包括容错能力、恢复能力和数据一致性等。可靠性衡量在规定的条件和时间内软件完成预定功能的能力。

可用性(Usability):用户在使用软件时的便利性,包括易学性、易用性、可理解性、吸引性和用户界面的友好性。

效率(Efficiency):软件在特定条件下对系统资源的有效使用,包括时间效率和资源效率。

可维护性(Maintainability):对软件进行修改的易度,包括可分析性、可变性、稳定性和可测试性。

可移植性(Portability):软件适用于不同环境的能力,包括适应性、安装性、可替换性和兼容性。

安全性(Security):软件保护信息和数据免受未授权访问的能力。它包括抵抗攻击、检测攻击和从攻击中恢复等特性。

这些属性在不同的软件项目和应用领域中可能具有不同的优先级和重要性。在软件开发过程中,应该综合考虑这些质量属性,以确保最终产品能满足用户的期望和需求。

1.2.1 软件的内部质量和外部质量

基于不同的背景和相关视角,人们已经开发了多种评估软件质量的方法。软件质量可分为内部质量和外部质量。软件的内部质量是指软件在设计和编码过程中的质量特性,主要体现在软件的结构和代码上,像代码行数、程序复杂度、模块的内聚度、耦合度等。高内聚低耦合是软件设计的核心原则,意味着模块内部高度聚合,功能紧密相关;模块间则低度耦合,依赖关系简单。这种设计使系统更稳定、可维护、可扩展,因为改动一个模块对其他部分影响最小。一个高内聚的模块执行一组密切相关的动作,不应拆分为单独的模块。相比内聚度低的模块,高内聚的模块被认为更容易理解、修改和维护。

1.2.2 类的内聚度计算

类是面向对象程序设计的基本单元,而类的内聚度则是指类成员(即属性和方法)之间的相关性,可用来评估面向对象程序的内部质量。下面我们以 Java 类 ArrayMaxMinValue 来举例说明如何计算类内聚度。

【例 1.2】 整型常量数组处理的 Java 类 ArrayMaxMinValue。

```
public class ArrayMaxMinValue {
    private int[] nValue = {10,20,40,23,18,5}; //存放数据的数组
    private int nTotal = 6;                    //数组内数据个数

    public int GetTotal()
    {//获取数组元素个数
```

```
        return nTotal;
    }

    public int GetFirst()
    {//获取数组的第一个元素
        return nValue[0];
    }

    public int GetMax()
    {//获取数组内数据的最大值
        int maxv = nValue[0];
        for( int i = 1;i<nTotal;i ++ )
            if( maxv<nValue[i] )
                maxv = nValue[i];
        return maxv;
    }

    public int GetMin()
    {//获取数组内数据的最小值
        int minv = nValue[0];
        for( int i = 1;i<nTotal;i ++ )
            if( minv>nValue[i] )
                minv = nValue[i];
        return minv;
    }

    public void SortAscending()
    {//从小到大排序
        for (int i = 0; i < nTotal - 1; i ++ ) {
            for (int j = 0; j < nTotal - i - 1; j ++ ) {
                if (nValue[j] > nValue[j + 1]) {
                    //交换 nValue[j + 1] 和 nValue[j]
                    int temp = nValue[j];
                    nValue[j] = nValue[j + 1];
                    nValue[j + 1] = temp;
                }
            }
        }//end of for(int i = 0;…
    }
}//end of ArrayMaxMinValue
```

图 1.1 描述了类 ArrayMaxMinValue 的属性和方法之间的相关性，据此可计算该类的多个内聚度值。将类表示成一个无向图 $G(M,E)$，其中 $M=\{m_1,m_2,\cdots\}$ 是类中的方法集合，$A=\{a_1,a_2,\cdots\}$ 是类中的属性集合，$E=\{(m_i,m_j)\mid m_i$ 和 m_j 至少共享一个属性且 $i\neq j\}$，$Z=\{(m_i,m_j)\mid m_i$ 和 m_j 没有一个共享属性且 $i\neq j\}$，$Q=\{(m_i,m_j)\mid m_i$ 调用 m_j 且 $i\neq j\}$。显然，类 ArrayMaxMinValue 有 5 个方法和 2 个属性，这些方法之间没有相互调用的关系，GetTotal 和 GetFirst 没有共享属性，除此之外，其他方法对之间都至少共享一个属性。因此，本例中，$A=$ {nValue, nTotal}，$M=$ {GetTotal, GetMax, GetMin, SortAscending, GetFirst}，$E=$ {(GetTotal, GetMax), (GetTotal, GetMin), (GetTotal, SortAscending), (GetMax, GetFirst), …}有 9 个元素，而 $Z=$ {(GetTotal,GetFirst)}仅有 1 个元素，Q 为空集。LCOM1 简称为方法内聚缺乏度，它表示类中没有使用相同属性的方法对个数，即集合 Z 的元素个数。本例中，LCOM1=1。LCOM2 依照式(1.1)的定义计算，本例的 LCOM2=0。LCOM3 定义为集合 E 的元素个数，它表示共享了属性的方法对个数，因此本例的 LCOM3=9。LCOM4 定义为集合 Q 的元素个数，它表示存在调用关系的方法对个数，因此本例的 LCOM4=0。令 $\mu(A_j)$ 为访问属性 A_j 的方法数目，依照式(1.2)的定义计算，本例的 Coh=8/(2 * 5)=0.8。紧密类内聚度 TCC 的定义如式(1.3)所示，本例的 TCC=2 * 9/(5 * 4)=0.9。基于相似度的低级别设计类内聚度 LSCC 的定义如式(1.4)所示，本例的 LSCC=(4 * 3+4 * 3)/(2 * 5 * 4)=0.6。

$$\mathrm{LCOM2}=\begin{cases}|Z|-|E| & |Z|\geqslant E\\ 0 & \text{otherwise}\end{cases}\tag{1.1}$$

$$\mathrm{Coh}=\frac{\sum_{j=1}^{|A|}\mu(A_j)}{|A|*|M|}\tag{1.2}$$

$$\mathrm{TCC}=\frac{2*|E|}{|M|*(|M|-1)}\tag{1.3}$$

$$\mathrm{LSCC}=\begin{cases}0 & \text{if}\,|A|=0\ \text{or}\ |M|=0\\ 1 & \text{if}\,|M|=1\\ \dfrac{\sum_{j=1}^{|A|}\mu(A_j)*(\mu(A_j)-1)}{|A|*|M|*(|M|-1)} & \text{otherwise}\end{cases}\tag{1.4}$$

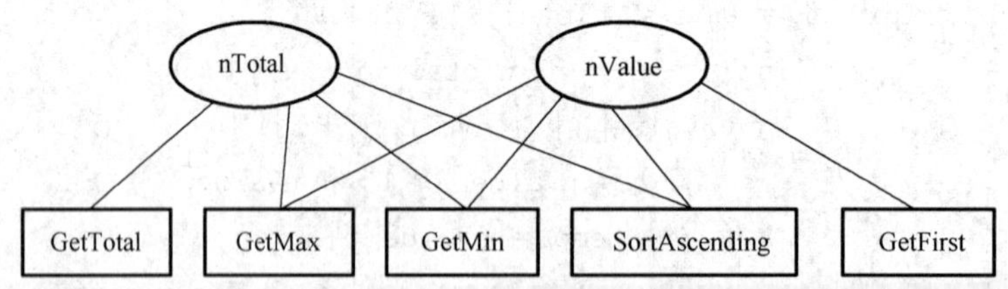

图 1.1　类 ArrayMaxMinValue 的属性和方法之间的相关性

有了这些内聚度值的指标，程序员可以定量地评估所设计程序的内部质量。通常来说，内聚度越高，类的可维护性越高，也就是修改类越容易。在发布软件系统之前，无法准确预测类的修改时机、地点、方式和频率。此时，开发团队可以使用类的内部质量属性进行估计，包括内聚度、耦合度和程序复杂性指标等测度，面向对象软件的类应该尽量地设计成高内聚度并且仔细测试，类设计成高内聚度，可以显著减少未来的维护工作和成本。

1.2.3　软件的外部质量及评估

软件的外部质量则是指软件在用户使用过程中所表现出来的质量特性。软件外部质量常见特性有：功能适用性、效率、易用性、兼容性、可靠性、安全性、文档维护性、国际化与本地化、可维护性和可移植性等。可维护性是业界常见的软件质量评估指标，它与类的内聚度有强相关关系。

软件测试是确保软件质量的重要手段，成功的测试可以发现软件的缺陷和错误，显著提高软件的质量。与软件外部质量的特性相对应，软件测试的类型可分类为功能测试、性能测试、兼容性测试、安全性测试和可靠性测试等。

1.2.4　软件的质量管理体系

为提高软件质量，软件开发团队通常遵照如下的质量管理体系开发软件：

- CMM(Capability Maturity Model，能力成熟度模型)是对于软件组织在定义、实施、度量、控制和改进其软件过程的实践中各个发展阶段的描述。CMM 的核心是把软件开发视为一个过程，并根据这一原则对软件开发和维护进行过程监控和研究，以使其更加科学化和标准化，使企业能够更好地实现商业目标。CMM 分为 5 个等级：初始级、可重复级、已定义级、已管理级和优化级。
- ISO 9001，一个由国际标准化组织制定的质量管理体系标准，适用于各种行业，包括软件开发。它强调对过程的控制、持续改进和客户满意。
- CMMI(Capability Maturity Model Integration，能力成熟度模型集成)，它是比 CMM 更全面的模型。CMMI 提供了一套全面的过程改进框架，帮助软件企业识别和改进其开发过程中的弱点。通过评估企业的当前成熟度级别，CMMI 可以指导企业制订适当的过程改进计划，从而提高软件开发效率和质量。CMMI 强调标准化和规范化的软件开发流程，它要求企业明确各个开发阶段的输入、输出和活动，并制定相应的标准和规范。这有助于确保开发过程的可预测性和一致性，减少错误和返工的风险。
- Agile 软件开发方法，是一种轻量级、灵活的开发过程，强调快速响应变化、持续改进和团队合作。它重视客户需求，通过迭代开发、短周期交付和紧密协作，迅速适应变化，提供高质量的软件产品。Agile 方法包括 Scrum、极限编程等。
- DevOps 是一种将软件开发和 IT 运维整合的文化和方法，旨在通过加强协作、自动化和持续改进，提高软件交付的速度、质量和可靠性。它涵盖从计划、开发、测试到部署和运维的全生命周期，强调自动化、监控和反馈的重要性。
- TSP(Team Software Process，团队软件过程)，是一种软件开发方法，旨在通过提供明确的开发指南和最佳实践，帮助团队高效地开发和交付高质量的软件产品。TSP 强调团队合作、过程改进和持续学习，通过标准化流程、角色定义和度量分析，提升团队的协同能力和整体绩效。
- RUP(Rational Unified Process，Rational 统一过程)是一种迭代的、以架构为中心的软件开发过程框架。它提供了一种灵活且可裁剪的方法，适用于各种规模和复杂度的软件项目。RUP 强调对软件开发生命周期的全面管理，通过明确阶段和里程碑来规划工作，以确保项目按时交付。同时，RUP 注重风险管理，通过及早发现和解决潜在问题来降低项目失败的风险。此外，RUP还提倡采用统一建模语言（UML）进行可视化建模，帮助开发团队更好地理解和管理复杂的软件系统。通过遵循RUP的最佳实践，开发团队可以提高软件质量、缩短开发周期并降低成本。

这些质量管理体系和软件开发方法各有优缺点，适用于不同的项目和组织。在选择时，应根据项目的具体需求和组织的特点进行评估和选择。

1.3 软件测试目标

测试目标的确定，取决于软件质量的要求，它主要完成：评价产品是否符合利益相关方的期望，评价缺陷是否已经修复，提供有关产品的质量信息等。如果要开发一款普通的航班管理软件，我们都会要求该软件提供航班状态、起飞和降落时间、登机口信息、座位分配等基本信息。另外，软件应有直观且易于使用的界面，操作应该简单方便，以确保用户能快速找到所需信息。如果要考虑更高的质量要求，则航班管理软件还要提供：软件应保持稳定运行，能处理大量并发请求；软件应采取严格的安全措施，包括数据加密和用户验证，以保护用户的隐私和数据安全；软件界面应自动适应不同屏幕尺寸和分辨率，以确保在各种设备上都能提供良好的用户体验；软件应在多种设备上顺畅运行，包括手机、平板电脑和台式机等；软件应提供一定程度的定制功能，以满足不同航空公司和乘客的特定需求。确定了待开发软件的功能、性能等质量属性后，逐项细化这些特性，确定总的测试目标。

我们通过测试活动来评估软件的实际表现和质量。测试用例集执行后，功能点覆盖率和代码行覆盖率的高低可用来衡量测试目标的实现程度。

针对具体软件制品，不仅根据产品质量要求进一步明确测试目标，还要根据软件项目的进度、预算、团队能力和环境约束等来确定测试目标。例如，是否有足够的时间和资源进行兼容性测试、安全性测试和可靠性测试等。下列情况的软件可能只需要实现最低的或基本的测试目标：

- 仅供公司内部使用的软件，如内部管理系统、办公自动化软件等。
- 创业初期产品，初创公司通常在产品开发初期急于将产品推向市场以获取用户反馈和市场份额。
- 短期项目或原型，可能只是为了验证某个想法或概念，而不是长期使用的产品。
- 紧急修复或更新，当软件出现严重问题或需要紧急更新时，可能没有时间进行全面的测试。

当软件质量要求高，或为确保足够的用户满意度，或需要满足特定的法规和合规性要求，这时就需要严格测试软件。下列情况的软件需要实现很高的测试目标：

- 金融行业的软件，如银行系统、证券交易系统和支付系统，处理大量资金和交易数据，因此，任何缺陷或故障都可能带来巨大的经济损失和信誉风险。
- 医疗行业的软件，如医疗信息系统、医疗设备控制软件等，直接关系到患者的生命安全和健康。这些软件的任何错误或故障都可能导致严重的医疗事故。
- 航空航天领域的软件，如飞机飞行控制系统、导航系统等。鉴于飞行中的生命安全和飞机的高昂成本，这些软件的错误可能导致灾难性的后果。
- 国防和军事应用中的软件，如武器控制系统、通信网络和情报分析系统等。这些软件的错误或漏洞可能会对国家安全造成威胁。

1.4 软件测试基本原则

软件测试遵循一系列基本原则，这些原则是有效进行测试活动的核心指导思想。

全面性原则：测试应覆盖所有功能和代码路径。虽然无法实现完全的测试覆盖，但应尽量覆盖主要功能和潜在风险点。

尽早介入测试原则：尽早地和不断地执行测试。在软件开发过程中，越迟发现缺陷，开发团队付出的修复成本就越高，这就要求测试人员尽早发现缺陷。软件生命周期活动通常包括系统需求、系统设计、编码、测试和系统运维这5个阶段。系统需求方面的缺陷，如果在需求阶段被发现，则修复成本较低；若这些问题在需求阶段被忽略直到设计阶段才暴露，甚至潜伏到代码开发或者系统运维阶段，修复成本将呈指数级增长。同样地，软件设计问题在系统设计阶段被发现，则修复成本较低；若这些问题在设计阶段被忽略直到编码阶段才暴露，甚至潜伏到测试或者系统运维阶段，修复成本亦呈指数级增长。

测试无法穷举原则：软件系统通常具有高度的复杂性，测试会面对大量的测试数据、测试场景或代码路径等。对所有输入进行测试是不可能的，程序的所有路径不可能全部执行，需求规格说明也无法列出目标系统的所有细节。理论上的测试组合可能是无穷的，由于资源、经济条件和时间的限制，测试人员需要学习测试技术，精心设计测试用例，整体规划测试活动。

缺陷群集原则：软件中的缺陷往往不是均匀分布的，某些模块可能存在更多缺陷。通过识别这些高风险区域并集中测试力量，我们可以更有效地提高软件的质量。这种现象可能由多种因素导致，例如某些功能的复杂性较高、开发过程中的特定困难以及某些区域经历了频繁的变更。测试人员应当重点关注这些高风险区域，可以更有效地发现和修复缺陷，提高测试的效率和效果。这通常需要对软件开发历史和缺陷报告的分析，以确定哪些部分更可能出现问题。

不存在缺陷的谬论：测试不能证明软件是正确的，如果没有发现故障或缺陷，并不能说明问题就不存在，而是表明我们尚未发现软件中潜在的问题。一次成功的测试是那些能够发现并揭示软件缺陷的测试。

杀虫剂悖论：当同一种杀虫剂反复使用时，害虫会逐渐产生抗药性，导致杀虫剂效果减弱。类似地，测试用例通常针对特定的错误模式设计，而软件随着时间的推移会发生变化，新的开发可能引入了不同类型的错误，导致现有的测试用例可能无法捕获这些新引入的错误。为了解决杀虫剂悖论带来的问题，测试团队需要定期审查和更新测试用例，以确保它们仍然适用于软件的当前版本。这可能包括修改现有测试用例，添加新的测试用例以覆盖新的功能或更改的部分，或者重新设计测试策略以更好地适应软件的变化。

测试依赖于应用背景原则：测试策略和实施应根据软件的应用背景进行调整，如用户需求、应用领域、风险等。该原则要求测试人员在测试时应理解软件的业务目标、用户需求、运行环境、技术架构和风险评估等因素，这些因素共同决定了测试的重点和方法。例如，对于一个安全性要求极高的银行系统，安全性和稳定性测试将是首要任务；而对于一个面向消费者的移动应用，用户体验和界面友好性可能是测试的重点。不同的团队可能拥有不同的技能和工具，这些因素也会影响测试的实施方式。同时，项目的开发时间和预算限制也是影响测试计划的重要因素。

缺陷倾向原则：软件的新功能或最近修改的部分通常是缺陷的“高发区”。针对这些区域进行深入、重点的测试，不仅可以迅速定位并修复问题，还能显著提高测试的整体效率和准确性。这样的测试策略有助于确保软件的质量和稳定性，特别是在引入了新代码或进行了重大修改后。

软件测试除以上原则外，还应遵循：增量测试，由单元到模块再到系统；黑盒方法测试时，尽量减少开发者自测程序；设计完善的测试用例；确认缺陷的有效性；执行回归测试；测试工作的计划应以发现尽可能多的错误为目标；测试报告应该包括测试用例和测试结果。

1.5 软件测试基本过程

软件测试基本过程是一系列有序步骤，旨在确保软件产品满足其设计和需求规格。这个过程可以分为以下几个关键阶段。

- 需求分析和测试规划：首先，测试团队需要理解软件的功能需求和设计规格。基于这些信息，他们会制订一个全面的测试计划，确定测试目标、方法、工具、资源分配和时间表。
- 测试环境的搭建：准备一个适合的测试环境，包括软件、硬件、网络配置以及必要的测试工具和数据。
- 测试用例设计：根据需求和设计文档，设计详细的测试用例。每个测试用例包括测试输入、执行条件、预期结果和验证步骤。
- 测试执行：按照测试计划，执行测试用例，并记录测试结果。这包括功能测试、性能测试、安装测试、安全性测试和兼容性测试等各种类型的测试。
- 缺陷管理：在测试过程中发现的任何缺陷都需要被记录和跟踪，要有重现缺陷的详细步骤。每个缺陷都要分配一个优先级，并分配给相应的开发团队进行修复。
- 回归测试：每当软件代码被修改以修复缺陷后，都需要进行回归测试以确保修改没有引入新的错误。
- 测试报告和评估：最后，编写测试报告，总结测试活动的结果，包括发现的缺陷和未解决的问题，以及推荐的改进措施。

软件测试基本过程是一个迭代的循环，可能会根据测试结果和软件的更新不断调整。通过这一过程，可以系统地识别和解决软件中的问题，以提高其质量和性能。

从测试的范围和层次考虑，软件测试可以分为4个阶段：单元测试、集成测试、系统测试和验收测试。

- 单元测试是软件测试的一个基本阶段，它专注于验证软件中最小的可测试部分（通常是单个函数、方法或类）的正确性。单元测试的主要目的是确保这些单独的部分按照预期工作，并且能够正确执行其定义的功能。单元测试通常在开发环境中进行，不需要软件的整体系统或外部依赖，使其成为快速且高效的测试方法。单元测试的一个关键优势是它有助于及早发现错误，从而在问题变得复杂和昂贵之前进行修复。
- 集成测试是软件测试的一个关键阶段，主要关注于不同软件模块或组件之间的接口和交互。在单元测试完成之后进行，集成测试的目的是验证组合在一起的模块是否能够协同工作，确保他们的交互符合设计要求。集成测试可以采用不同的策略，如自底向上、自顶向下等。通过集成测试，可以确保软件各部分在整合后能够以预期的方式协同工作，为后续的系统测试和验收测试奠定基础。

- 系统测试是软件测试流程中的一个关键阶段，它在单元测试和集成测试之后进行。系统测试的主要目标是验证整个软件系统是否满足规定的需求和规格。在这一阶段，测试团队将软件视为一个完整的、综合的实体，检验其功能、性能、安全性、可用性等多个方面。系统测试是在一个与实际运行环境尽可能相似的环境中进行的。这包括软件所需的所有硬件和软件，以确保测试结果的有效性。
- 验收测试是软件测试过程的最后阶段，主要目的是确保软件满足最终用户的需求和期望。在这一阶段，软件被视为一个完成的产品，测试的重点是评估其是否准备好交付给最终用户。验收测试通常由最终用户或代表用户的利益相关者进行。这一阶段的测试不仅关注软件的功能和性能，还包括用户体验、易用性、兼容性等方面。通过验收测试，可以确保软件产品不仅从技术上达到要求，而且从用户的角度来看是可接受和满意的。成功通过验收测试的软件随后可以进入部署阶段，正式交付给用户使用。产品类型软件的验收测试包括α测试和β测试两个环节。

回归测试确保最近的代码或环境变更没有对已有功能产生负面影响。每当软件代码因为新功能添加、缺陷修复或优化而发生变化时，回归测试就会被执行。它涵盖了那些之前已通过测试的功能，以验证这些功能在最新版本的软件中仍然按预期工作。回归测试通常依赖自动化测试来提高效率，因为手动执行这些重复的测试任务既耗时又易于出错。通过有效的回归测试，可以保证软件的稳定性和可靠性，即使在频繁的迭代开发过程中也能维持其性能。

α测试主要在开发环境中进行，由开发团队或质量保证团队执行。这种测试通常发生在软件开发的后期，目的是发现软件中的错误和问题，确保基本功能的正常运行。α测试重点关注软件的功能、性能、可用性和其他关键方面。它通常是在软件尚未公开发布前的内部测试，是检查软件质量并准备进入下一测试阶段（如β测试，即公开测试）的重要步骤。通过α测试，可以在软件对外发布前，尽可能地识别和修复大多数问题。

β测试通常在α测试之后进行。这个阶段的测试涉及将软件版本提供给实际用户群体的一个有限部分，以便在真实的使用环境中进行测试。β测试的主要目的是收集外部用户关于软件的功能性、性能、兼容性和易用性的反馈。这有助于发现开发团队可能未能预见的问题和缺陷。通过β测试，可以在软件正式发布之前，进一步完善产品，提高其稳定性和用户满意度。β测试通常是公开的，邀请真实用户参与，以获得更广泛的市场反馈。

1.6 软件测试基本技术

软件测试从是否执行程序的角度考虑，可以分为静态测试和动态测试。静态测试指不实际运行被测对象，而只是静态地检查程序代码、界面或文档中可能存在错误的过程，包括文档评审、代码检查、静态结构分析和代码质量度量等。动态测试指实际运行被测对象，输入相应的测试数据，检查实际输出结果和预期结果是否相符的过程。相比动态测试，静态测试的成本更低，可以在软件开发生命周期早期阶段发现软件缺陷。静态测试是一种非常有效的测试技术，可通过人工评审和工具评估两种手段来完成。

从是否关心内部结构的角度考虑，软件测试可分为黑盒测试和白盒测试。黑盒测试，也称为基于规格说明的测试（specification-based testing），把测试对象当作看不见的黑匣子，它是在不考虑程序内部结构和特性的情况下进行的。测试人员只关注输入与输出，通过提供一系列输入来检查程序是否能产生预期的输出。这种方法适用于软件的功能验证和验收测试。白盒测试，也称为基于结构的测试（structure-based testing），是基于对程序内部逻辑和结构的详细了解进行的。测试人员可以访问源代码，设计测试用例来覆盖特定的代码路径、分支和语句，以确保程序的所有部分都被测试到。这种方法主要用于软件的单元测试和集成测试。

黑盒测试技术包括静态黑盒测试和动态黑盒测试。静态黑盒测试通过评审需求文档来验证其完整性和一致性。动态黑盒测试则实际运行程序，输入数据并观察输出，以检查是否符合预期。两者结合可全面评估软件功能。白盒测试技术涵盖静态白盒测试和动态白盒测试。静态白盒测试通过审查源代码、设计文档等，分析程序结构和逻辑，以发现潜在问题。内聚度的计算就是一种典型的静态白盒测试方式。动态白盒测试则执行程序，跟踪代码路径和状态变化，确保内部逻辑正确无误。两者结合，可有效验证程序的内部质量和功能实现。

灰盒测试是一种介于黑盒测试和白盒测试之间的测试技术。灰盒测试同时关注软件的外部功能和内部结构，但不需要像白盒测试那样深入了解代码细节。在灰盒测试中，测试人员可以利用一些内部信息来设计更有效的测试用例。以某电商网站的购物车功能为例进行测试，如果采用灰盒测试方法，测试人员可以添加一个商品到购物车，然后检查库存系统相关存储项是否正确地减少了相应的库存数量；或者删除购物车中的商品，然后检查数据表相关字段是否正确地从总价中减去了商品的价格。如果采用黑盒测试方法，测试人员只关注购物车功能的输入和输出。而采用白盒测试方法，测试人员会深入到购物车的实现代码，检查它如何处理这些操作，是否有潜在的错误或者不足。灰盒测试在提高测试效率和准确性的同时，降低了对测试人员专业知识的要求。

1.7　敏捷开发模式中的软件测试

敏捷开发是软件开发过程中的一种重要模式，它提高了软件开发的效率和质量。敏捷宣言有 12 条原则：

（1）尽早地、持续地向客户交付有价值的软件是最重要的。

（2）拥抱变化，即使在开发的后期。敏捷过程能够驾驭变化，保持客户的竞争力。

（3）经常交付可工作的软件，从几周到几个月，时间范围越短越好。

（4）在整个项目中，业务人员和开发者需要紧密合作。

（5）围绕士气高昂的团队进行开发，为团队成员提供适宜的环境，满足他们的需求，并给予他们足够的信任。

（6）在团队中，最有效率的也是效果最好的沟通方式是面对面的交谈。

（7）可工作的软件是评估进度的首要方式。

（8）可持续的开发。投资人、开发团队和用户应保持稳定的步伐。

（9）不断追求优秀的技术和良好的设计有助于提高敏捷性。

（10）要简单，尽可能减少工作量。

（11）最好的架构、需求和设计都来自一个自我组织的团队。

（12）团队要定期的总结如何能够更有效率，然后相应地进行自我调整。

在敏捷开发中，开发和测试并行进行，每个迭代周期都涉及测试。这种紧密合作的模式有助于尽早发现和解决问题，加快交付速度。单元测试可以提供代码覆盖率的信息，帮助开发人员识别哪些代码已经被测试覆盖，哪些还没有。这有助于发现潜在的缺陷和风险，并及时进行修复。同时，单元测试也是一种回归测试的手段，可以在修改或添加新功能时，确保之前的功能仍然有效。因此，敏捷开发需要良好的单元测试。在敏捷开发模式中，程序员是测试的主力，必须为自己的代码设计测试用例，编写有效的测试代码。由于敏捷开发的迭代周期通常较短，开发人员在每个迭代中都会快速交付一部分可用的功能。为了支撑这种快速的软件版本迭代速度，自动化测试是必不可少的。否则，难以持续、及时地交付有价值的软件。

1.8 软件测试工程师职责

软件测试的组织主要有 3 种。①独立的测试团队。项目中设立测试经理，测试经理和程序开发经理共同接受项目负责人的指挥。项目测试工作由测试团队完成，测试相对独立。②非独立的测试团队。虽然项目中设立了独立的测试负责人，但该负责人接受程序开发经理的指挥。在软件开发过程中，测试团队成员与开发人员紧密合作。③测试和开发高度融合。没有专门的测试工程师，只有软件工程师负责完成测试工作。

在软件测试的 3 种组织形式下，测试工作都是不可或缺的。软件开发团队通常存在专职测试工程师、兼职测试的软件工程师和测试开发工程师这 3 种角色的测试工程师。这 3 个角色的测试工程师都需要以下共同的基本技能和基础知识：

测试基础理论，如测试基础知识、操作系统、数据库和计算机网络等；

基本测试能力，如测试基本方法、测试管理工具和测试工具的使用等；

基本软实力，如沟通能力、表达能力、学习能力、细致入微的观察力、耐心和文档撰写能力等。

软件测试工程师的主要职责是确保软件产品的质量和性能符合预定的标准和用户需求。他们的工作涵盖了软件测试的全过程，具体职责包括：理解软件的功能和业务需求，确保测试计划和测试用例能够全面覆盖这些需求；制定测试计划；测试用例设计和实施；搭建和配置适合的测试环境；执行测试用例，包括功能测试、性能测试、安全测试等，记录测试结果；记录和跟踪发现的软件缺陷，与开发团队合作，确保缺陷被有效修复；编写详细的测试报告，总结测试结果和发现的问题，为项目决策提供依据；与开发团队、产品经理和其他利益相关者紧密合作，确保软件质量和项目目标的达成。

测试开发工程师(Test Development Engineer)是一个相对较新的职位，结合了软件开发和软件测试的专长。该职位的工作内容包括编写自动化测试脚本、设计测试框架、实现并搭建测试工具和环境、测试结果分析及报告。这个角色的出现反映了软件行业对更高效、更集成化测试方法的需求，特别是在敏捷开发和 DevOps 实践日益普及的背景下。测试开发工程师不仅负责传统的软件测试任务，如编写和执行测试用例，他们还涉及编写自动化测试脚本和工具，以提高测试过程的效率和可靠性。他们通常具备良好的编程能力，能够设计和实现复杂的自动化测试框架和工具，这些工具能够自动化执行测试用例，生成测试报告，并帮助定位软件中的错误。此外，测试开发工程师在软件开发生命周期的初期阶段就参与项目，与软件开发人员紧密合作，以确保在设计和实现阶段就考虑到质量和可测试性。他们还可能参与持续集成和持续部署的流程设计和实施，促进开发和测试的无缝集成。他们甚至会对代码进行重构，以增强系统的可测试性。测试开发工程师在软件开发过程中发挥着至关重要的作用，他们的努力确保了软件的高质量发布，从而为用户提供了优质的产品体验。

1.9 作业与思考题

1. 简要介绍软件测试的基本原则。

2. 从网络上搜索一则新闻，其内容关于软件缺陷导致重大经济损失。写一篇 300 字左右的讨论稿，说明该软件在开发早期采取何种措施，可避免或减小经济损失。

3. 以 12306 网站为例，分别列举其软件外部质量的可靠性、安全性和性能。

4. 测试具有无法穷举的原则，对所有输入进行测试是不可能的。以学校图书馆的借还书软件为例，列举不能进行穷尽测试的功能点(至少 2 个)。

5. 阅读例 1.1 软件缺陷与软件故障的类 AccountManager，修复其代码中的缺陷，并确保在修改完成后，系统不再允许存储或提取负数的金额。

6. 敏捷开发模式下，黑盒测试技术的作用有哪些？本书列举了敏捷宣言的 12 条原则，可以依据这些原则阐述黑盒测试技术的作用。

第2章 黑盒测试基本技术

黑盒测试也称为基于规格说明的测试，其关注点在于软件功能的外部行为，而不是内部结构或实现细节。在黑盒测试中，测试人员将软件视为一个黑盒子，只关注其输入和输出，通过提供输入并检查输出来验证软件的行为是否符合预期。黑盒测试主要用于检测软件的功能性错误和非功能性缺陷(如性能、安全性等方面的问题)。这种测试技术通常应用在软件测试的后期阶段，软件的实现已经基本完成并且需要进行系统测试时，它只能用于检测软件的外部质量。

根据是否需要运行被测对象，黑盒测试技术可以进一步划分为静态黑盒测试和动态黑盒测试。本章主要介绍静态黑盒测试和动态黑盒测试的基本技术，并详细讨论这些基本技术的应用。

2.1 静态黑盒测试技术

静态黑盒测试技术无须实际运行被测软件，而是通过对软件规格说明、用户指南和软件配置文件等进行分析和检查，来验证软件的功能和其他需求是否符合预期。静态黑盒测试主要关注软件的需求和规范，通过审查文档，发现潜在的错误、遗漏或不一致之处。执行静态黑盒测试后，可以在开发早期阶段发现软件需求的缺陷，帮助开发团队及时解决问题，减少后期修复成本。

2.1.1 软件规格说明书与用户指南

只有正确和完整的需求分析，才能编写出有指导价值的软件规格说明书，而得到认可的用户指南能给用户带来良好的产品体验。

1. 软件需求

软件需求是指用户对软件产品的功能、性能、界面和操作等方面的期望和要求，它们确定了软件的功能范围，以及这些功能应该达到的标准或程度。良好的软件需求是成功软件开发的关键，它们影响着项目的每个阶段，从设计，到编码，再到测试。

软件需求通常分为功能性需求和非功能性需求两大类。功能性需求描述了软件必须执行的功能和任务。它们定义了软件应该如何响应特定的输入、如何处理数据、如何在特定情况下执行操作以及如何输出结果。非功能性需求描述了软件的性能、可用性、可靠性和安全性等质量属性。非功能性需求确保软件在不同的使用环境下都能有效、安全、可靠地运行。例如,一个软件的性能需求可能规定了处理特定任务的响应时间,而安全需求则可能涉及数据加密和用户授权。

软件需求的收集是一个复杂的过程,涉及与各种利益相关者的沟通。良好的软件需求应满足:需求应该是清晰和精确的,避免模棱两可;需求应该是可以测试的,以便在后期验证软件是否满足这些需求;需求应该与业务目标和用户需求紧密相关;需求应该是实际可实现的,考虑到技术和预算限制;所有重要的用户需求都应该被包含。

2. 软件需求分析

为获取良好的软件需求,软件开发团队需要正确和完整的需求分析,这些分析工作包括识别、分析、记录和维护软件应实现的功能和限制条件。软件需求分析对于软件项目的成功至关重要,完整准确的软件需求报告可以显著减少开发过程中的变更和误解,从而节省时间和成本,提高最终产品的质量。

收集需求是需求分析的第一步,通过访谈、问卷调查、观察和市场研究等方式进行。接着,将收集到的需求分为不同的类型,如功能性需求和非功能性需求。再根据需求的重要性和紧急性为它们分配优先级,这有助于后续开发阶段的资源分配和计划制定。最后验证与确认需求,形成文档,这些需求文档应详细、准确、易于理解。对于复杂的软件项目,需求分析将面临许多挑战:用户可能无法清晰地表达需求,或者需求可能会随着项目进展而变化;需求分析依赖于有效的沟通,误解或沟通不畅可能引发需求分析错误或偏差;管理需求并保持它们的一致性也是一项挑战。为解决软件需求分析过程的实践问题,开发团队应该:与所有利益相关者保持持续的沟通,以确保需求的准确性和及时更新;使用标准化的文档模板和工具有助于确保需求的一致性和完整性;使用用户故事(作为一个角色,我想要做什么,以便达到何种目的。)和用例来辅助理解需求;使用原型和模型有助于利益相关者更好地理解和验证需求;需求分析是一个迭代过程,应定期回顾和更新需求,以反映新的信息和变化;对需求进行风险评估,识别可能影响项目的高风险需求。

3. 软件规格说明书

软件规格说明书(Software Requirements Specification,SRS)是软件开发中的核心文档之一,它详细描述了软件或系统应该实现的功能和约束条件。SRS 是项目团队内部沟通的基础,也是与客户沟通的重要桥梁。软件规格说明书至少应该包括引言、总体描述、详细需求和其他需求。

SRS 引言包括:①描述 SRS 的目的以及其目标受众。②定义软件的名称和简要说明,描述软件的应用领域和主要用途。③提供文档中使用的技术术语、缩略语和定义,以确保所有读者都能理解。④列出编写 SRS 所参考的所有文档,包括项目计划、标准文档等。⑤描述 SRS 的组织结构,帮助读者理解文档的内容和布局。

SRS 总体描述包括:①描述软件在更广泛的系统或产品中的角色和位置。若软件是系统的一部分,描述其与系统其他部分的关系。②简要列出软件的基本功能。③描述预期用户群的特性,包括用户的教育背景、经验等。④列出在开发和运行软件时所做的假设,描述软件依赖的外部组件或系统。

SRS 详细需求包括:①功能性需求,详细描述软件必须执行的功能。每个功能的描述应清晰、完整,包括输入、处理和输出。②非功能性需求,包括性能需求、安全需求等软件质量属性。③外部接口需求,包括用户接口、硬件接口、软件接口和通信接口。

SRS其他需求包括:①数据库需求,描述数据存储需求,包括数据结构和数据库系统的选择。②操作需求,描述软件的安装、配置和日常操作。③合规性需求,描述软件必须符合的法律、标准和规范要求。

4. 用户指南

软件用户指南用于指导用户如何安装、配置、使用和维护软件产品。以下是软件用户指南的关键内容:①提供软件安装的详细步骤,说明如何配置软件以满足特定需求或偏好。②描述软件界面的主要部分及其功能,解释如何执行软件的基本操作,如打开、保存文件,基本编辑功能等。③详细介绍更复杂或高级的功能,提供提高效率和效果的技巧。④列出常见的操作问题和解决方案,解释可能遇到的错误消息及其含义。⑤常见问题解答(FAQ),提供用户可能提出的常见问题及其答案。⑥明示获取技术支持的联系信息,指导用户如何提供反馈或报告问题。⑦提供版权信息、使用许可、有关软件使用的法律声明和限制。

一个好的用户指南不仅提供详细的操作指南,还能通过优化用户体验来减少对客户支持的需求。

5. 软件配置文件

软件配置文件用于定义应用程序设置和参数,它允许用户或管理员自定义和调整软件的行为和环境。配置文件的使用使得软件更加灵活,用户可以根据自己的需求或系统环境对软件进行定制化设置,而无须更改代码。配置文件的类型常常采用XML、YAML和JSON等文本格式,这使得配置文件易于阅读和编辑。软件配置文件是软件开发和运维中不可或缺的组成部分,开发团队需要仔细审查这些文件的内容。

2.1.2 软件规格说明书的高层次审查

高层次审查主要关注软件规格说明书(SRS)的整体结构、范围和主要概念,确保SRS符合用户需求和业务目标。高层次审查通常基于对整体需求和设计目标的讨论和共识,可能包括对市场研究、竞争分析和用户反馈的评估。

具体来说,可以从完整性、准确性、一致性和可行性4个方面完成高层次审查。完整性审查旨在确认SRS是否涵盖了所有必要的功能和非功能需求,没有遗漏。准确性审查则核实需求描述是否清晰、无歧义,确保开发团队对需求有共同理解。一致性审查检查SRS中的各个部分是否相互协调,不出现矛盾或冲突。可行性审查则评估所提出的需求在技术、经济和时间上是否可实现。

综合来看,高层次审查从产品的功能逻辑出发进行分析,审核软件是否能够满足客户的需求和期望,以及检查功能之间是否存在冲突,评审软件是否具备合理的功能层次性和完备性。软件开发团队可以采用以下方法进行SRS的高层次审查。

1. 从用户的角度分析需求

软件质量通常和满足用户需求的程度正相关。因此,在审查SRS时,评审人员应该识别目标用户群,了解用户希望通过软件解决的问题或实现的目标。这个过程涉及深入理解用户的需求、待解决问题、技术能力、应用背景、工作流程以及他们与软件交互的方式。在审查功能性需求时,首先要确保SRS中列出的所有功能都是用户真正需要的。其次,要评估这些功能是否易于理解和使用。同时,评审人员还需要特别关注非功能性需求。他们要确保系统的响应时间和处理能力能够满足用户的期望,并且要关注软件的易用性和可访问性。此外,评审人员还应仔细检查数据保护和隐私政策,以确保它们符合用户的安全需求。

软件规格说明书审查过程中,仔细阅读用户调查或焦点小组的反馈,以验证需求的准确性。随着项目的进展,项目小组应该定期回顾和更新SRS,以适应需求的变化和新的用户反馈。因此,评审人员还要检查项目小组和用户之间的沟通渠道,开发团队是否能及时反应用户提出的建议和反馈。

这种从用户角度出发的做法有助于缩小软件开发者和最终用户之间的鸿沟,确保最终产品能够真正满足用户和市场的需求。

2. 检查需求是否遵守已有的标准和规范

为确保开发效率和最终软件的质量,在SRS的高层次审查过程中,一项关键活动是检查需求是否遵循已有的标准和规范。评审人员首先要识别适用的标准和规范,如:

- 行业标准:确定与软件相关的行业标准,如财务、医疗、教育等领域的特定规范。
- 技术标准:考虑技术实施方面的标准,如数据交换格式、接口规范等。
- 法律和法规:识别影响软件的法律和法规要求,如数据保护法、版权法等。

在评审过程中,尤其要注意文档和数据管理的标准化,审查软件相关文档是否遵循标准格式和内容要求,确保数据存储、处理和传输遵循行业数据管理标准。

通过标准和规范方面的审查,不仅可以提高软件产品的质量,确保其在各种环境中的有效性和合法性,还能够增强客户对产品的信任度。这不仅涉及技术层面的合规性,还包括法律、行业和地区层面的要求,确保软件项目能够顺利进行,避免可能的合规风险。

3. 审查和测试类似软件

在审查SRS阶段,还没有具体产品可供测试,因此,研究类似软件是了解目标软件运行情况的有效方法。评审人员应该分析市场上类似的软件产品,了解它们的功能、性能和用户反馈。审查和测试类似软件,还可以评估实现目标软件功能的技术难度和风险。如果可能,评审人员还应推动基于SRS构建原型或最小可行产品进行早期测试。

在SRS的高层次审查中,评审类似软件时应重点注意以下几个问题。

- 功能对比,包括核心功能和独特功能的对比,尤其要注意目标软件是否存在功能缺失的情况。
- 性能对比,评估目标软件的响应速度、可靠性和扩展性是否能够满足用户的要求。
- 用户体验,包括界面设计和用户反馈,了解用户对类似产品的看法和体验。
- 安全和合规性,审查类似软件的安全特性和数据保护措施,以及其遵守的法规和标准。

2.1.3 软件规格说明书的细节审查

与SRS的高层次审查相对应,SRS的细节审查针对软件需求的具体细节,确保每个需求都被准确和详细地描述,以便验证需求的可实现性和可测试性。软件规格说明书的细节审查深入到单个需求的具体描述,如特定功能的细节、数据格式、算法和流程。关注需求的技术细节和实现细节,SRS能为开发和测试提供精确的指导。

1. 软件规格说明书应包含的内容

针对软件需求的具体细节,SRS应包含以下内容。

功能需求:描述软件必须提供的具体功能和服务,包括输入、处理和输出的细节。

性能需求:定义性能标准,如响应时间、并发处理能力、处理事务或请求的数量、故障后的恢复时间、处理速度和数据容量等。

其他相关的质量属性：即可靠性、可移植性和安全性等方面的要求。如涉及数据加密、用户认证、访问控制等安全方面的要求，关于软件易用性的要求，软件的稳定性和错误处理能力等可靠性要求，软件的可维护性和未来的可扩展性。

外部接口：即软件如何与用户、硬件、其他软件和系统等交互。用户接口指用户界面的布局、样式和交互方式。硬件接口指硬件设备与软件的交互方式。软件接口指软件与其他软件的交互方式。通信接口指软件与外部网络的通信协议和接口。

设计方面的约束：明确编程语言、开发工具、软件架构、软件技术平台、数据库管理系统、资源限制和部署环境等方面的要求。

2. 软件规格说明书的属性审查清单

执行软件规格说明书的细节审查时，软件团队应该按照下列属性审查清单逐项进行评审活动。

(1) 正确性。软件规格说明书的所有内容都要求正确，细节审查时，应对比高层次审查内容，并确保与最终用户的交流，以保证 SRS 的正确性。

(2) 完整性。软件规格说明书应该包括所有的功能需求、性能需求、外部接口及其他相关质量特性等内容，还应包括各种类型输入的响应方式，特别是要检查无效输入的响应。审查 SRS 时，关注是否有遗漏功能，是否有遗漏的输入、输出和条件，每项功能的描述是否完整等。

【例 2.1】智能家居控制中心软件的功能描述。

假设我们正在开发一款名为“智能家居控制中心”的软件，该软件旨在允许用户通过一个统一的界面来控制家中的各种智能设备，如智能灯泡、智能插座、智能恒温器等。该软件的 SRS 可能将其功能描述为以下内容。智能家居控制中心应能够：①连接到用户的家庭网络并发现可用的智能设备。②显示一个设备列表，用户可以从中选择想要控制的设备。③允许用户通过软件界面开关设备或调整设备设置。④软件提供定时任务功能，以便用户可以设置设备在特定时间自动执行操作。

然而，该描述遗漏了一些关键的功能细节，例如：①没有说明软件如何处理多个用户或多个设备同时尝试控制同一个智能设备的情况。②没有描述软件如何处理设备离线或故障的情况，以及是否应向用户提供相应的反馈。③没有说明软件是否应该支持语音控制功能，这对于许多智能家居用户来说是一个重要的特性。

(3) 一致性。软件规格说明书一致性即内部一致性，是指 SRS 文档中所有信息的逻辑和结构上的一致和协调。内部一致性对于确保 SRS 的可靠性、清晰性和可用性等至关重要。软件规格说明书的内部一致性主要包含：①需求的一致性。确保文档中所有的需求描述不相互矛盾，且每个需求都是清晰和准确的。②术语和定义的统一。在整个文档中使用统一的术语和定义，确保所有参与者都对文档中的术语有相同的理解，减少沟通障碍。③风格和格式的一致性。文档的整体风格和格式应保持一致，包括标题、字体、颜色和排版，以确保文档的易读性和专业性。④功能和非功能需求的协调。它们之间应保持一致，不应相互冲突，确保软件的功能实现不会以牺牲关键的非功能特性为代价。⑤数据和逻辑流的一致性。文档中描述的数据流和逻辑流应保持相互一致。

(4) 清晰性。软件规格说明书的清晰性是指文档的内容、结构和表述方式都易于理解，无歧义。为保证清晰性，SRS 描述的每项需求都只有唯一的解释，文档中所有内容都易于理解。对于用自然语言书写的 SRS，不要使用含糊、不清楚的用语描述文档的条目。软件规格说明书在软件生命周期的设计、实现、测试和运维等活动都会用到，在细节审查时要充分考虑不同人员的技术背景，保证其理解是一致的，减少相关开发人员的沟通障碍。

【例 2.2】 在线书店系统的用户注册和登录。

假设我们正在开发一款名为“在线书店系统”的软件，该系统旨在允许用户浏览和购买电子书。在 SRS 中，有一个条目可能这样写道：

系统应提供一个用户注册和登录的功能。用户注册时，需要验证用户的电子邮件地址。注册用户可以浏览和购买电子书。购买电子书的过程按照如下步骤：添加到购物车、选择支付方式、支付和完成交易。

然而，这个条目描述存在以下问题，导致其不清晰：用户注册和登录的具体流程没有详细描述。例如，它并未明确说明密码的复杂性和安全性要求，也未提及是否提供找回密码的功能。“浏览和购买电子书”的描述过于笼统。没有说明用户如何浏览电子书(例如，按类别、作者、书名等排序或筛选)。

由于这些描述不清晰的问题，开发团队可能会根据自己的理解或假设来实现注册和登录功能，但最终产品可能与客户的期望不符。在浏览和购买电子书的功能方面，开发团队可能会提供基本的浏览和购买功能，但由于缺乏具体细节，最终的用户体验可能不够友好或直观。这些问题可能导致开发周期的延长、额外的修改成本以及最终产品与用户需求的不匹配。

因此，在编写 SRS 时，确保每个条目的描述清晰、具体且详尽是非常重要的。一个清晰的 SRS 使得所有利益相关者，包括开发人员、项目经理、测试人员和最终用户，都能准确把握软件的需求和预期功能。

(5) 易测性。软件规格说明书的每项需求都可以进行测试，即存在着开销可接受的验证方法。项目开发团队在审查 SRS 的细节时，不仅要考虑如何测试各项功能，还要考虑哪些非功能特性如何测试。

【例 2.3】 性能可验证的例子：高速数据处理系统的数据处理响应时间。

假设我们正在开发一款名为“高速数据处理系统”的软件，用于处理和分析大量的数据。在软件规格说明书中，关于性能的部分可能会包括这样一个条目：

系统应能够在单台服务器上，以不超过 5 秒的响应时间，处理至少 10 000 条数据记录。

这个性能要求是可测试的，因为它提供了具体的指标和条件：单台服务器，响应时间不超过 5 秒，处理数据记录数量至少为 10 000 条。为了测试这个性能要求，开发团队可以设计一个性能测试场景，其中包括：准备一个包含至少 10 000 条数据记录的数据集；在单台服务器上部署和配置好软件系统；使用自动化测试工具或脚本，模拟终端向系统发送处理请求；测量系统从开始处理到完成处理所需的总时间；重复测试多次以获取平均响应时间，并确保它不超过 5 秒。通过这样的测试过程，开发团队可以客观地验证软件系统是否达到了规格说明书中所要求的性能指标。如果测试结果不符合要求，开发团队可以针对性地优化系统性能，直到满足规格说明书中的要求为止。

【例 2.4】 性能不可验证的例子：智能语音识别助手的用户体验。

假设我们正在开发一款名为“智能语音识别助手”的软件，该软件旨在帮助用户通过语音指令完成各种任务。在 SRS 中，关于性能的部分可能会包括这样一个条目：

系统应能够提供快速且准确的语音识别功能，以最大程度地提高用户体验。

该性能要求之所以不可测试，是因为它缺乏具体的指标和条件。“快速且准确”是一个相对模糊的描述，没有提供具体的响应时间或准确率指标。“最大程度地提高用户体验”是一个主观的评价标准，因为用户体验因人而异，难以量化或统一衡量。为了使这个性能要求变得可测试，我们需要对其进行改进，提供具体的指标和条件。例如，我们可以这样描述：

系统应在不超过 2 秒的响应时间内，对标准测试集中的语音指令达到 95%以上的识别准确率。

(6) 可行性。软件规格说明书的每项需求(包括功能、性能和其他质量属性)都能实现,每项需求的实现、测试及维护都具有可操作性。

(7) 可追溯性。软件规格说明书的每项需求都是清楚的,并且能方便地在其后的开发及其他文档中说明来源。审查 SRS 的细节时,既要保证向后可追溯,也要保证向前可追溯。向后追溯是指能够追踪需求回到其源头的能力,确保每个需求都有其合理的来源,不是随意或无根据的,这有助于理解需求背后的动机和目的。在需求发生变更时,向后追溯还有助于理解变更对原始业务目标和用户需求的影响。向前追溯是指从需求出发,追踪其在后续开发活动中的体现和实现。

软件规格说明书的可追溯性对于确保软件开发的透明性、准确性和完整性至关重要。它不仅有助于团队成员理解需求的来源和意图,还确保在设计、实现和测试阶段不会丢失或误解这些需求。

(8) 重要性和稳定性排序。在软件规格说明书中,对需求进行重要性和稳定性的排序是一项关键活动,它有助于指导开发优先级、资源分配和风险管理。这种排序确保了开发团队能够优先处理最关键和最稳定的需求,从而提高开发效率和产品质量。

需求重要性排序体现在以下 3 个方面:①用户和业务的价值。评估每个需求对用户和业务的价值,确定其对满足用户需求和实现业务目标的贡献程度。高价值需求通常直接影响用户体验和满意度,或对实现关键业务目标至关重要。②优先级设定。根据需求的业务价值和用户影响,将需求分为高、中、低优先级。高优先级需求应该首先得到满足,以确保最重要的功能和特性得到实现。③利益相关者的影响。考虑不同利益相关者的需求和期望,特别是要考虑到关键用户和主要利益相关者的需求和期望。

需求的稳定性排序体现在以下两个方面:①需求的成熟度。稳定的需求通常经过充分的分析和讨论,且不太可能在开发过程中发生变化。新出现或频繁变更的需求可能不够稳定,应谨慎处理。②变更的可能性。评估需求变更的可能性,包括外部环境变化(如市场、技术)或内部因素(如设计变更)的影响。稳定性低的需求可能需要更灵活的设计和实现策略,以适应未来的变更。

在 SRS 中对需求进行重要性和稳定性的排序对于高效的软件开发至关重要。它不仅帮助确定开发的优先级和方向,还有助于优化资源分配、降低风险,并确保团队能够集中精力开发对用户和业务最有价值的功能。通过这种方法,项目团队可以确保按时交付高质量的软件产品,同时满足关键的业务需求和用户期望。

3. 常见的问题用语

在编写软件规格说明书时,常常会遇到几种问题用语,这些用语可能导致需求的歧义、不明确或过于笼统,从而影响软件开发的效果。以下是 SRS 中常见的问题用语类型及其示例:

(1) 过于绝对的用语。使用绝对词汇,例如:总是、从不、必须等,可能会限制软件设计的灵活性和适应性。如果在 SRS 中发现此类用语,应该检查其反例是否存在。例如,"系统必须在所有情况下于 1 秒内响应""软件从不崩溃",这些句子需要仔细审查,因为它们可能导致实际结果与预期不符。

(2) 模糊用语。使用含糊不清的词汇或概念,例如:一般、某些、可能、大概和通常等,如果在 SRS 中发现模糊用语,应该对相关内容进行明确的定义或解释。"系统可能支持多种文件格式""软件一般在高负载下能够不间歇稳定运行",前一句需要明确指定支持哪些文件格式,后一句需要明确指定哪些情况属于高负载环境。

(3) 无法量化的用语。例如：高效、快速、良好和稳定等，如果在 SRS 中发现无法量化的用语，应该尽量使用具体的数值或标准来量化相关需求。“系统应当快速响应用户请求”“软件应具有良好的用户体验”，前一句的“快速”未定义，而后一句的“良好”属于主观词汇，在 SRS 中尽可能使用量化的标准来描述响应时间和用户体验。

(4) 掩盖细节的用语。例如处理、进行、信息和数据等，这类用语故意或无意地隐藏某些重要信息或细节。“系统应支持数据管理”，该条目未具体说明哪些数据需要管理，数据管理是否包括数据更新。

(5) 使用主观词汇。如果 SRS 使用主观或感性的词汇来描述需求，将使相关需求条目缺乏客观标准。“用户界面应当具有吸引力”“软件应提供满意的性能”，这些句子无法准确、清晰地描述用户界面和性能，可能会给后续开发带来困难。

(6) 诱导性的用语。诱导性用语往往具有一定的倾向性，旨在引导读者朝着某个特定方向思考或行动。例如，“大多数用户都更喜欢这种设计”可能是在暗示读者应该接受这种设计而不考虑其他选项。诱导性用语可能会限制读者的思考范围，导致决策偏差。而且这类用语涉及的内容是否合理也有待仔细审查。

高层次审查更多关注于 SRS 的整体和大局视角，而细节审查则深入到具体的需求和技术实现。在进行 SRS 审查时，两者相辅相成，共同确保 SRS 既符合战略目标和用户需求，又在技术层面具有可行性和精确性。通过这两种审查，可以有效提高软件开发的成功率和产品质量。

2.1.4 用户指南的审查

用户指南是指导用户正确使用和理解软件产品的重要文档。审查用户指南是确保其质量、准确性和易用性的关键步骤。这个过程涉及多个方面，包括内容的准确性、清晰性、完整性和可读性。为保证用户指南的内容准确，审查人员应该核对手册中描述的功能与软件的实际功能是否一致，确保用户可以按照手册中的步骤正确操作。此外，他们还应确保手册中所有内容是最新的，以便与软件新版本保持一致。为保证用户指南的清晰性和易懂性，应该使用简洁、明了的语言，确保内容组织有逻辑，用户可以轻松地找到所需信息，尽量使用图表、屏幕截图和图解来辅助说明，以增强理解并提高吸引力。除此之外，用户指南还应该覆盖软件的主要功能和用法，保持一致的字体、颜色和布局，使用明确的标题、子标题和目录，便于用户快速浏览和查找信息。

为保证用户指南达到上述要求，让用户参与实际测试是一个好的静态黑盒测试手段。该测试过程中，让实际用户根据手册操作软件，收集他们的反馈，评估用户在使用手册时的体验和满意度。

2.1.5 软件配置文件的审查

软件配置文件包含了系统运行所必需的参数设置、环境变量、依赖关系以及其他关键信息。在审查过程中，首要关注的是配置文件的一致性和准确性。审查人员应核对配置文件中的各项设置是否符合软件的需求和规范，是否与其他相关文档保持一致。同时，他们还应检查配置文件中的参数设置是否合理，是否能够支持系统的正常运行。

此外,安全性也是审查的重要方面。审查人员应检查配置文件中是否存在潜在的安全漏洞或风险,如敏感信息的泄露、未授权的访问等。他们应评估配置文件的安全性,并提出相应的改进建议,以确保系统的安全性。

在审查过程中,审查人员还应关注配置文件的可读性和可维护性。他们应检查配置文件的格式是否规范、注释是否清晰,以便于其他开发人员理解和维护。同时,他们还应评估配置文件的可扩展性,以确保系统在未来能够适应变化的需求。

2.1.6 文档评审方法

在执行软件的静态黑盒测试时,文档评审是一个关键环节。软件开发团队可以采用两种文档评审方法:正式的和非正式的。与正式评审不同,不正式评审更注重快速反馈,也不要求审查人员同步工作,减少了烦琐的流程和审查意见书要求。不正式的文档评审方法虽然具备灵活性,但存在一些不可忽视的缺点:由于没有固定的流程和规范,评审过程容易变得随意,可能会忽略一些重要的问题或细节;不正式评审的参与者可能缺乏多样性;不正式评审过程中,参与者可能缺乏积极性和责任心,评审过程可能变得敷衍了事;不正式评审通常缺乏正式的记录和跟踪机制。

相比较而言,正式的评审方法能更好地审查文档。静态黑盒测试过程中,常见的正式评审方法有走查和会议审查两类。

1. 走查

走查主要强调对审查对象从头到尾检查一遍。在走查中,评审小组由少数人员组成,通常包括产品经理(或项目经理)、售前工程师和质量管理人员。评审小组成员先单独审查一遍文档,包括软件规格说明书、用户指南和软件配置文件,再汇总问题后,集体开会讨论其中的重要事项。

2. 会议审查

会议审查是静态黑盒测试过程中另一种常见的正式评审方法。与走查相比,会议审查更加注重整体性和结构性,通常涉及更广泛的参与者和更详细的讨论。

在会议审查中,相关人员会聚集在一起,由主持人引导整个评审过程。会议审查的核心是对文档进行全面、系统和深入的分析和讨论。参与者就文档中的各个方面提出问题、发表意见和提出建议。会议中可能会使用检查清单、问题列表等工具,确保每个方面都得到充分的关注。

会议审查的主要流程包括 4 个步骤。首先是会议准备。在这一阶段,需要明确会议的目标和范围,确定参与评审的人员名单,并提前将待评审的文档分发给与会者,确保他们有足够的时间进行预先阅读和准备。同时,还需制定详细的会议议程,明确每个环节的时间安排和讨论重点。接下来是召开会议。在会议开始时,主持人会介绍会议的目的和流程,并引导与会者按照议程逐项进行讨论,特别要注意的是,会议过程避免偏离主题或陷入无休止的争论。与会者会根据自己的专业知识和经验,对文档中的各个方面提出问题、发表意见和提出建议。主持人需要确保讨论的有序进行,同时鼓励开放和批判性的讨论氛围。在充分讨论后,会进入评审决议环节。与会者会就讨论中发现的问题和改进建议达成共识,形成评审决议。决议可能包括修改文档、补充信息、采取纠正措施等。最后是问题跟踪。会议结束后,需要整理和记录评审过程中发现的问题和决议事项,形成问题跟踪列表。这个列表会分配给相关人员进行后续处理和跟进,确保问题得到及时解决和验证。同时,问题跟踪列表也是项目质量管理和持续改进的重要依据。

2.2 测试用例

通常在软件规格说明书审查结束后，软件需求会变得明确，然后就可以开始进行测试需求分析。测试需求分析要完成以下工作：①需要明确哪些需求条目要测试，哪些不需要测试。同时，还要确定哪些需求条目将包含在本次测试中，哪些将留待后续测试。②根据测试目标和测试范围，确定测试项。③根据用户需求的紧急程度、重要性和质量风险等因素，对需求进行优先级排序，确定哪些需求是核心功能，以及哪些是辅助功能或附加功能。测试需求分析结束后，就开始针对测试项进行测试设计，而编写测试用例是测试设计的关键环节。

测试用例是为了特定测试目的而设计的测试条件、测试数据及与之相关的操作步骤的特定使用实例或场景。测试用例也可视作验证软件是否按照既定要求运行而设计的一系列条件或变量。综合来看，测试用例是软件测试中的核心要素，它描述了对系统执行的具体操作、预期的结果以及执行这些操作的环境设置。

2.2.1 测试用例扮演的角色

无论是基于黑盒测试技术，还是基于白盒测试技术，设计完善的测试用例集来测试软件，可以确保软件在各种场景下都能按照预期运行，从而提高软件的质量和可靠性。同时，良好的测试用例也有助于提高测试效率，降低测试成本。

在整个软件测试过程，测试用例始终扮演着至关重要的角色。它至少能够起到以下作用：①在测试用例中系统地罗列和细化各种可能的输入、操作场景和预期结果，测试人员能够有条不紊地对软件进行全面而深入的检测，从而有效地避免程序漏测的问题。②测试用例对于测试进度的把握也至关重要。通过预先设计好的测试用例集，测试团队可以更加准确地估算测试所需的时间和资源，从而制订出更加合理的测试计划。同时，在实际测试过程中，已完成的测试用例数量也可以作为一个直观的指标，帮助项目经理和团队成员实时了解测试进度，确保项目能够按时交付。③测试用例还是一种非常重要的度量指标。通过对测试用例的通过率、执行效率等数据进行统计和分析，项目团队可以对软件的质量水平进行客观、量化的评估。④当测试过程中发现缺陷时，测试用例能够提供翔实的依据和分析路径。每个失败的测试用例都对应着一个或多个潜在的问题点，测试人员可以根据这些信息迅速定位问题原因，并与开发团队进行有效的沟通和协作，从而加快缺陷的修复速度。⑤在项目的管理成本评估方面，测试用例也发挥着重要作用。通过对测试用例设计和执行过程中的时间、人力等资源消耗进行统计和分析，项目团队可以更加准确地评估测试工作的成本效益，为后续的预算分配和资源优化提供有力依据。

2.2.2 测试用例的构成

每个测试用例都应明确描述测试步骤、输入数据、预期结果以及测试执行后的实际结果。除上述 4 个必不可少的元素外，实践过程中测试用例还可以包括以下元素：用例编号、测试项、测试描述、测试项所属模块、优先级、前置条件、编制人、编制时间、开发人员、程序版本、测试人员和测试环境等。

下面就测试用例的重要元素逐一介绍。

(1) 用例编号,它为每个测试用例提供了一个唯一的标识符。编号通常是一个序列号或项目组内部约定的编码,使测试用例易于识别、引用和追踪。在测试过程中,用例编号的主要作用是帮助组织和管理测试用例,确保测试的覆盖面和追溯性。用例编号允许测试团队快速定位特定测试用例,特别是在测试结果分析、缺陷追踪和测试报告编写时。

(2) 测试项,它是一个描述性短语,用来关联待测试的某个需求条目,可考虑引用需求说明书和设计说明书。测试项指明了测试用例所关注的特定功能、特性或需求,它通常对应于软件规格说明书的某个具体需求或功能点。在定义测试项时,需明确指出所要测试的需求条目或功能,如用户登录、购物记录保存、成绩统计等。在实践中,为克服用例编号可理解性差的缺点,测试项和用例编号一一对应,两者共同帮助测试团队快速识别并关联到具体的测试场景和需求,从而实现有效的测试管理和执行。

(3) 测试描述,它提供了关于测试目的、测试方法以及测试重点等的简要说明。测试描述概述了测试用例的核心内容,帮助测试人员快速理解测试用例的意图和要点。在实践中,测试描述通常作为测试项的解释。由于测试项是一个短语,无法清晰、准确地描述测试,为确保测试团队每个成员对测试用例的执行方式有一致的理解,完整的测试描述是补充测试项的最好手段。

(4) 测试项所属模块,它指明了该测试用例所针对的软件系统的具体模块或组件。每个软件通常由多个模块组成,而测试项所属模块就是用来确定测试用例与这些模块之间的对应关系。通过明确测试项所属模块,在测试过程中发现问题时,有助于测试人员快速定位问题所在的模块,提高缺陷修复的效率。例如,一个软件可能包括用户认证模块、数据处理模块和用户界面模块等,每个模块都会有其专属的测试用例集。测试人员能借助此元素方便地组织和分类测试用例,使它们与软件的特定部分或功能对应。特别是在大型项目中,不同模块可能由不同团队负责开发,设计测试用例时,更有必要提供测试项所属模块。

(5) 优先级,它表明该测试用例在整个测试过程中的重要性和执行顺序。每个测试用例都会根据其对软件质量的影响程度、业务需求、功能核心度等因素被赋予相应的优先级。优先级高的测试用例通常涵盖了软件的关键功能、常见使用场景或可能存在较高风险的部分。设定优先级有助于有效分配测试资源,尤其在时间和资源受限的情况下。通过优先处理最关键的测试用例,可以最大限度地减少重大缺陷和风险,同时确保最重要的功能得到充分测试。

(6) 前置条件,它指定了当前测试用例执行之前必须满足的条件。前置条件确保了测试在一致、可控的状态下进行,从而提高了测试结果的准确性和可重复性。它可能涉及系统设置、数据初始化、前置操作的完成等方面。前置条件还可以包括对其他测试用例的引用,其执行结果是当前测试用例的前置条件。测试人员在进行测试之前,必须仔细检查和确认前置条件是否已满足,以确保测试的有效执行。此外,对于复杂的测试场景,详细的前置条件可以帮助测试人员理解测试背景,确保每个测试用例都在预期的环境中执行,从而获得有效和一致的测试结果。

(7) 输入数据,它指定了在执行测试用例时需要输入到系统或软件中的具体数据。这些数据是为了触发和测试特定需求项而设计的,可以包括各种类型,如文本、数字、文件或其他数据格式。这些数据还可以是系统内部产生的数据或外部接口传递的参数。输入数据的准确性和适当性对于确保测试用例有效性至关重要,因为它们直接影响测试的结果和有效性。因此,在编写测试用例时,测试人员需要仔细考虑和设计输入数据,确保它们能够充分覆盖被测功能的各种情况和边界条件,从而发现潜在的问题和缺陷。特别要注意的是,在设计测试用例时,测试设计人员应该明确定义输入数据。这样做有助于测试的可重复性,确保每次执行测试用例时都能获得一致的环境和条件。

【例 2.5】测试某购书网站书籍查询功能。

假设我们正在开发一个购书网站,该系统旨在允许用户在线浏览和购买书籍。一个测试其书籍查询功能的测试用例中,"输入数据"可能这样写道:

测试人员应该保证书籍的种类不少于 8。

然而,这句话并不明确具体的书籍种类数量。为了测试查询结果为多页的显示情况,要求书籍种类不少于 8。但是,测试人员可能输入 8 种书,也可能输入 15 种书,如果每页显示 6 种书,则前者对应两页,而后者对应三页,两者的显示结果有明显差异。更好的做法,明确书籍种数,如 12、15 等。

(8) 测试步骤,它详细描述了执行测试所需遵循的一系列操作顺序。每个步骤都应当清晰、明确,最好每一步都清楚地指出预期的操作和观察点,确保测试人员能够按照指示无误地进行操作。测试步骤通常包括打开特定软件或功能、输入预设数据、单击按钮、触发特定事件或行为等。通过遵循这些步骤,测试人员能够系统地验证软件的功能、性能或安全性等方面是否符合预期要求,从而有效地发现和记录潜在的问题和缺陷。在编写测试步骤时,应确保其足够详细,以便即使是对应用程序不熟悉的人员也能准确执行。良好定义的测试步骤对于识别和记录软件中的缺陷至关重要,因为它们确保所有测试人员都以相同的方式执行测试。这不仅有助于保证测试结果的一致性,还有助于在测试过程中重现问题,以便于程序员定位错误代码。

(9) 预期结果,它定义了在给定输入数据和执行特定测试步骤后,软件应展现的特定行为或状态。预期结果应明确、具体,以便于在测试执行后与实际结果进行比较。这些结果可以是系统状态的改变、特定的输出值、日志文件、界面上的特定元素显示,或者是系统不发生任何变化等。值得注意的是,明确的预期结果也有助于测试过程的自动化,因为自动化测试工具可以利用这些信息来判断测试是否通过。

(10) 实际结果,它是测试用例执行完毕后所得到的真实反馈或输出。这是判断测试是否通过、系统是否按预期工作的重要依据。测试人员需将实际结果与预期结果进行对比,如果两者一致,则测试通过;如果不一致,则记录为缺陷或失败,并可能需要进行进一步的调查和分析。在测试报告中,实际结果的详细记录对于开发团队理解和修复问题至关重要。它们帮助开发人员准确地定位问题,了解在特定条件下软件的具体行为。此外,这些记录也是评估软件质量和测试覆盖率的重要参考,为后续的软件改进提供了基础。

(11) 测试环境,它是执行测试用例时的软件和硬件配置的集合。在描述测试环境时,应详细记录测试进行时的软硬件具体配置,包括操作系统版本、第三方软件要求、网络配置、数据库设置、浏览器类型以及任何特定的硬件或服务器配置。如果测试结果需要重现或验证,拥有详细的测试环境描述可以确保测试在相同的条件下重新进行,从而准确地评估软件行为和性能。前置条件和测试环境可合并为一个元素,如果分开使用,则测试环境可视为测试用例的宏观条件,而前置条件可视为测试用例的微观条件。特别地,将两者拆开使用时,通常情况下,多个测试用例将共享同一个测试环境。如果所有测试用例所需的测试环境相同,则在规格说明中统一描述即可。

2.2.3 关于机票预订的测试用例

图 2.1 为某旅游网站的机票预订页面的机票检索部分，让我们以机票检索功能来讨论测试用例的设计。当我们面对该功能时，如何编写测试用例，以便完整测试它呢？

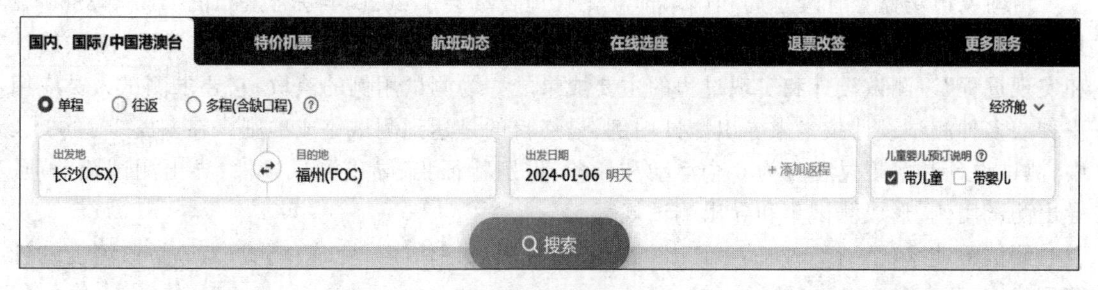

图 2.1　机票检索

从用户的角度出发，当用户执行机票检索时，输入出发地、目的地、出发日期、返回日期、行程类型、舱位和乘客类型，然后单击“检索”按钮，操作相对直接。然而，在测试过程中，我们需要考虑更多的用户操作场景和系统的响应。例如，如果行程类型选择了“单程”，则返回日期处无法输入；多程指同时预订两段或两段以上航班，如果行程类型选择了“多程(含缺口程)”，则出现一个新页面，它提供多个行程让用户输入；如果乘客类型选择了“带儿童”或者“带婴儿”，则搜索结果中的票价要有相应的变化。这些都是测试点，每一个测试点都可以看作一个测试用例。如表 2.1 所示，以“长沙飞福州、单程、经济舱、带儿童”为例，来展示一个简单的测试用例。

表 2.1　机票检索的测试用例

用例编号	TC-Ticket-Query-001
测试项	机票检索
测试描述	当用户输入行程、舱位和乘客类型等信息后，网站显示对应的航班和票价
测试项所属模块	机票预订模块
优先级	高
前置条件	后台已经接入各航空公司航班数据库
输入数据	出发地：长沙，目的地：福州，出发日期：2024-1-6，行程类型：单程，舱位：经济舱，乘客类型：带儿童
测试步骤	输入出发地、目的地、出发日期、行程类型、舱位和乘客类型，然后单击“检索”按钮
预期结果	(显示符合检索条件的航班及票价)
实际结果	(给出测试后的实际结果，并对比预期结果)

执行测试用例后，如果实际结果和预期结果相同，则可以表述为 True、成功、通过或正确；两者结果不同，则可以表述为 False、失败、未通过或错误。

2.3 测试用例的导出流程

由国家市场监督管理总局和国家标准化管理委员会于2020年联合发布的GB/T 38634.2是关于"系统与软件工程-软件测试"的国家标准的第2部分"测试过程",它定义了"测试设计和实现过程"。测试设计和实现过程的主要成果之一为测试用例的获取,它要求测试人员应用一种或多种测试设计技术来导出测试用例,最终目的是达到测试完成准则。在GB/T 38634.2中,测试设计和实现过程分为6个活动和任务:识别特征集、导出测试条件、导出测试覆盖项、导出测试用例、形成测试集和导出测试规程。

测试覆盖率(Test Coverage Rate,TCR)通常用来评估测试完成率,式(2.1)是该测度的计算形式。

$$TCR=\frac{Ntc}{Total}100\% \tag{2.1}$$

式中,Total是测试覆盖项的总数,Ntc为测试用例所包含测试覆盖项的数目。显然,测试覆盖率的范围为0~100%。

软件需求分析过程结束后,测试人员应分析测试依据,理解测试项的要求,接着将测试项的特征组合成特征集。测试条件(Test Condition, TCOND)是系统或软件的可测的剖面,例如:功能、事务、特征、质量属性或标识为基础测试的结构元素。在导出测试条件活动中,测试人员根据测试计划中规定的测试完成准则(测试覆盖率),确定每个特征的测试条件。测试覆盖项(Test Coverage Item, TCI)是每个测试条件的属性,单个测试条件可以作为一个或多个测试覆盖项的基础。为优化测试覆盖项集,可以将多个测试条件的覆盖组合成一个测试覆盖项,此时,单个测试覆盖项就实现了多个测试条件。通过确定前置条件,选择输入值及执行所选测试覆盖项的操作,并确定相应的预期结果就可导出测试用例。

本书在介绍动态黑盒测试技术和动态白盒测试技术时,都采用统一步骤形成测试集:先导出测试条件,再由测试条件导出测试覆盖项,最后按照100%的测试覆盖率由测试覆盖项导出测试用例(Test Case, TC)。

2.4 动态黑盒测试技术

静态黑盒测试的重点是文档审查,特别是软件规格说明书的审查。动态黑盒测试则不同,它需要运行被测程序。有效的动态黑盒测试需要一份经过审查成功的软件规格说明书,用以定义软件的行为。在动态黑盒测试中,测试人员通过构造输入数据并观察程序的输出结果来验证程序的功能是否符合预期。测试人员不需要了解程序的内部结构和实现细节,只需要根据规格说明书或其他需求文档来设计测试用例,并通过运行程序来检查其功能是否正确。这种测试技术可以发现程序在运行时的错误和行为异常。

黑盒测试技术有等价类划分、组合测试设计技术、边界值分析、判定表测试、随机测试、因果图、分类树、语法测试、场景测试、状态转移测试和正交试验法等,本书只讲前面5类技术来设计测试用例。

2.4.1 等价类划分

1. 等价类划分方法的定义

依据测试无法穷举原则，在实际的软件测试工作中，测试人员只能选择一些代表性数据进行测试。所选择的测试数据应保证下述条件：

- 尽可能覆盖数据输入输出空间。
- 尽量避免数据冗余，从而减少测试工作量。

可以从两个方面考虑如何选择代表性的测试数据。首先，某类输入数据在程序里由相同代码处理，因此，这类数据（数据集）对于揭露程序中的错误是等效的，具有等价的特性。其次，某类数据产生同样的输出，同样地，此类数据的故障检测能力也可视作等效。直觉告诉我们，测试用例若从这些具有等价特性的数据集中取值，则会被程序以相同方式进行“相同处理”。基于以上想法，可以定义数据集 Q 上的关系 R 为

$$R=\{<x,y>\mid x,y\in Q,\text{and } x \text{ 和 } y \text{ 被同样处理或产生相同输出}\} \tag{2.2}$$

容易验证，R 具有自反性、对称性和传递性，因此 R 是等价关系。依据 R 的特性，我们可以将 Q 划分成若干个数据子集（等价类），即

$$Q=\{Q_1,Q_2,\cdots,Q_n\} \tag{2.3}$$

式中，$Q_i\neq\varnothing,i=1,2,\cdots,n,Q_i\cap Q_j=\varnothing,i,j=1,2,\cdots,n,i\neq j$.

当 $n=4$ 时，数据集 Q 的等价类划分如图 2.2 所示。

数据集 Q 的子集皆为等价类，任意子集的每个输入数据对于程序的行为都是等价的，即它们都会导致程序产生相同的结果。根据这个原则，测试人员可以将所有可能的输入输出数据划分为若干个等价类，每个等价类代表一种典型的输入输出情况。依照上述思路，就有了等价类划分的测试方法。

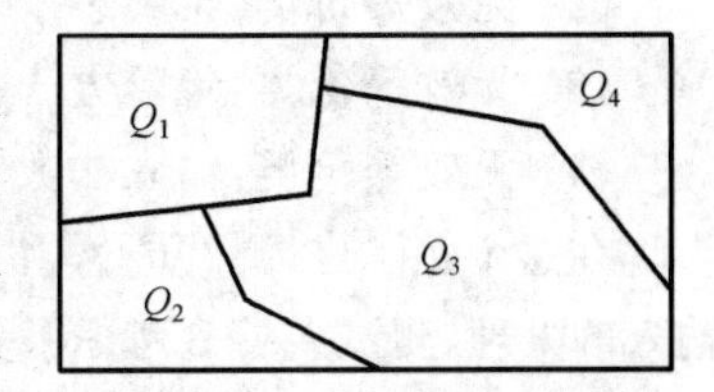

图 2.2 数据集 Q 的等价类划分

等价类划分是一种在黑盒测试中广泛使用的技术，其核心思想是将程序的输入输出数据划分为若干等价类，从每个等价类中选取代表性的数据进行测试，从而达到用较少的测试用例覆盖尽可能多的输入输出情况的目的。以图 2.2 为例，在 Q_1、Q_2、Q_3 和 Q_4 分别选取一个代表性数据，对目标软件进行测试，即认为数据集 Q 的所有数据都经过测试。这种方法基于一个核心理念：如果在某输入输出数据类中取特定值的测试用例通过，那么在这个数据类任意取值的测试用例也应该通过；反之，如果在某输入输出数据类取特定值的测试用例失败，那么在这个数据类的任意取值的测试用例也会失败。

我们可以用简单的数学命题来描述等价类划分的核心理念。记 Q_z 是命题 $F(x)$ 相关数据集的一个等价区间，在 Q_z 中任意取 x_i 进行测试。以下论断成立：

- 如果 $F(x_i)$ 失败，那么 $F(x)$ 在整个 Q_z 区间都将失败。
- 如果 $F(x_i)$ 通过，那么 $F(x)$ 在整个 Q_z 区间都将通过。

等价类划分方法的关键是将测试空间划分成若干互不相交的等价类（子集），在划分等价类时要格外谨慎，必须确保一个等价类的所有元素都测试相同功能或行为，或产生同样的输出。然后从每个等价类中选取少数（本书的例子中，仅选取一个）具有代表性的元素作为测试用例的输入数据。既可以根据程序的输入进行等价类划分，也可以根据程序的输出进行等价类划分。

2. 有效等价类和无效等价类

等价类是程序的输入输出数据的集合，它分为有效等价类和无效等价类。有效等价类是指符合程序规格说明的、合理的输入输出数据集合，测试人员需要从每个有效等价类中选取代表性的数据进行测试，以验证程序是否能正确地处理这些情况。而无效等价类则是指不符合程序规格说明的、不合理的输入输出数据集合，测试人员同样需要从每个无效等价类中选取代表性的数据进行测试，以验证程序是否能恰当地处理这些无效输入，并给出合理的错误提示或避免程序崩溃。等价类的划分是主观的，针对程序的同一输入输出域，不同测试人员可能划分出不同的等价类。

【例 2.6】年龄输入字段的等价类划分。

假设有一个简单的在线注册表单，其中包含一个年龄输入字段。该字段接受的有效输入范围是 22 到 40 岁。

测试员 A 的等价类划分结果为

(1) 有效等价类：年龄在 22 到 40 岁之间。

(2) 无效等价类：年龄小于 22 岁。

(3) 无效等价类：年龄大于 40 岁。

测试员 B 的等价类划分结果为

(1) 有效等价类：年龄在 22 到 40 岁之间。

(2) 无效等价类：年龄小于 22 岁。

(3) 无效等价类：年龄大于 40 岁。

(4) 无效等价类：输入非数字字符(如字母或特殊字符)。

在这个例子中，测试员 A 和测试员 B 对有效年龄的等价类有相同的理解。然而，对于无效输入的处理，测试人员 B 考虑了更广泛的情况，包括非数字字符的输入，而测试员 A 没有考虑到这种情况。这也表明，等价类的划分受测试人员对软件功能理解的深度和广度的影响。有经验的测试人员可能会考虑到更多边界情况和异常情况，从而划分出更全面的等价类。这也说明了为什么在实际测试过程中需要多角度审视和多人协作，以确保测试尽可能全面地覆盖各种情况。

特别值得注意的是，为保证测试的有效性，应同时对程序的输入域和输出域进行等价类划分。软件规格说明书往往只描述了有效的、预期的输出，而不会明确描述无效的输出。因此，测试人员需要根据对程序功能和业务逻辑的理解，合理推断出可能的无效等价类。

【例 2.7】测试某科学计算软件的数值加法功能。

假设我们正在开发一款用于科学计算的软件，软件规格说明书可能这样写道：

用户输入两个数值(可以是整数或浮点数)，系统执行加法，并返回结果。

该软件内部使用固定宽度的整数类型(如 32 位整数①)来存储中间结果或最终结果。用户输入了两个大数值，比如 1.2e9(即 1.2×10^9)和 1.5e9。尽管这两个输入都有效，但是它们相加的理论结果 2.7e9 会溢出整数范围。溢出结果可能是一个负数或一个截断的数值，这取决于整数类型是有符号还是无符号，以及编程语言如何处理溢出。

在软件测试中，测试人员必须设计相应的测试用例来覆盖这些无效等价类，并验证程序在这些情况下的行为。这些无效输出没有被明确描述，但它们是可能发生的。因此，测试人员需要合理推断并设计出相应的测试用例来覆盖这些无效等价类，以确保程序的健壮性和可靠性。

---

① 有符号 32 位整数的范围是：-2 147 483 648 到 2 147 483 647。

3. 划分等价类的规则

等价类的划分并没有固定的公式可供利用，而是依赖于一些经验性的、启发式的规则来进行，这些规则可以帮助测试人员更有效地划分等价类。

(1) 如果输入条件(输出结果)是布尔值，可定义一个有效等价类(取值为真或 True)和一个无效等价类(取值为假或 False)。某些时候，程序将 True 和 False 都视作有效值，此时可定义为两个有效等价类，分别取值 True(真)和 False(假)。

【例 2.8】假设有一个在线购物网站的用户设置页面，其中包含一个选项，允许用户选择是否接收促销邮件。这个选项是一个复选框，其值为布尔类型，即用户可以勾选(True)或不勾选(False)。

等价类划分结果：

第一个有效等价类：用户选择接收促销邮件(复选框被勾选)。

第二个有效等价类：用户选择不接收促销邮件(复选框未被勾选)。

(2) 如果输入条件(输出结果)规定了取值范围，可定义一个有效等价类和两个无效等价类。

【例 2.9】假设有一个简单的贷款申请系统，其中用户需要输入他们的年龄，有效的年龄范围为 21 至 60 岁。

如图 2.3 所示，等价类划分结果为

一个有效等价类：年龄在 21 至 60 岁之间。

两个无效等价类：年龄小于 21 岁；年龄大于 60 岁。

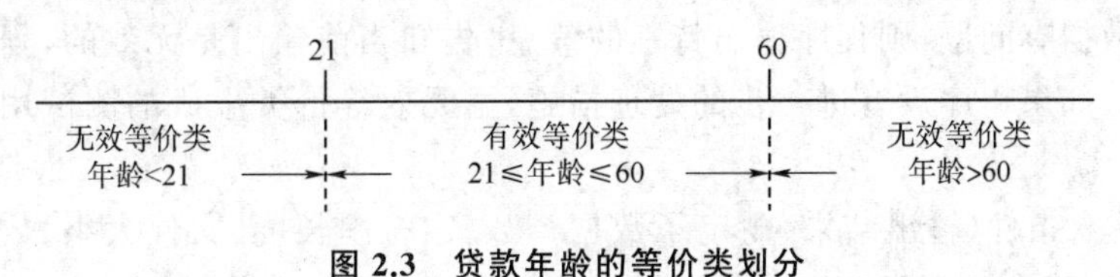

图 2.3 贷款年龄的等价类划分

(3) 如果输入条件(输出结果)代表集合的某个元素，程序针对每个元素都有相同的处理方式，则可定义一个有效等价类和一个无效等价类。集合元素可以是连续的，也可以是离散的。当然，集合元素为离散值时，则程序应对这些离散值的行为完全相同。

【例 2.10】考虑一个软件系统的登录功能，其中一个安全策略是限制用户尝试登录的频率。系统设置了两次连续登录尝试之间的最小时间间隔。假设这个间隔被设定为 30 秒。

等价类划分结果：

一个有效等价类：用户两次连续的登录尝试之间的时间间隔大于或等于 30 秒。

一个无效等价类：用户两次连续的登录尝试之间的时间间隔小于 30 秒。这样的间隔违反了系统的安全策略，系统应该拒绝用户的第二次登录尝试，并可能给出一个错误提示或采取其他安全措施(如临时锁定账户)。

在这个例子中，输入条件的集合元素是连续的，下面我们再举另外一个例子，集合元素为离散值。

【例 2.11】考虑一个简单的投票系统，用户可以选择“赞成”“反对”或“弃权”来表达他们对某个提案的立场。系统对所有有效输入的行为完全相同，即记录用户的投票。无效输入则给出相应的错误提示。

这个系统的输入条件是用户的选择，它是一个包含 3 个元素的离散集合。基于该输入条件，等价类划分结果为一个有效等价类：用户选择“赞成”“反对”或“弃权”中的任何一个选项。这些选择都是系统预期的有效输入，系统应该记录用户的投票。

一个无效等价类：用户输入了3个选项之外的其他值。这些输入是系统未预期的，将被识别为无效输入，并给出相应的错误提示。

(4) 如果输入条件(输出结果)为一个离散集合，并且程序针对每个元素都有不同的处理方式，则可定义若干个有效等价类和一个无效等价类。对离散集合的每个元素，都划分出一个有效等价类。

【例2.12】考虑一个天气预报应用程序，根据气象数据为用户提供当日的天气状况描述。这个应用程序的输出是一个离散集合，包含了以下几种可能的天气状况：晴天、多云、阴天、下雨、下雪。

不同于前面几个例子，它基于程序的输出结果来划分等价类，等价类划分结果为5个有效等价类：

① 输出为晴天。应用程序显示太阳图标和温度范围，可能会提示用户防晒。

② 输出为多云。应用程序显示云朵图标，可能会提示用户积极参加户外活动。

③ 输出为阴天。应用程序显示阴暗的云朵图标，可能会提示用户带伞以防万一。

④ 输出为下雨。应用程序显示雨滴图标，并给出相应的降雨概率和预计的降雨量。

⑤ 输出为下雪。应用程序显示雪花图标，并给出相应的降雪概率和预计的积雪深度。

一个无效等价类：根据气象数据，无法推断出以上5种天气。

如果气象数据有问题，则程序输出特别的信息，告知当前输出是无效的，程序后续必须处理该异常情况。如果程序没有进一步的处理措施，由无效等价类生成的测试用例能够检测出程序的缺陷。

(5) 如果输入条件(输出结果)规定了数据个数、字符串长度、文件大小、数据库表记录个数或者音频视频长度等，则可定义一个有效等价类和两个无效等价类。

【例2.13】考虑一个社交媒体平台的发帖功能，要求用户在帖子中附带一定数量的标签。系统规定每篇帖子附带的标签个数必须在1到5之间(含1个和5个)。

等价类划分结果为：

一个有效等价类：用户附带的标签个数在1到5之间。

两个无效等价类：用户没有附带任何标签(0个标签)；用户附带的标签超过5个。

(6) 如果程序规格说明隐含了①输入条件允许为空值、默认值或不执行任何操作；②不输出任何结果，或者输出默认内容。这两种情况都要求，在原有等价类划分集上，增加一个有效等价类。

【例2.14】考虑一个在线表单，用户需要填写他们的联系信息，其中一个字段是“备注”或“附加信息”。这个字段是可选的，用户可以选择填写信息，也可以选择不填写，即留空。

等价类划分结果为

增加一个有效等价类：用户选择“备注”字段留空。因为系统规定这个字段是可选的，所以空值是一个有效的输入。系统应该接受这个空值，并允许用户提交表单。

(7) 如果规定了输入条件(输出结果)必须遵循的规则，可确定一个有效等价类(符合规则)和若干个无效等价类(从不同角度违反规则)。

【例2.15】考虑一个在线银行的转账系统。用户可以通过该系统向其他用户转账，系统有一系列的输入规则和验证步骤。以下是系统的一些关键输入条件：

规则一：转账金额必须是一个大于0且小于或等于用户账户余额的数字，且最多包含两位小数（货币单位通常是元，但可以支持到分）。

规则二：收款人账户必须是一个有效的、存在于系统中的账户号码。

规则三：转账附言是可选的文本字段，用户可以输入最多50个字符的附言。

规则四：安全验证，用户必须正确输入与其账户关联的安全码。

等价类划分结果为

一个有效等价类：用户输入的转账金额是一个大于0、小于或等于账户余额的数字，且包含最多两位小数。用户输入的收款人账户是一个存在于系统中的有效账户号码。用户输入一个最多50个字符的转账附言。用户正确输入了与其账户关联的安全码。

至少可以划分为5个无效等价类：

① 用户输入的转账金额是一个非数字值（如文本、特殊字符）。

② 用户输入的转账金额是一个负数，或者超过了用户的账户余额，或者小数位数超过两位。

③ 用户输入的收款人账户不存在于系统中，或者账户号码格式不正确（如长度不对、包含非法字符等）。

④ 用户输入的转账附言超过了50个字符的限制。

⑤ 用户输入的安全码不正确。

无效等价类①和②都违反了规则一。无效等价类③、④、⑤则分别违反了规则二、三、四。必须注意到，上述划分结果进行了简化处理，实际上，无效等价类②和③都可以拆分成更多的无效等价类。例如无效等价类③可进一步拆分成4个无效等价类：

① 用户输入的收款人账户不存在于系统中。

② 用户输入的收款人账户长度过长。

③ 用户输入的收款人账户长度过短。

④ 用户输入的收款人账户包含非法字符。

（8）如已划分的等价类各元素在程序中的处理方式不同，则应将此等价类进一步划分成更小的等价类。例如，输入条件（输出结果）允许多种格式。我们可以先划分成若干等价类，每个等价类遵循其中一种格式的规则，再在每个等价类的基础上，按照前述划分方式生成更小的等价类。这样，最终划分结果包含多条有效等价类和多条无效等价类。

4. 导出测试条件

完成了等价类划分之后，就要设计足够的测试用例来覆盖各个等价类。我们遵循“2.3 测试用例的导出流程”来生成测试用例集：先导出测试条件，再由测试条件导出测试覆盖项，最后按照100％的测试覆盖率由测试覆盖项导出测试用例。对等价类划分方法来说，每个等价类都应当作为一个测试条件。下面我们以一个电子邮箱验证系统为例，详细说明测试用例集的导出流程。

【例2.16】考虑一个电子邮箱验证系统。该系统要求用户输入有效的电子邮箱，并且向输入的电子邮箱发一封确认信。如果用户输入了不符合规则的邮箱，则输出提示信息“无效邮箱”，并且不再发确认信。收到确认回复信后，才将用户输入的电子邮箱标记为“认证邮箱”，没有收到确认回复信，则输出提示信息“非法邮箱”。电子邮箱的有效性遵循以下规则：

规则一：电子邮箱首字符只能是ASCII码中的字母（a～z，A～Z）或数字（0～9）。

规则二：电子邮箱中有且仅有一个“@”符号，“@”符号前为用户名，后为域名。

规则三：用户名和域名只能包含字母、数字、点号(.)、连字符(-)和下画线(_)。

规则四：用户名的长度应在 2 到 511 个字符之间。

规则五：域名的长度应在 5 到 255 个字符之间，且点号的个数为 1 到 3 个。

以上规则是基于一般的电子邮箱格式和常见的验证形式，在实际应用中，电子邮箱的格式和验证方式要求更严格。

在划分等价类时，既要考虑输入域的有效数据和无效数据，还要考虑输出域的有效数据和无效数据。发确认信，再接收确认回复信是程序的中间处理过程，既可以将“发确认信”当作输出，也可以将“收到确认回复信”当作输入，本例中，采用后者的处理方式似乎更为合理。首先对输入域进行等价类划分，将输入域分成 4 类：用户名、“@”符号、域名和确认信。如表 2.2 所示，我们可以分别定义有效等价类和无效等价类。为方便说明问题，后文将电子邮箱简称为邮箱，并将字母、数字、点号、连字符和下画线统称为合法字符，其余字符为非法字符(邮箱有单个“@”符号)。

表 2.2　电子邮箱输入域的等价类

输入域	有效等价类	无效等价类
用户名	① 首字符是字母或数字的邮箱 ② 其余字符皆合法的邮箱 ③ 字符长度在 2 到 511 之间的邮箱	⑩ 首字符既非字母也非数字的邮箱 ⑪ 其余字符包含非法字符的邮箱 ⑫ 字符长度少于 2 的邮箱 ⑬ 字符长度多于 511 的邮箱
@	④ 有且仅有一个@的邮箱 ⑤ @前为用户名，后为域名的邮箱	⑭ 没有@的邮箱 ⑮ 两个或以上@的邮箱 ⑯ @前没有用户名的邮箱 ⑰ @后没有域名的邮箱
域名	⑥ 所有字符皆合法的邮箱 ⑦ 字符长度在 5 到 255 之间的邮箱 ⑧ 点号个数在 1 到 3 之间的邮箱	⑱ 包含非法字符的邮箱 ⑲ 字符长度少于 5 的邮箱 ⑳ 字符长度多于 255 的邮箱 ㉑ 没有点号的邮箱 ㉒ 点号个数超过 3 的邮箱
确认信	⑨ 收到确认回复信	㉓ 未收到确认回复信

等价类①和⑩关联规则一，等价类④、⑤、⑭、⑮、⑯和⑰关联规则二，等价类②、⑪、⑥和⑱关联规则三，而等价类③、⑫和⑬关联规则四，等价类⑦、⑧、⑲、⑳、㉑和㉒关联规则五。等价类⑨和㉓则与收到确认回复信关联。

通过前一节的例子，我们已经认识到，测试人员对软件需求的理解将影响到等价类的划分。在划分电子邮箱输入域的等价类时，如果软件质量要求很高，测试人员应该挖掘出那些不太明显的无效输入，例如：

- 用户不输入任何内容，也就是邮箱为空值。
- 域名有连续的两个点。
- 邮箱格式合乎规则，但未发出确认信。

注意，实际应用过程中，根据测试所需要的严格程度，可能会导出更多无效输入的划分。特别是当输入变量为数值时，有许多类似字符、异常数、溢出数等潜在无效的输入。

输入域等价类划分结束后，接着对输出域进行等价类划分，如表 2.3 所示，我们可以分别定义有效等价类和无效等价类。

表 2.3 电子邮箱输出域的等价类

输出域	有效等价类	无效等价类
输出结果	㉔ 认证邮箱	㉕ 无效邮箱 ㉖ 非法邮箱

无效的输出是测试项中除指定项之外的任何输出，本例的“非法邮箱”并非邮箱输入者期望的输出，因此它可视为无效输出，但是软件规格说明中又指明了它的处理方式，所以也可视为有效输出。遵照多数程序员的使用习惯，本例将它划分为无效等价类。在软件测试过程中，识别未指定的输出始终具有挑战性，实际应用过程中，测试员要谨慎对待，最好和测试小组或者开发人员一起讨论。对于此示例，并未标识未指定的输出，而这并不表明电子邮箱验证没有未指定的输出。

对于等价类划分方法来说，每个等价类都导出为一个测试条件(TCOND)。特殊情况下，一个等价类也可以导出为多个测试条件。由表 2.2 和表 2.3，可以导出 10 个与有效等价类对应的测试条件（TCOND1-TCOND9，TCOND24）和 16 个与无效等价类对应的测试条件（TCOND10-TCOND23，TCOND25，TCOND26）。

TCOND1：用户名首字符是字母或数字

TCOND2：用户名首字符外的其余字符皆合法

TCOND3：用户名字符长度在 2 到 511 之间

TCOND4：邮箱只有一个@

TCOND5：邮箱的@前为用户名，后为域名

TCOND6：域名所有字符皆合法

TCOND7：域名字符长度在 5 到 255 之间

TCOND8：域名点号个数在 1 到 3 之间

TCOND9：收到确认回复信

TCOND10：用户名首字符既非字母也非数字

TCOND11：用户名其余字符包含非法字符

TCOND12：用户名字符长度少于 2

TCOND13：用户名字符长度多于 511

TCOND14：邮箱没有@

TCOND15：邮箱有两个或以上的@

TCOND16：@前没有用户名

TCOND17：@后没有域名

TCOND18：域名包含非法字符

TCOND19：域名字符长度少于 5

TCOND20：域名字符长度多于 255

TCOND21：域名没有点号

TCOND22：域名点号个数超过 3

TCOND23：未收到确认回复信

TCOND24：输出认证邮箱

TCOND25：输出无效邮箱

TCOND26：输出非法邮箱

5. 导出测试覆盖项

对于等价类划分方法来说，每个测试条件都导出为一个测试覆盖项(TCI)。有时候，一个测试覆盖项可由多个测试条件导出。例 2.16 的 26 个测试条件导出为下面的 26 个测试覆盖项。

TCI1：覆盖 TCOND1　　TCI2：覆盖 TCOND2

TCI3：覆盖 TCOND3　　TCI4：覆盖 TCOND4

TCI5：覆盖 TCOND5　　TCI6：覆盖 TCOND6

TCI7：覆盖 TCOND7　　TCI8：覆盖 TCOND8

TCI9：覆盖 TCOND9　　TCI10：覆盖 TCOND10

TCI11:覆盖 TCOND11　　TCI12:覆盖 TCOND12
TCI13:覆盖 TCOND13　　TCI14:覆盖 TCOND14
TCI15:覆盖 TCOND15　　TCI16:覆盖 TCOND16
TCI17:覆盖 TCOND17　　TCI18:覆盖 TCOND18
TCI19:覆盖 TCOND19　　TCI20:覆盖 TCOND20
TCI21:覆盖 TCOND21　　TCI22:覆盖 TCOND22
TCI23:覆盖 TCOND23　　TCI24:覆盖 TCOND24
TCI25:覆盖 TCOND25　　TCI26:覆盖 TCOND26

6. 导出测试用例

测试覆盖项导出为测试用例(TC)的方式有多种①,下述两种方式最为常见。

- 一对一方式,即每个测试用例实现一个特定的测试覆盖项。采用该方法,测试用例的数目等于测试覆盖项的数目,可能产生大量重复的测试工作。
- 最小化方式,即使用最少的测试用例,保证所有的测试覆盖项至少实现一次。采用这种方法,每个测试用例可能实现多个测试覆盖项。这种方式提高了测试效率,但可能牺牲了某些细节的测试。

对等价类划分方法来说,采用下列步骤由测试覆盖项导出测试用例:

(1) 对与有效等价类相关的测试覆盖项,采用最小化方式实现;对与无效等价类相关的测试覆盖项,采用一对一方式实现。

(2) 采用步骤(1)中的方法,选择当前测试用例实现的测试覆盖项(可能包括一个或多个测试覆盖项)。

(3) 根据当前测试用例所实现的测试覆盖项,确定实现这些测试覆盖项所需的输入值。如果测试用例还需要输入其他数据,则这些输入变量被指派为任意的有效值,从而构成测试用例完整的输入数据。

(4) 根据输入数据,确定测试用例执行后的预期输出结果,从而成为测试用例的输出部分。

(5) 重复步骤(2)～(4),直到实现所有的测试覆盖项。

如表 2.4 所示,根据上述方法,可由测试覆盖项导出例 2.16 的测试用例。该表的确认信输入“y”表示收到确认回复信,输入“n”表示未收到确认回复信,输入“-”表示没有发送确认信(无效邮箱无须确认)。另外,ALL(TCIx)表示实现了 TCI1～TCI8 中除 TCIx 外的所有测试覆盖项。例如,有 ALL(TCI2),则表示当前测试用例实现了 TCI1, TCI3, TCI4,…,TCI8 共 7 个测试覆盖项。

表 2.4　验证电子邮箱的测试用例集

测试用例编号	电子邮箱	确认信	实现的测试覆盖项	预期输出
TC1	Cheby_1@ccsu.edu.cn	y	TCI1 TCI2 TCI3 TCI4 TCI5 TCI6 TCI7 TCI8 TCI9 TCI24	认证邮箱
TC2	Cheby-2@ccsu.edu.cn	n	TCI1 TCI2 TCI3 TCI4 TCI5 TCI6 TCI7 TCI8 TCI23 TCI26	非法邮箱

① 在 2.4.2 组合测试设计技术中给出了选择测试用例实现测试覆盖项的其他方法。

续表

测试用例编号	电子邮箱	确认信	实现的测试覆盖项	预期输出
TC3	* hang3@test.org	—	ALL(TCI1) TCI10 TCI25	无效邮箱
TC4	Zhang $ 3@test.org	—	ALL(TCI2) TCI11 TCI25	无效邮箱
TC5	h@test.org	—	ALL(TCI3) TCI12 TCI25	无效邮箱
TC6	[512 个合法字符]@test.org	—	ALL(TCI3) TCI13 TCI25	无效邮箱
TC7	Zhang3.test.org	—	ALL(TCI4) TCI14 TCI25	无效邮箱
TC8	Zhang_3@@test.org	—	ALL(TCI4) TCI15 TCI25	无效邮箱
TC9	@test.org	—	ALL(TCI5) TCI16 TCI25	无效邮箱
TC10	Zhang3@	—	ALL(TCI5) TCI17 TCI25	无效邮箱
TC11	Zhang-3@te * st.org	—	ALL(TCI6) TCI18 TCI25	无效邮箱
TC12	Zhang-3@t.org	—	ALL(TCI7) TCI19 TCI25	无效邮箱
TC13	Zhang.3@[255 个合法字符且点号个数 1 到 3]	—	ALL(TCI7) TCI20 TCI25	无效邮箱
TC14	Zhang3@test_org	—	ALL(TCI8) TCI21 TCI25	无效邮箱
TC15	Li_4@test.e.cs.hn.cn	—	ALL(TCI8) TCI22 TCI25	无效邮箱

表 2.4 的测试用例实现了所有测试覆盖项，那么就实现了 100％的等价类覆盖。当我们实现与无效等价类相关的测试覆盖项时，尽量仅实现一个无效等价类，如果实践中难以实现，也应该让每一个测试用例实现尽可能少的无效等价类。例如，下面两个测试用例都不是好的做法：

(1) 测试用例 TC_vt1，电子邮箱输入：* hang3@test.o＃rg。

(2) 测试用例 TC_vt2，电子邮箱输入：h@test_org。

TCI11 和 TCI18 都是与无效等价类相关的测试覆盖项，而第一个测试用例(TC_vt1)既实现了 TCI11，又实现了 TCI18。TCI12 和 TCI21 都是与无效等价类相关的测试覆盖项，而第二个测试用例(TC_vt2)既实现了 TCI12，又实现了 TCI21。

程序中常常出现这样的表达式：

(1) if(condition1 || condition2)。

(2) if(condition1 && condition2)。

当第一个表达式的 condition1 值为 True 或者第二个表达式的 condition1 值为 False 时，编程语言或者编译器普遍不会继续执行 condition2 的计算。程序员常用第一个表达式或多个条件相或的条件表达式来实现无效等价类的相关判断，一旦有无效输入或无效输出出现，则终止后面条件的执行，直接判定执行路径异常。类似的道理，程序员常用第二个表达式或多个条件相与的条件表达式来实现有效等价类的相关判断，要求所有输入条件或输出结果都正常，才判定执行路径正常。假设程序员使用第一个表达式针对用户名和域名的异常字符检测来编码，condition1 执行 TCI11(用户名其余字符包含非法字符)，condition2 执行 TCI18(域名包含非法字符)，condition2 无错误代码，而 condition1 有错误代码，会将无效的用户名判定为有效。测试人员用 TC_vt1 测试第一个表达式，测试结果将认定邮箱为“无效邮箱”，不会发送确认信，而用表 2.4 的测试用例 TC3 测试第一个表达式时，测试结果将认定邮箱为有效邮箱，会发送确认信。显然，TC3 能测出代码问题，而 TC_vt1 无法测出代码问题。类似地，测试用例 TC_vt2 的测错能力显著弱于表 2.4 的测试用例 TC11。

与无效等价类的覆盖思路相反，当我们实现与有效等价类相关的测试覆盖项时，尽量覆盖所有的有效等价类，如果实践中难以实现覆盖全部有效等价类，应该让每一个测试用例实现尽可能多的有效等价类。表 2.4 的测试用例 TC1 和 TC2 正是遵循这一原则，编程语言或者编译器对第二个表达式的处理方式支持这一原则。

在导出测试用例时，可以看到单个测试用例可以实现多个测试覆盖项。这样做，在减少测试用例数量方面有明显的优势，能够显著缩短测试执行的时间，但是该优势有时会被两个额外时间所抵消：确定最小测试用例集需要额外时间；使用实现多个测试覆盖项的测试用例测试程序时，所需的额外调试时间。

2.4.2 组合测试设计技术

某些时候，程序的输入数据或者输出结果都有大量的离散值，并且这些参数相互影响，等价类划分方法就不适合了。如图 2.4 所示，某软件的阅读设置有缩放比例、页面排列、隐藏页面间隙、页面加载效果、单齿格滚动指定高度和一次滚动一屏 6 个参数，这些参数都有或多或少的离散值，并且这些参数之间相互影响。隐藏页面间隙属于检查框按钮，其值可视作布尔量，也可视作是由被选中和未被选中两个离散值组成的数据集合。缩放比例采用列表框选取，它有“自动”“实际大小”和“适应页面”等离散值，总共 25 个。页面排列有“自动”“单面”和“双面”等离散值，总共 5 个。页面加载效果有“淡出”“擦除”和“无”3 个离散值。单齿格滚动指定高度有 60 个离散值。单齿格滚动指定高度和一次滚动一屏都是属于滚轮滚动速度的单选按钮，任意时间两者只能选其一。这些参数设置后，相互之间可能有关联，会影响程序的运行。例如，缩放比例很小，而单齿格滚动指定高度很大，那么用户操作鼠标时，滚动少数几格就可能导致文件跳过多个页面。

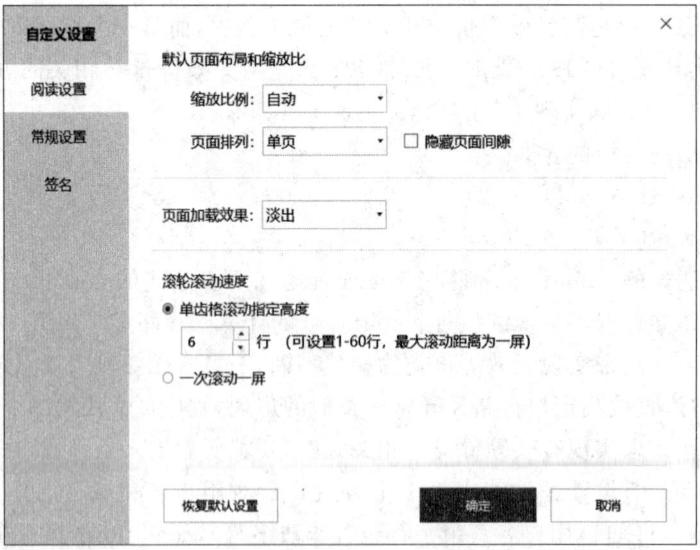

自定义设置
阅读设置
常规设置
签名
默认页面布局和缩放比
缩放比例：自动
页面排列：单页 隐藏页面间隙
页面加载效果：淡出
滚轮滚动速度
单齿格滚动指定高度
6 行 (可设置1-60行，最大滚动距离为一屏)
一次滚动一屏
恢复默认设置 确定 取消

图 2.4 阅读设置对话框

复选框按钮、单选按钮和列表框等控件无须测试，不用考虑这些控件所隐含的无效等价类，因此上述参数的离散值几乎都对应有效等价类。依照等价类划分方法，采用最小化的方式导出测试用例时，将无法测出这些参数相互作用对程序运行结果的影响。如果采用一对一的方式导出测试用例集，则会出现大量冗余的测试用例。此时，组合测试设计（Combinatorial Test Design）技术有更好的测试效果。组合测试设计技术旨在系统地生成有效且可控的测试用例集，测试用例的组合是基于测试项的参数及其可取值来确定的。当多个参数必须相互作用时，特别是这些参数有大量离散值时，这种技术可以显著减少所需的测试用例数量，而不会影响功能覆盖率。

使用组合测试设计技术时，要求每个测试项参数的值域是有限并且可控的。如果测试项参数约束较少，或者值域元素不可数，比如参数为实数的情形（实数可以无限取值），此时要采用一些技术手段处理这类参数，才能应用组合测试设计技术。在应对约束少的测试项参数时，我们先试用其他测试设计技术，比如等价类划分或边界值分析，将一个很大的取值范围减少到一个可数的子集。组合测试的测试条件对于所有的组合测试设计技术相同，每个测试条件都应该是选择的测试项参数与其特定取值形成的键值对。测试覆盖项再由这些测试条件导出，接着生成测试用例以实现测试覆盖项。

组合测试设计技术包含完全组合测试、成对测试、单一选择测试及基本选择测试，下面分别介绍它们的思路，并举例说明。

1. 完全组合测试

完全组合测试技术要求测试所有可能的参数组合，确保软件在各种输入情况下都能表现出预期的行为。在软件或系统测试中，当存在多个参数，且每个参数有多个选项时，完全组合测试能够确保覆盖所有参数间的相互作用和潜在问题探查。

【例 2.17】假设某智慧家居系统有一个简单的音箱设置页面。音箱有 3 个参数，每个参数有不同数量的选项。配置成功后，系统播放音频。需要对该音箱进行配置测试。

参数 V，音量，有 2 个选项：开、关。

参数 D，显示模式，有 3 个选项：日间模式、夜间模式、自动模式。

参数 L，语言，有 3 个选项：中文、英语、方言。

我们基于例子例 2.17 讲解完全组合测试技术。规格说明书是理解软件功能和行为的基础文档。测试人员需要仔细阅读规格说明书，确保对软件或系统的需求有准确的理解。如果条件允许，测试人员还可以参考待测程序的设计文档，识别出所有可能影响测试结果的参数，这些参数可能是输入数据、环境变量、配置选项、用户权限等。每个参数都可能有多个取值，测试人员需要确定每个参数的有效取值范围和边界值。有些参数之间可能存在依赖关系，即一个参数的值可能会影响另一个参数的行为。测试人员识别出所有参数和这些参数之间的依赖关系后，就可以参考等价类划分技术对这些参数进行等价类划分。例 2.16 的等价类划分结果如表 2.5 所示。

表 2.5 音箱设置的等价类

测试项参数	等价类
音量	① 音量＝开 ② 音量＝关
显示模式	③ 显示模式＝日间模式 ④ 显示模式＝夜间模式 ⑤ 显示模式＝自动模式
语言	⑥ 语言＝中文 ⑦ 语言＝英语 ⑧ 语言＝方言

1）导出测试条件

测试条件应该是测试项参数及参数取值形成的键值对，参数从其等价类中选取所有可能的值。因此，由表 2.5 可导出例 2.16 的测试条件。

TCOND1:V=开　　TCOND2:V=关

TCOND3:D=日间模式　TCOND4:D=夜间模式　TCOND5:D=自动模式

TCOND6:L=中文　　TCOND7:L=英语　　TCOND8:L=方言

例 2.17 有 3 个参数，共有 8 个键值对(即测试条件)。

2）导出测试覆盖项

在完全组合测试中，要求测试覆盖项覆盖所有可能的参数组合，每个参数在测试覆盖项都要出现。针对例 2.17 中得到的测试条件，用完全组合测试技术导出如下的测试覆盖项(键值对的组合)。

TCI1:　V=开　D=日间模式　L=中文　(TCOND1，TCOND3，TCOND6)

TCI2:　V=开　D=日间模式　L=英语　(TCOND1，TCOND3，TCOND7)

TCI3:　V=开　D=日间模式　L=方言　(TCOND1，TCOND3，TCOND8)

TCI4:　V=开　D=夜间模式　L=中文　(TCOND1，TCOND4，TCOND6)

TCI5:　V=开　D=夜间模式　L=英语　(TCOND1，TCOND4，TCOND7)

TCI6:　V=开　D=夜间模式　L=方言　(TCOND1，TCOND4，TCOND8)

TCI7:　V=开　D=自动模式　L=中文　(TCOND1，TCOND5，TCOND6)

TCI8:　V=开　D=自动模式　L=英语　(TCOND1，TCOND5，TCOND7)

TCI9:　V=开　D=自动模式　L=方言　(TCOND1，TCOND5，TCOND8)

TCI10:V=关　D=日间模式　L=中文　(TCOND2，TCOND3，TCOND6)

TCI11:V=关　D=日间模式　L=英语　(TCOND2，TCOND3，TCOND7)

TCI12:V=关　D=日间模式　L=方言　(TCOND2，TCOND3，TCOND8)

TCI13:V=关　D=夜间模式　L=中文　(TCOND2，TCOND4，TCOND6)

TCI14:V=关　D=夜间模式　L=英语　(TCOND2，TCOND4，TCOND7)

TCI15:V=关　D=夜间模式　L=方言　(TCOND2，TCOND4，TCOND8)

TCI16:V=关　D=自动模式　L=中文　(TCOND2，TCOND5，TCOND6)

TCI17:V=关　D=自动模式　L=英语　(TCOND2，TCOND5，TCOND7)

TCI18:V=关　D=自动模式　L=方言　(TCOND2，TCOND5，TCOND8)

假设有 n 个参数，$P_1, P_2, \cdots, P_n$，则采用完全组合测试技术，理论上测试覆盖项的个数为

$$\prod_{i=1}^{n} |P_i| \text{（}|P_i|\text{表示 } P_i \text{ 的取值个数）} \tag{2.4}$$

依据式(2.4)，例 2.17 的测试覆盖项理论上有 $2\times3\times3=18$ 个。

3）导出测试用例

完全组合测试方法在导出测试用例时，每个测试用例实现一个测试覆盖项，单个测试用例也只能实现一个测试覆盖项。可依照如下步骤生成测试用例集。

(1) 选择一个未曾被实现过的测试覆盖项，使其被当前的测试用例所实现。

(2) 根据当前测试用例所实现的测试覆盖项，确定实现这些测试覆盖项所需的输入值，从而构成测试用例完整的输入数据。

(3) 根据输入数据，确定测试用例执行后的预期输出结果，从而构成测试用例的输出部分。

(4) 重复步骤(1)～(3),直到实现所有的测试覆盖项。

应用完全组合测试技术,每个测试覆盖项都对应一个测试用例,如表 2.6 所示,总共有 18 个测试用例来测试音箱的配置。

表 2.6 完全组合测试关于音箱配置的测试用例集

测试用例编号	音量	显示模式	语言	实现的测试覆盖项	预期输出
TC1	开	日间模式	中文	TCI1	播放音频
TC2	开	日间模式	英语	TCI2	播放音频
TC3	开	日间模式	方言	TCI3	播放音频
TC4	开	夜间模式	中文	TCI4	播放音频
TC5	开	夜间模式	英语	TCI5	播放音频
TC6	开	夜间模式	方言	TCI6	播放音频
TC7	开	自动模式	中文	TCI7	播放音频
TC8	开	自动模式	英语	TCI8	播放音频
TC9	开	自动模式	方言	TCI9	播放音频
TC10	关	日间模式	中文	TCI10	播放音频
TC11	关	日间模式	英语	TCI11	播放音频
TC12	关	日间模式	方言	TCI12	播放音频
TC13	关	夜间模式	中文	TCI13	播放音频
TC14	关	夜间模式	英语	TCI14	播放音频
TC15	关	夜间模式	方言	TCI15	播放音频
TC16	关	自动模式	中文	TCI16	播放音频
TC17	关	自动模式	英语	TCI17	播放音频
TC18	关	自动模式	方言	TCI18	播放音频

表 2.6 的测试用例实现了所有测试覆盖项,那么就覆盖了程序参数 100%的键值对组合,理所当然地覆盖了程序参数 100%的键值对。例 2.17 如果再给音箱增加一个取值数为 10 的配置参数,测试用例数将达到 18×10=180 个。显而易见,尽管完全组合测试技术提供了最高的键值对覆盖率,能够发现其他测试方法可能遗漏的缺陷,但由于需要测试的组合数量巨大,因此测试成本和时间成本也相对较高。在实际应用中,完全组合测试更适合那些对质量要求极高且错误代价较大的软件系统。

2. 成对测试

成对测试技术要求测试所有可能的参数两两组合,它的测试覆盖项仅包含两个参数,而完全组合测试技术的测试覆盖项必须包含所有参数。如果程序参数特别多,相比完全组合测试,本技术所生成的测试用例数将大幅减少。成对测试技术的测试覆盖项仅组合两个参数,因此它也被称为完全对测试(All Pairs Testing)。我们仍然基于例 2.17 讲解成对测试技术。

1) 导出测试条件

针对测试条件,成对测试和完全组合测试的导出结果相同。为了读者阅读方便,此处重复列出例 2.17 的测试条件。

TCOND1:V=开　　　　TCOND2:V=关

TCOND3:D=日间模式　TCOND4:D=夜间模式　TCOND5:D=自动模式
TCOND6:L=中文　TCOND7:L=英语　TCOND8:L=方言

2) 导出测试覆盖项

在成对测试技术中,每个测试覆盖项由两个键值对组合而成,要求键值对来自不同的参数。针对例 2.17 得到的测试条件,用成对测试技术导出如下的测试覆盖项。

TCI1:　V=开　D=日间模式　(TCOND1,TCOND3)
TCI2:　V=开　D=夜间模式　(TCOND1,TCOND4)
TCI3:　V=开　D=自动模式　(TCOND1,TCOND5)
TCI4:　V=关　D=日间模式　(TCOND2,TCOND3)
TCI5:　V=关　D=夜间模式　(TCOND2,TCOND4)
TCI6:　V=关　D=自动模式　(TCOND2,TCOND5)
TCI7:　V=开　L=中文　(TCOND1,TCOND6)
TCI8:　V=开　L=英语　(TCOND1,TCOND7)
TCI9:　V=开　L=方言　(TCOND1,TCOND8)
TCI10:　V=关　L=中文　(TCOND2,TCOND6)
TCI11:　V=关　L=英语　(TCOND2,TCOND7)
TCI12:　V=关　L=方言　(TCOND2,TCOND8)
TCI13:　D=日间模式　L=中文　(TCOND3,TCOND6)
TCI14:　D=日间模式　L=英语　(TCOND3,TCOND7)
TCI15:　D=日间模式　L=方言　(TCOND3,TCOND8)
TCI16:　D=夜间模式　L=中文　(TCOND4,TCOND6)
TCI17:　D=夜间模式　L=英语　(TCOND4,TCOND7)
TCI18:　D=夜间模式　L=方言　(TCOND4,TCOND8)
TCI19:　D=自动模式　L=中文　(TCOND5,TCOND6)
TCI20:　D=自动模式　L=英语　(TCOND5,TCOND7)
TCI21:　D=自动模式　L=方言　(TCOND5,TCOND8)

假设有 n 个参数,$P_1,P_2,\cdots,P_n$,则采用成对测试技术,理论上测试覆盖项的个数为

$$\sum_{i\neq j}|P_i|\times|P_j|\quad i,j=1,2,\cdots,n \tag{2.5}$$

依据式(2.5),例 2.17 的测试覆盖项理论上有 2×3+2×3+3×3=21 个。与完全组合测试技术类似,应用成对测试技术所得的测试覆盖项同样面临数目可能很大的情况。特别要注意的是,实际应用程序的参数可能存在特定的约束,导致某两个键值对的组合没有意义,此时无须列出它们的测试覆盖项。

3) 导出测试用例

成对测试方法在导出测试用例时,每个测试用例尽可能多地实现测试覆盖项。可依照如下步骤生成测试用例集。

(1) 选择一个或多个未曾被实现过的测试覆盖项,使其被当前的测试用例所实现。这一步骤要求测试用例尽可能多地实现测试覆盖项,这样做能有效减少测试用例数目。

(2) 根据当前测试用例所实现的测试覆盖项,确定实现这些测试覆盖项所需的输入值,从而构成测试用例完整的输入数据。

(3) 根据全部输入数据,确定测试用例执行后的预期输出结果,从而构成测试用例的输出部分。

(4) 重复步骤(1)~(3),直到实现所有的测试覆盖项。

应用成对测试技术导出例 2.17 的测试用例时,每个测试用例都实现多个测试覆盖项。假设离散值个数最多的两个程序参数为 P_1 和 P_2,且它们的离散值个数分别为 m 和 n,则至少需要 $m*n$ 个测试用例,才能实现所有的测试覆盖项。因此,在导出测试用例时,我们可以先组合参数 P_1 和 P_2,再让测试用例分别实现这两个参数的所有组合,后续过程补充程序的其余参数时,尽量让已导出的测试用例去覆盖它们的键值对(测试条件)。

显示模式和语言都有 3 个离散值,它们是离散值个数最多的参数,因此,至少要 3×3 个测试用例才能实现所有测试覆盖项。我们先组合显示模式和语言,再尽量地在组合里覆盖关于音量的所有键值对。如表 2.7 所示,共需要 9 个测试用例来测试音箱的配置。

表 2.7　成对测试关于音箱配置的测试用例集

测试用例编号	音量	显示模式	语言	实现的测试覆盖项	预期输出
TC1	开	日间模式	中文	TCI1　TCI7　TCI13	播放音频
TC2	关	日间模式	英语	TCI4　TCI10　TCI14	播放音频
TC3	开	日间模式	方言	TCI1　TCI9　TCI15	播放音频
TC4	关	夜间模式	中文	TCI5　TCI10　TCI16	播放音频
TC5	开	夜间模式	英语	TCI2　TCI8　TCI17	播放音频
TC6	关	夜间模式	方言	TCI5　TCI12　TCI18	播放音频
TC7	开	自动模式	中文	TCI3　TCI7　TCI19	播放音频
TC8	关	自动模式	英语	TCI6　TCI11　TCI20	播放音频
TC9	开	自动模式	方言	TCI3　TCI9　TCI21	播放音频

表 2.7 的测试用例实现了所有测试覆盖项。从该表可看出,相比完全组合测试技术,成对测试方法所需的测试用例要少很多。实际应用情况千差万别,难以轻松计算达到 100%成对测试覆盖率所需的最小测试用例数。可以用以下 3 种方法计算得到一个接近最优的测试用例集:①使用算法手动确定一个接近最优的测试用例集。②使用自动化工具来确定接近最优的测试用例集。③使用正交数组来确定一个接近最优的测试用例集。表 2.7 列出的测试用例集并非唯一,读者可以按照自己的思路导出测试用例。

3. 单一选择测试

单一选择测试技术要求测试所有参数可能的值,它的测试覆盖项仅包含单个参数。如果程序参数特别多,相比完全组合测试和成对测试,本技术所生成的测试用例数将大幅减少。我们仍然基于例 2.17 讲解单一选择测试技术。

1) 导出测试条件

针对测试条件,单一选择测试技术和成对测试、完全组合测试的导出结果相同。为了读者阅读方便,此处重复列出例 2.17 的测试条件。

TCOND1:V=开　　TCOND2:V=关

TCOND3:D=日间模式　TCOND4:D=夜间模式　TCOND5:D=自动模式

TCOND6:L=中文　　TCOND7:L=英语　　TCOND8:L=方言

2）导出测试覆盖项

单一选择测试技术 测试覆盖项是程序参数所有键值对的集合。针对例 2.17 中得到的测试条件，用单一选择测试技术导出如下的测试覆盖项。

TCI1： V＝开 （TCOND1） TCI2： V＝关 （TCOND2）

TCI3： D＝日间模式 （TCOND3） TCI4： D＝夜间模式 （TCOND4）

TCI5： D＝自动模式 （TCOND5）

TCI6： L＝中文 （TCOND6） TCI7： L＝英语 （TCOND7）

TCI8： L＝方言 （TCOND8）

假设有 n 个参数，$P_1, P_2, \cdots, P_n$，则采用单一选择测试技术，理论上测试覆盖项的个数为

$$\sum_{i=1}^{n} |P_i| \quad i=1,2,\cdots,n \tag{2.6}$$

依据式(2.6)，例 2.17 的测试覆盖项有 2＋3＋3＝8 个。

3）导出测试用例

单一选择测试方法在导出测试用例时，每个测试用例尽可能多地实现测试覆盖项。可依照如下步骤生成测试用例集。

(1) 选择一个或多个未曾被实现过的测试覆盖项，使其被当前的测试用例所实现。这一步骤要求测试用例尽可能多地实现测试覆盖项，这样做能有效减少测试用例数目。

(2) 根据当前测试用例所实现的测试覆盖项，确定实现这些测试覆盖项所需的输入值，从而构成测试用例完整的输入数据。

(3) 根据全部输入数据，确定测试用例执行后的预期输出结果，从而构成测试用例的输出部分。

(4) 重复步骤(1)～(3)，直到实现所有的测试覆盖项。

应用单一选择测试技术导出例 2.17 的测试用例时，每个测试用例都实现多个测试覆盖项。假设程序参数中离散值最多的那个参数的离散值数量为 m，则至少需要 m 个测试用例，才能实现所有的测试覆盖项。因此，在导出测试用例时，我们可以先选择键值对最多的参数，后续过程补充程序的其余参数时，尽量让已导出的测试用例去覆盖它们的键值对(测试条件)。

显示模式和语言都有 3 个离散值，它们是离散值个数最多的参数，因此，至少要 3 个测试用例才能实现所有测试覆盖项。我们先选择显示模式或语言的键值对，再尽量地覆盖其余参数的键值对。如表 2.8 所示，仅需要 3 个测试用例来测试音箱的配置。

表 2.8 单一选择测试关于音箱配置的测试用例集

测试用例编号	音量	显示模式	语言	实现的测试覆盖项	预期输出
TC1	开	日间模式	中文	TCI1 TCI3 TCI6	播放音频
TC2	关	夜间模式	英语	TCI2 TCI4 TCI7	播放音频
TC3	开	自动模式	方言	TCI1 TCI5 TCI8	播放音频

表 2.8 的测试用例实现了 100％的测试覆盖项。从该表可看出，相比完全组合测试和成对测试，单一选择测试方法所需的测试用例要少很多。表 2.8 列出的测试用例集并非唯一，读者可以按照自己的思路导出测试用例并与该表进行比较。

4. 基本选择测试

基本选择测试要求确定所有参数的“基本值”。有许多选取参数基本值的方法,例如,从操作手册、场景测试的基本路径、等价类划分技术导出的有效等价类或者参数的默认值中选择。对某个程序参数来说,其默认值、常用值或者用户偏爱选择的值都是它最可能的“基本值”。

我们仍然基于例 2.17 讲解基本选择测试技术,并且假设音箱配置的 3 个参数分别有基本值:音量的基本值为“开”,显示模式的基本值为“日间模式”和“自动模式”,语言的基本值为“中文”。与之对应的,“关”为音量的非基本值,“夜间模式”为显示模式的非基本值,“英语”和“方言”为语言的非基本值。

1)导出测试条件

针对测试条件,基本选择测试和其他组合测试技术的导出结果相同。为了读者阅读方便,此处重复列出例 2.17 的测试条件。

TCOND1:V=开　　TCOND2:V=关

TCOND3:D=日间模式　　TCOND4:D=夜间模式　　TCOND5:D=自动模式

TCOND6:L=中文　　TCOND7:L=英语　　TCOND8:L=方言

2) 导出测试覆盖项

与完全组合测试一样,基本选择测试技术的测试覆盖项包含了程序的所有参数,不同的是,本技术的测试覆盖项分为基本的和非基本的。基本测试覆盖项的键值对要求每个参数只能取基本值,非基本测试覆盖项的键值对则仅允许一个参数取非基本值,其余参数皆取基本值。基本选择测试技术在构造测试覆盖项时,首先从每个参数选取基本值,组合成为基本测试覆盖项。接着,针对基本测试覆盖项,每次选取一个参数,在它的各个非基本值中选取一次取代原值,而其他参数的取值不变(皆为基本值),这样就产生了若干个非基本测试覆盖项。针对例 2.17 中得到的测试条件,以及程序各参数的基本值定义,导出如下的基本测试覆盖项。

TCI1:V=开　D=日间模式　L=中文　(TCOND1, TCOND3, TCOND6)

TCI2:V=开　D=自动模式　L=中文　(TCOND1, TCOND5, TCOND6)

依据基本测试覆盖项,可生成如下的非基本测试覆盖项。

(音量取非基本值)

TCI3:V=关　D=日间模式　L=中文　(TCOND2, TCOND3, TCOND6)

TCI4:V=关　D=自动模式　L=中文　(TCOND2, TCOND5, TCOND6)

(显示模式取非基本值)

TCI5:V=开　D=夜间模式　L=中文　(TCOND1, TCOND4, TCOND6)

(语言取非基本值)

TCI6:V=开　D=日间模式　L=英语　(TCOND1, TCOND3, TCOND7)

TCI7:V=开　D=自动模式　L=方言　(TCOND1, TCOND5, TCOND8)

TCI8:V=开　D=日间模式　L=方言　(TCOND1, TCOND3, TCOND8)

TCI9:V=开　D=自动模式　L=英语　(TCOND1, TCOND5, TCOND7)

3) 导出测试用例

基本选择测试方法在导出测试用例时,每个测试用例只能实现一个测试覆盖项。可依照如下步骤生成测试用例集。

(1) 选择一个未曾被实现过的测试覆盖项(基本测试覆盖项或者非基本测试覆盖项),使其被当前的测试用例所实现。

(2) 根据当前测试用例所实现的测试覆盖项，确定实现这些测试覆盖项所需的输入值，从而构成测试用例完整的输入数据。

(3) 根据所有输入数据，确定测试用例执行后的预期输出结果，从而构成测试用例的输出部分。

(4) 重复步骤(1)～(3)，直到实现所有的测试覆盖项。

应用基本选择测试技术，每个测试覆盖项都对应一个测试用例，如表 2.9 所示，总共有 9 个测试用例来测试音箱的配置。

表 2.9　基本选择测试关于音箱配置的测试用例集

测试用例编号	音量	显示模式	语言	实现的测试覆盖项	预期输出
TC1	开	日间模式	中文	TCI1	播放音频
TC2	开	自动模式	中文	TCI2	播放音频
TC3	关	日间模式	中文	TCI3	播放音频
TC4	关	自动模式	中文	TCI4	播放音频
TC5	开	夜间模式	中文	TCI5	播放音频
TC6	开	日间模式	英语	TCI6	播放音频
TC7	开	自动模式	方言	TCI7	播放音频
TC8	开	日间模式	方言	TCI8	播放音频
TC9	开	自动模式	英语	TCI9	播放音频

表 2.9 的测试用例实现了 100%的测试覆盖项。与其他组合测试设计技术不同，基本选择测试技术侧重于通过选择少量代表性的输入来覆盖尽可能多的测试场景。这样做，能够提高测试效率，降低测试成本，覆盖关键场景。在使用基本选择测试技术时，需要仔细考虑各个参数的基本值，以免遗漏一些重要的测试场景。

2.4.3　边界值分析

边界值分析是一种经典的黑盒测试技术。当测试项的输入和输出划分为具有可识别边界的多个有序集和子集时，这些有序集和子集的每个边界都可定义为测试条件，依据实际的测试需求在这些边界检查程序的运行情况，这种做法就被称为边界值分析。大量的错误往往发生在输入或输出范围的边界上，而非范围的内部，大量的实践已经证明了这一点。例如，数组首个元素或最后一个元素，控制语句的关系表达式，输入输出数据的上限或下限，程序员在编写这类情况的代码时，对于范围的边界情况容易考虑不周，或者比较符号输入错误，从而导致错误或异常的产生。

【例 2.18】 下面的代码片段用于判断学生成绩是否及格。

```
public boolean isExamPassed(int score)
{
    if ( score<60 )
        return false;
    else
        return true;
}
```

示例代码中给出的判定条件为“score＜60”。程序员在编写代码时，可能犯一些逻辑错误，将“＜”写成“＜＝”“＞”“＞＝”，他们还可能犯字符输入错误，“60”写成“600”。在测试过程中，让 score 分别等于 59、60 和 61，我们可看到这 3 个边界值的错误发现能力。

(1) score＝59 可以发现这些编码错误：score＞60，score＞600。

(2) score＝60 可以发现这些编码错误：score＜＝60，score＞＝60，score＜600。

(3) score＝61 可以发现这些编码错误：score＞60，score＞＝60，score＜600。

等价类划分方法将输入输出数据划分为若干个等价类，认为等价类内所有数据都是相似的，而等价类之间的边界确定并非简单的问题，相关代码也容易出错。边界值分析对测试模型边界值进行分析，因此它正好成为等价类划分方法的补充手段，能检查这些等价类别的极限情况。等价类划分确保测试了所有重要的类别，而边界值分析则确保测试了这些类别中最容易出错的部分。通过将等价类划分与边界值分析相结合，我们既能够减少测试的工作量，又能够确保测试的全面性和有效性。

1. 边界值的确定

边界值分析技术的基本思想是预设错误容易在测试项数据的关键点发生，在等价类的极限位置去测试软件的响应行为。边界值分析技术需要执行识别等价类边界和测试用例设计这两个步骤。等价类划分需要依赖于一些经验性的、启发式的规则来进行，边界值分析的边界值确定与这些规则在很多方面都有类似之处。在应用边界值分析技术时，下面这些启发式规则值得借鉴。

(1) 如果输入条件指定了范围[x，y]，则测试用例应该包括略小于 x、x、略大于 x、略小于 y、y 和略大于 y。

(2) 如果输入条件指定为一组值，其最大值为 x、最小值为 y，则测试用例应该包括数组次大值、x、大于 x 的值、小于 y 的值、y 和数组次小值。

(3) 如果输入条件规定了值的个数 x，则测试用例所包含值的个数应该为 0、1、$x-1$、x 和 $x+1$。

(4) 如果输入条件是一个数据库的表，则应该让表的记录条数为 0、1、一个较大的数来分别创建测试用例。

(5) 如果输入条件是特定的数据类型(如整数、浮点数、字符串)，应测试该数据类型的极限值。例如，对于整数，可以测试其最大值和最小值(如 Integer.MAX_VALUE 和 Integer.MIN_VALUE)。

(6) 如果应用程序处理时间或日期，应该测试边界日期(如闰年的 2 月 29 日、一年的第一天和最后一天)和时间(如午夜、中午、分钟和秒的起始和结束值)。

(7) 如果输入条件是字符串，测试空字符串、长度为 1 的字符串、边界长度的字符串(如设定最大长度为 100 的字符串，则测试长度为 99、100 和 101 的字符串)。

(8) 如果输入条件是文件或资源(如内存、磁盘空间)，测试边界大小，如空文件、非常小的文件、极限大小的文件以及超过极限大小的文件。

(9) 如果输入是集合或数组，除了测试空集合和单元素集合，还应测试最大容量的集合以及超过最大容量的集合。

除以上情形外，在用户界面测试中，应考虑屏幕尺寸、分辨率、颜色深度等边界值。应用程序根据用户角色或权限提供不同的功能，应该测试边界角色，如最高权限和最低权限用户。在多线程或并发应用中，测试无线程、单线程、最大线程数以及超过最大线程数的场景。总之，涉及数据的第一个/最后一个、最小值/最大值、开始/完成、空/满、最慢/最快、相邻/最远、超过/在内等特征时，都要实现边界值分析。

以上仅指出程序输入条件的边界值分析，程序的输出结果同样需要执行边界值分析的测试用例。只不过，执行无效等价类所对应边界值的测试用例时，程序可能无法产生输出结果。

2. 普通边界值测试和健壮性边界值测试

如果输入输出域的下边界（最小值）为 min，上边界（最大值）为 max。针对下边界，我们定义它紧邻的有效输入输出值为 min+，紧邻的无效输入输出值为 min-。针对上边界，我们定义它紧邻的有效输入输出值为 max-，紧邻的无效输入输出值为 max+。边界值 min 和 max 的数据类型不同，则其紧邻取值方式不同。如果边界值是整数，则 min-赋值为仅小于 min 的值 min-1，min+赋值为仅大于 min 的值 min+1，max 的紧邻取值方式类似。如果边界值是单精度浮点数，则 max-赋值为稍小于 max 的值，如 max-0.00000001，max+赋值为稍大于 max 的值，如 max+0.00000001，min 的紧邻取值方式类似。

边界值分析技术有两类：①普通边界值测试，也称 2 值边界值测试。它的核心思想是在每个输入输出域的边界上测试两个值——边界值本身及其紧邻的有效输入输出值。如果测试下边界 min，则需要构造测试项值为 min 和 min+这两个测试用例。②健壮性边界值测试，又称为 3 值边界值测试，是普通边界值测试的扩展。它不仅测试边界值本身及其紧邻的有效输入输出值，还测试超过边界值的无效输入输出值。如果测试上边界 max，则需要构造测试项值为 max-、max 和 max+这 3 个测试用例。这种方法的目的是验证软件能否正确处理不仅是边界值，还有越界的异常情况。

假设程序的测试项为整数 x，在范围$[a,b]$内取值。如图 2.5 所示为测试项的普通边界值测试，如图 2.6 所示为测试项的健壮性边界值测试。

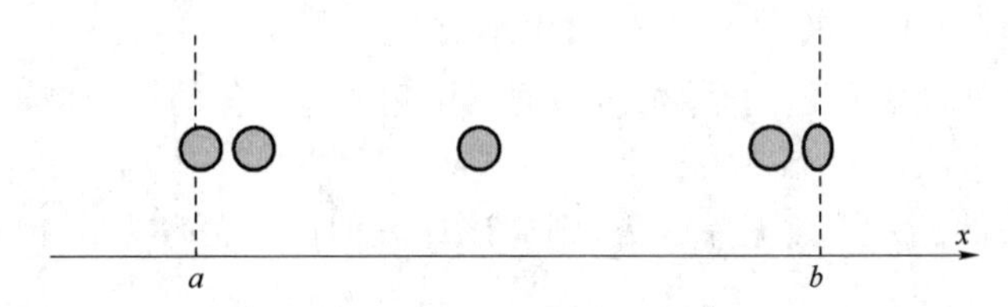

图 2.5　测试项 x 的普通边界值测试

测试项 x 有上边界和下边界，依据普通边界值测试，需要测试 4 个点，另外再取一个范围$[a,b]$内的中点，作为典型值（又称基本值）进行测试，则总共构造 5 个测试用例，它们的 x 取值分别为：a、$a+1$、$(a+b)/2$、$b-1$ 和 b。依据健壮性边界值测试，则总共构造 7 个测试用例，它们的 x 取值分别为：$a-1$、a、$a+1$、$(a+b)/2$、$b-1$、b 和 $b+1$。

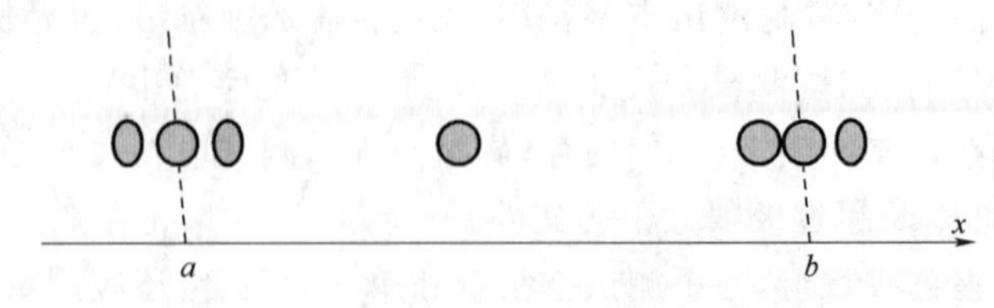

图 2.6　测试项 x 的健壮性边界值测试

假设程序的测试项有两个参数 x 和 y，它们的取值范围满足：$a \leqslant x \leqslant b$，$c \leqslant y \leqslant d$。如图 2.7 所示为测试项的普通边界值测试，如图 2.8 所示为测试项的健壮性边界值测试。

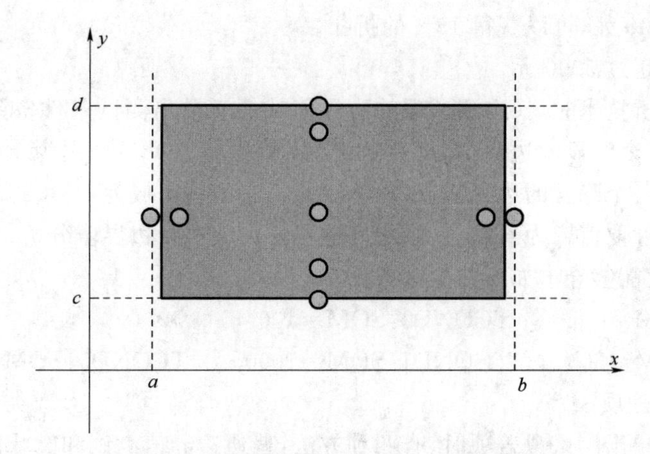

图 2.7 测试项 x 和 y 的普通边界值测试

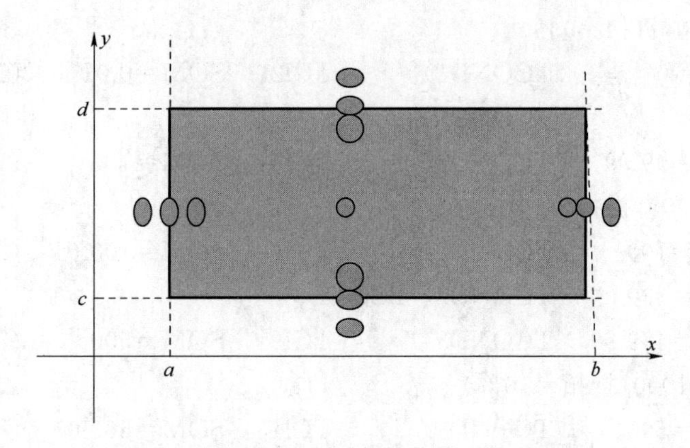

图 2.8 测试项 x 和 y 的健壮性边界值测试

测试项 x 和 y 都有上边界和下边界，依据普通边界值测试，共需测试 8 个点，另外它们取值范围内的典型值重合，可以少测一次，则总共要构造 9 个测试用例。值得注意的是，在介绍等价类划分技术时，我们已经提到，在处理带与 &&、或 || 的条件表达式时，编程语言或者编译器普遍在执行完第一个条件判断后，可能会终止后续的条件表达式计算。出于等价类划分相似的思路，若针对多参数的测试，在对某个参数执行边界值分析的取值时，其余参数应该取典型值。因此，这 9 个测试用例的 (x,y) 取值分别为：$(a,(c+d)/2)$、$(a+1,(c+d)/2)$、$((a+b)/2,(c+d)/2)$、$(b-1,(c+d)/2)$、$(b,(c+d)/2)$、$((a+b)/2,d)$、$((a+b)/2,d-1)$、$((a+b)/2,c+1)$ 和 $((a+b)/2,c)$。依据健壮性边界值测试，则总共构造 13 个测试用例，除普通边界值测试的 9 个点外，另外 4 个点的 (x,y) 取值分别为：$(a-1,(c+d)/2)$、$(b+1,(c+d)/2)$、$((a+b)/2,d+1)$ 和 $((a+b)/2,c-1)$。

3. 导出测试条件

我们仍然按照 GB/T 38634.2 有关“测试设计和实现过程”定义的活动和任务，依次导出测试条件、测试覆盖项和测试用例。下面以一个例子说明边界值分析技术的详细步骤。

【例 2.19】假设有一个在线购物平台的优惠券系统，该系统允许用户根据购物金额获取相应的折扣。具体的优惠券规则如下：

购物金额满 100 元，可以获得 5%的折扣。

购物金额满 500 元，可以获得 10%的折扣。

购物金额满1000元，可以获得15%的折扣。

购物金额不能超过5000元。

应用边界值分析技术时，找出测试项的边界值就等于导出测试条件。针对这个优惠券系统，它的输入域有4个明显的边界值，即购物金额（简称为SOM）分别为100元、500元、1000元和5000元，另有一个隐含的边界值，SOM=0元。它的输出域为：0%、5%、10%、15%和"无效输入"，这5个条件取值皆为离散值，不用考虑对输出域执行边界值分析。因此，优惠券系统有5个边界值，也就能够导出如下的测试条件。

TCOND1：SOM=0　　TCOND2：SOM=100

TCOND3：SOM=500　　TCOND4：SOM=1000　　TCOND5：SOM=5000

4. 导出测试覆盖项

在由测试条件导出测试覆盖项时，有两种方法：普通边界值测试和健壮性边界值测试。依照普通边界值测试，能够导出例2.19的如下测试覆盖项。

(0≤SOM<100，折扣=0%)

TCI1：　SOM=0　　(TCOND1)　　TCI2：　SOM=0.01　　(TCOND1)

TCI3：　SOM=50　　(TCOND1，TCOND2)

TCI4：　SOM=99.99　(TCOND2)　　TCI5：　SOM=100　　(TCOND2)

(100≤SOM<500，折扣=5%)

TCI5：　SOM=100　　(TCOND2)　　TCI6：　SOM=100.01　(TCOND2)

TCI7：　SOM=300　　(TCOND2，TCOND3)

TCI8：　SOM=499.99　(TCOND3)　　TCI9：　SOM=500　　(TCOND3)

(500≤SOM<1000，折扣=10%)

TCI9：　SOM=500　　(TCOND3)　　TCI10：SOM=500.01　(TCOND3)

TCI11：SOM=750 (TCOND3，TCOND4)

TCI12：SOM=999.99　(TCOND4)　　TCI13：SOM=1000　　(TCOND4)

(1000≤SOM≤5000，折扣=15%)

TCI13：SOM=1000　　(TCOND4)　　TCI14：SOM=1000.01 (TCOND4)

TCI15：SOM=3000 (TCOND4，TCOND5)

TCI16：SOM=4999.99 (TCOND5)　　TCI17：SOM=5000　　(TCOND5)

值得注意的是，为了说明问题，测试覆盖项TCI5、TCI9和TCI13写了两遍。以TCI9为例，SOM=500既是100≤SOM<500的上边界，又是500≤SOM<1000的下边界，所以它成了两个区间范围的边界值，实践过程中，将重复的测试覆盖项合并为一个。

依照健壮性边界值测试，能够导出例2.19的如下测试覆盖项。

TCI1：　SOM=-0.01　(TCOND1)　　TCI2：　SOM=0　　(TCOND1)

TCI3：　SOM=0.01　　(TCOND1)　　TCI4：　SOM=50　　(TCOND1，TCOND2)

TCI5：　SOM=99.99　(TCOND2)　　TCI6：　SOM=100　(TCOND2)

TCI7：　SOM=100.01　(TCOND2)　　TCI8：　SOM=300　(TCOND2，TCOND3)

TCI9：　SOM=499.99　(TCOND3)　　TCI10：SOM=500　(TCOND3)

TCI11：SOM=500.01　(TCOND3)　　TCI12：SOM=750　(TCOND3，TCOND4)

TCI13：SOM=999.99　(TCOND4)　　TCI14：SOM=1000 (TCOND4)

TCI15：SOM=1000.01 (TCOND4)　　TCI16：SOM=3000 (TCOND4，TCOND5)

TCI17：SOM＝4999.99（TCOND5）　TCI18：SOM＝5000（TCOND5）

TCI19：SOM＝5000.01（TCOND5）

对 SOM＝500 来说，它是两个区间范围的边界值，因此 TCI9、TCI10 和 TCI11 既覆盖了 100≤SOM＜500 的上边界测试条件，也覆盖了 500≤SOM＜1000 的下边界测试条件。实践过程中，将这些重复的测试覆盖项合并为一个，SOM＝100 和 SOM＝1000 对应的处理方式与此相同。

5. 导出测试用例

边界值分析技术在导出测试用例时，遵循一对一方式比较合理，即每个测试用例实现一个特定的测试覆盖项。可依照如下步骤生成测试用例集。

(1) 选择一个未曾被实现过的测试覆盖项，使其被当前的测试用例所实现。

(2) 如果还有其他的输入参数需要赋值，则赋予其有效等价类内部的取值，典型值为佳。

(3) 根据全部输入数据，确定测试用例执行后的预期输出结果，从而构成测试用例的输出部分。

(4) 重复步骤(1)～(3)，直到实现所有的测试覆盖项。

应用普通边界值测试，每个测试覆盖项都对应一个测试用例，如表 2.10 所示，总共有 17 个测试用例来测试优惠券系统。

表 2.10　优惠券系统的测试用例集

测试用例编号	购物金额(元)	实现的测试覆盖项	预期输出(折扣)
TC1	0	TCI1	0%
TC2	0.01	TCI2	0%
TC3	50	TCI3	0%
TC4	99.99	TCI4	0%
TC5	100	TCI5	5%
TC6	100.01	TCI6	5%
TC7	300	TCI7	5%
TC8	499.99	TCI8	5%
TC9	500	TCI9	10%
TC10	500.01	TCI10	10%
TC11	750	TCI11	10%
TC12	999.99	TCI12	10%
TC13	1000	TCI13	15%
TC14	1000.01	TCI14	15%
TC15	3000	TCI15	15%
TC16	4999.99	TCI16	15%
TC17	5000	TCI17	15%

应用健壮性边界值测试，同样地，每个测试覆盖项都对应一个测试用例，除了表 2.10 所示的 17 个测试用例外，还需要如表 2.11 所示的额外两个测试用例，总共 19 个测试用例来测试优惠券系统。

表 2.11　健壮性边界值测试的补充测试用例集

测试用例编号	购物金额(元)	实现的测试覆盖项	预期输出(折扣)
TC18	-0.01	SOM=-0.01	(无效输入)
TC19	5000.01	SOM=5000.01	(无效输入)

值得注意的是,应用普通边界值测试和健壮性边界值测试导出测试覆盖项时,我们使用了不同的编号,前者的 TCI1 覆盖 SOM=0,而后者的 TCI1 覆盖 SOM=-0.01。因此 TC18 和 TC19 实现的测试覆盖项用 SOM 值而非测试覆盖项编号。

6. 两参数的健壮性边界值测试

【例 2.20】假设有一款简单的房贷月还款额计算软件。用户输入贷款总额(简称为 PM)和年利率(简称为 AIR),软件输出月还款额。贷款总额的最小金额是银行或金融机构设定的最低贷款限额,当前为 10 000 元,它的最大限额是根据借款人的信用评分、收入和其他因素由银行或金融机构设定的最高贷款限额,当前值为 80 000 元。年利率由央行、市场竞争或银行政策所决定,最低和最高年利率分别为 2.8%和 6.2%。

假设贷款期限是 10 年(120 个月),将问题简化为等额本息还款,则依照式(2.7)计算得到每月还款额(简称为 PAY)。

$$\mathrm{PAY}=\mathrm{PM}\times\frac{\frac{\mathrm{AIR}}{12}\times\left(1+\frac{\mathrm{AIR}}{12}\right)^{10\times12}}{\left(1+\frac{\mathrm{AIR}}{12}\right)^{10\times12}-1} \tag{2.7}$$

根据需求规格说明,该软件有 PM 和 AIR 两个输入域参数,PM 的边界值为 10 000 元和 80 000 元,AIR 的边界值为 2.8%和 6.2%,而输出域并无边界值。因此,能够导出如例 2.20 的测试条件。

TCOND1:PM=10 000　　　TCOND2:PM=80 000

TCOND3:AIR=2.8　　　TCOND4:AIR=6.2

我们使用健壮性边界值测试为月还款额计算软件生成测试用例集,依据例 2.20 的测试条件,能够导出如下的测试覆盖项。

(贷款总额的测试覆盖项)

TCI1: PM=9999.99 (TCOND1)　　TCI2:PM=10 000 (TCOND1)

TCI3: PM=10 000.01 (TCOND1)　　TCI4:PM=45 000 (TCOND1, TCOND2)

TCI5: PM=79 999.99 (TCOND2)　　TCI6:PM=80 000 (TCOND2)

TCI7: PM=80 000.01 (TCOND2)

(年利率的测试覆盖项)

TCI8: AIR=2.799 (TCOND3)　　TCI9:AIR=2.8 (TCOND3)

TCI10:AIR=2.801 (TCOND3)　　TCI11:AIR=4.5 (TCOND3, TCOND4)

TCI12:AIR=6.199 (TCOND4)　　TCI13:AIR=6.2 (TCOND4)

TCI14:AIR=6.201 (TCOND4)

我们国家的银行贷款利率通常保留小数点后 2 位,特殊情况会保留至 3 位小数点。考虑利率保留 3 位小数点,AIR 仅比 2.8 大的值为 2.801,仅比 2.8 小的值为 2.799。如果没有规定小数点后的保留位数,仅比 2.8 大的值可定义为 2.9、2.81、2.801、2.8001 和 2.80001 等值。

测试用例实现某个测试覆盖项时，程序其余参数赋予其有效等价类内部的取值，实践应用中，常常取这些参数的典型值。例如，若实现 TCI1，则 AIR 可取 4.5%(2.8%和 6.2%的中间值)。因此，由测试覆盖项可导出例 2.20 如表 2.12 所示的 13 个测试用例。

表 2.12　房贷月还款额计算软件的测试用例集

测试用例编号	贷款总额(元)	年利率(%)	实现的测试覆盖项	预期输出
TC1	9999.99	4.5	TCI1　TCI11	(无效输入)
TC2	10 000	4.5	TCI2　TCI11	(由式(2.7)计算 PAY)
TC3	10 000.01	4.5	TCI3　TCI11	(由式(2.7)计算 PAY)
TC4	45 000	4.5	TCI4　TCI11	(由式(2.7)计算 PAY)
TC5	79 999.99	4.5	TCI5　TCI11	(由式(2.7)计算 PAY)
TC6	80 000	4.5	TCI6　TCI11	(由式(2.7)计算 PAY)
TC7	80 000.01	4.5	TCI7　TCI11	(无效输入)
TC8	45 000	2.799	TCI4　TCI8	(无效输入)
TC9	45 000	2.8	TCI4　TCI9	(由式(2.7)计算 PAY)
TC10	45 000	2.801	TCI4　TCI10	(由式(2.7)计算 PAY)
TC11	45 000	6.199	TCI4　TCI12	(由式(2.7)计算 PAY)
TC12	45 000	6.2	TCI4　TCI13	(由式(2.7)计算 PAY)
TC13	45 000	6.201	TCI4　TCI14	(无效输入)

表 2.12 的测试用例实现了 100%的测试覆盖项。测试用例 TC4 实现了测试覆盖项 TCI4 和 TCI11，这两个测试覆盖项都取对应参数的典型值。

2.4.4　判定表测试

等价类划分、组合测试设计、边界值分析这 3 种方法作为动态黑盒测试技术，以数据为视角进行测试。除了数据，还需验证软件的事件动作流程及业务逻辑。在应用动态黑盒测试技术时，测试人员无须阅读代码或了解程序逻辑流程的具体实现细节。若要验证逻辑流程，通常需要采用其他类型的黑盒测试技术。判定表测试技术就是动态黑盒测试技术中的一种，它专门用于分析和表达在多逻辑条件下如何执行不同的操作。

判定表测试以判定表的形式描述软件的事件动作流程及业务逻辑，它利用了测试项条件(原因)和动作(结果)之间的逻辑关系(判定规则)模型。测试项逻辑流程模型包括：

(1) 测试项的每个布尔条件定义了两个等价类，一个对应“T”(1，真，成立)，一个对应“F”(0，假，不成立)。如果条件由多个值而非简单的二值布尔值组成，那么应该使用扩展条目判定表，因为它能更简明地表达复杂的逻辑流程。

(2) 每个动作是测试项的预期结果或结果的组合，也可以表示为布尔值。

(3) 一组判定规则表示了条件和动作之间的关系。

1. 判定表示例及规则合并

表 2.13 给出了判定表的示例及基本用语。判定表的第一列列出所有条件和动作，其余的列列出所有规则，这些规则指出了在各组条件取值情况下应实施什么动作。除非某些问题对条件的先后次序有特定要求，通常并不要求按照顺序列出条件。动作的排列顺序也没有约束，

可依照方便阅读的原则排列动作。表 2.13 有 4 条规则，每条规则都描述了一个条件组合的特定取值及其相应要执行的操作。例如，表的第三列，也就是规则 2，它代表在条件 1 和条件 3 成立而条件 2 不成立的情况下，执行动作 2 对应的操作，用“√”表示规则包含该动作；而第五列规则 4 代表在条件 1 为假的情况下，实施动作 1，此时条件 2 和条件 3 不影响决策，用“—”表示。

表 2.13 判定表示例

	规则 1	规则 2	规则 3	规则 4
条件 1	T	T	T	F
条件 2	T	F	F	—
条件 3	—	T	F	—
动作 1	√			√
动作 2		√	√	

判定表常常需要化简，合并那些相似规则。若判定表有两条或以上的规则具有相同动作，并且条件之间存在相似关系，我们便可设法将其合并，便于后续测试用例的设计。例如，图 2.9 左端的合并示例中，两个规则都执行第一个动作，而它们的 3 个条件中只有中间条件取值不同，此时中间条件的取值不影响决策，应该将这两个规则合并，合并后的条件用符号“-”表示。与此类似，不影响决策的条件值“-”在逻辑上包含其任何取值，在图 2.9 右端的合并示例中，最后一个条件的“-”和“T”合并成“-”。

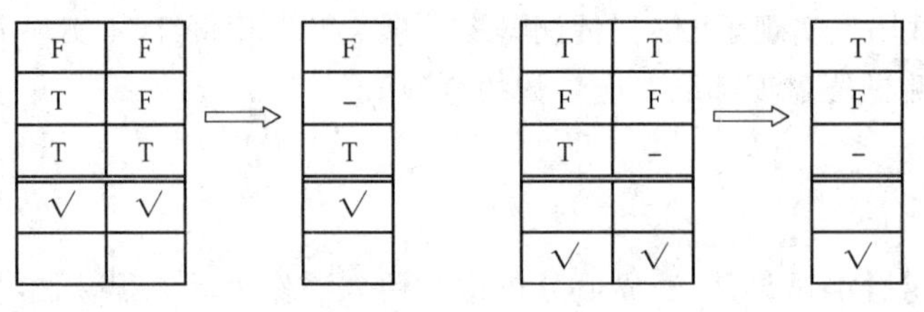

图 2.9 判定表的规则合并

2. 导出测试条件

我们仍然按照 GB/T 38634.2 有关“测试设计和实现过程”定义的活动和任务，依次导出测试条件、测试覆盖项和测试用例。下面以一个例子说明判定表测试技术的详细步骤。

【例 2.21】假设有一个电子邮件系统的自动回复软件。该软件根据用户的在线状态、邮件内容及用户配置，执行自动回复的决策。软件的自动回复决策遵守以下约定：

- 如果用户在线且邮件包含关键字“紧急”，则不考虑是否设置了自动回复功能，都发送普通自动回复。
- 如果用户在线且设置了自动回复功能，若邮件未包含关键字“紧急”，则发送普通自动回复。
- 如果用户不在线且设置了自动回复功能，则视邮件是否包含关键字“紧急”来决定，若包含则发送特殊紧急自动回复，未包含则发送普通自动回复。
- 除以上 3 条约定外，都不发送任何自动回复。

判定表测试技术的测试条件（包括判定表的条件和动作）可以从规格说明书导出。例 2.20 有如下的 3 个条件：

(1)用户是否在线,简称为 AIC,是标记为 T,否标记为 F。

(2)邮件是否包含关键字“紧急”,简称为 UGL,包含标记为 T,未包含标记为 F。

(3)用户是否设置了自动回复功能,简称为 AT,设置标记为 T,未设置标记为 F。

每个条件都有两个取值,3 个条件应有 $2^3=8$ 个规则。例 2.21 有 3 个动作:发送普通自动回复、不发送自动回复和发送特殊紧急自动回复。综上所述,可导出例 2.21 的测试条件:

TCOND1： AIC=T　　TCOND2： AIC=F

TCOND3： AT=T　　TCOND4： AT=F

TCOND5： UGL=T　　TCOND6： UGL=F

TCOND7： 发送普通自动回复

TCOND8： 不发送自动回复

TCOND9： 发送特殊紧急自动回复

构造判定表时,首先确定规则个数,其次列出全部的条件和动作,最后填入所有规则包含的条件取值及对应动作类型。表 2.14 为例 2.21 的初始判定表。

表 2.14　电子邮件自动回复的初始判定表

	1	2	3	4	5	6	7	8
用户在线	T	T	T	T	F	F	F	F
设置了自动回复功能	T	T	F	F	T	T	F	F
邮件包含关键字“紧急”	T	F	T	F	T	F	T	F
发送普通自动回复	√	√	√			√		
不发送自动回复				√			√	√
发送特殊紧急自动回复					√			

经过合并相似规则,得到化简后的表 2.15。

表 2.15　化简后的判定表

	1	2	3	4	5	6
用户在线	T	T	T	F	F	F
设置了自动回复功能	T	F	F	T	T	F
邮件包含关键字“紧急”	—	T	F	T	F	—
发送普通自动回复	√	√			√	
不发送自动回复			√			√
发送特殊紧急自动回复				√		

3. 导出测试覆盖项

判定表的每一条规则都定义了条件取值和动作类型的特定组合,每一条规则就是一个测试覆盖项。依照例 2.21 的测试条件,能够导出如下的测试覆盖项。

TCI1： AIC=T　AT=T　　　　(TCOND1,TCOND3,TCOND7)

TCI2： AIC=T　AT=F　UGL=T　(TCOND1,TCOND4,TCOND5,TCOND7)

TCI3： AIC=T　AT=F　UGL=F　(TCOND1,TCOND4,TCOND6,TCOND8)

TCI4： AIC=F　AT=T　UGL=T　(TCOND2,TCOND3,TCOND5,TCOND9)

TCI5： AIC＝F AT＝T UGL＝F （TCOND2，TCOND3，TCOND6，TCOND7）

TCI6： AIC＝F AT＝F （TCOND2，TCOND4，TCOND8）

4. 导出测试用例

应用判定表测试技术时，每个测试用例实现一个特定的测试覆盖项。可依照如下步骤生成测试用例集。

（1）选择一个尚未被任何测试用例实现的测试覆盖项，并为其创建一个新的测试用例。

（2）如果测试覆盖项涉及其他输入参数，为这些参数赋予有效等价类中的值。

（3）根据测试覆盖项所包含的动作，确定测试用例执行后的预期输出结果，从而构成测试用例的输出部分。

（4）重复步骤（1）～（3），直到实现所有的测试覆盖项。

如表 2.16 所示，总共有 6 个测试用例来测试电子邮件自动回复软件。表中 T(F)表示 T 和 F 两个取值都可以，测试执行时任选其一即可。

表 2.16 电子邮件自动回复软件的测试用例集

测试用例编号	用户是否在线	设置了自动回复功能	邮件包含关键字“紧急”	实现的测试覆盖项	预期输出
TC1	T	T	T(F)	TCI1	发送普通自动回复
TC2	T	F	T	TCI2	发送普通自动回复
TC3	T	F	F	TCI3	不发送自动回复
TC4	F	T	T	TCI4	发送特殊紧急自动回复
TC5	F	T	F	TCI5	发送普通自动回复
TC6	F	F	T(F)	TCI6	不发送自动回复

5. 扩展条目判定表

如果测试项的参数（条件）有 3 个或 3 个以上的取值，可使用扩展条目判定表来构造测试用例集。

【例 2.22】假设有一个在线银行的转账软件，转账收费政策取决于以下 3 个条件：

- 用户尝试转账的金额大小，分为低、中、高三档，转账金额分别为 0～1000 元、1001～5000 元、5001 元及以上。
- 账户可转额度，分为充足、余额不足和额度超标。充足指账户余额和账户转账限额都大于转账金额，余额不足指账户余额小于转账金额，额度超标指转账金额大于账户转账限额，但转账金额没有超过账户余额。
- 收款人类型，分为本行本地账户、本行异地账户和他行账户。

转账收费遵循如下政策：

（1）账户余额小于转账金额时，提示“转账失败，余额不足”。

（2）转账金额大于账户转账限额时，提示“转账失败，额度超标”。

（3）当收款人为他行账户，且转账金额为低档时，不收费；若转账金额为高档、中档时，收取转账费用。

（4）当收款人为本行异地账户，且转账金额为高档时，收取转账费用；若转账金额为中档、低档时，不收转账费。

（5）当收款人为本行本地账户，不收转账费。

由以上的规格说明可知，构成该软件的判定表有3个条件：转账金额、账户可转额度和收款人类型。每个条件均有3个取值，则总共有3×3×3=27个规则。其判定表还有4个动作："转账失败，余额不足""转账失败，额度超标""转账成功，收手续费"和"转账成功，无手续费"。经过简化步骤，例2.22的判定表如表2.17所示。

表2.17 转账软件的判定表

	1	2	3	4	5	6	7	8
转账金额	—	—	低	—	中	中	高	高
账户可转额度	余额不足	额度超标	充足	充足	充足	充足	充足	充足
收款人类型	—	—	—	本行本地账户	他行账户	本行异地账户	本行异地账户	他行账户
转账失败，余额不足	√							
转账失败，额度超标		√						
转账成功，无手续费			√	√		√		
转账成功，收手续费					√		√	√

本书省略了后续的3个步骤，包括导出测试条件、测试覆盖项和测试用例。读者可仿效例2.21的步骤，完成例2.22的测试用例集构造。另外，读者还可以检查是否有更简明的判定表来描述转账收费政策。

2.4.5 随机测试

随机测试也是一种重要的动态黑盒测试方法，它通过从所有可能的输入域中随机取值来生成测试用例。这种方法不依赖于特定的输入顺序或模式，而是基于统计学原理，通过随机抽样来评估软件的质量和可靠性。随机测试的目标是发现那些在系统化测试中可能被遗漏的缺陷和问题。

在随机测试中，测试项的输入域模型被用来定义所有可能的输入值集合。这个输入域模型包括了所有合法的和不合法的输入值，以及各种边界条件和异常情况。为了生成随机输入值，需要选择一种合适的输入分布。常见的输入分布包括正态分布、均匀分布和运行剖面等。正态分布是一种连续概率分布，适用于描述许多自然现象的分布情况。在随机测试中，如果输入值的变化呈现出钟形曲线的特征，那么可以选择正态分布来生成随机输入值。均匀分布则是一种简单的概率分布，它假设输入值在整个输入域内出现的概率是相等的。运行剖面则是一种基于实际使用情况来定义输入分布的方法，它根据软件在实际运行中的输入频率和分布来生成随机输入值。下面是随机测试方法导出测试用例的步骤：

(1) 为测试输入选择一种输入分布。根据测试项的特点和需求，选择一种合适的输入分布来生成随机输入值。这一步需要考虑输入值的变化范围、分布情况以及实际使用的频率等因素。

(2) 根据步骤(1)中的输入分布，使用随机数生成器或其他工具生成随机输入值。这些输入值应该覆盖整个输入域，包括边界条件和异常情况。

(3) 将生成的随机输入值应用到测试依据中，根据软件的需求和设计规格说明来确定每个测试用例的预期结果。这一步需要确保测试依据的准确性和完整性。

(4) 重复步骤(2)和(3)直到完成要求的测试。在重复测试的过程中,可以根据测试结果对输入分布进行调整,以提高测试的效率和有效性。

【例 2.23】 考虑一个在线购物平台的搜索功能。在线购物平台通常支持各种商品的搜索,其中包括对关键词、价格范围、商品类别等不同参数的处理。这些功能的正确性对于用户体验至关重要。

应用随机测试技术检验在线购物平台的搜索功能时,遵循以下 4 个步骤完成例 2.23 的验证工作。

(1) 选择输入分布。针对搜索关键词,可以选择一个均匀分布,随机生成包括常见和不常见关键词的字符串。对于价格范围,可以选用均匀分布或正态分布,随机生成不同的价格点。

(2) 生成随机测试输入。随机生成一系列搜索关键词,如“手机”“运动鞋”“书籍”“厨房用具”等。对于价格,随机生成一系列价格范围,如 0～100 元、100～500 元、500～1000 元等。

(3) 确定预期结果。对于每个随机生成的搜索条件,确定预期结果的类型,例如,搜索“手机”应返回电子产品类别的商品,而搜索特定价格范围应返回在该价格区间的商品。验证搜索结果是否与预期的商品类别和价格范围相符。

(4) 重复测试。使用各种随机生成的搜索条件重复执行测试。检查搜索结果的准确性和相关性,确保平台能够处理各种搜索请求。

通过对在线购物平台的搜索功能进行随机测试,可以确保系统能够正确处理各种可能的用户查询,包括那些不常见或异常的搜索条件。这不仅有助于提升用户体验,还能确保系统的稳健性和可靠性。

随机测试的核心思想是使用随机生成的输入数据来模拟用户操作的不可预测性和多样性。这种方法能够发现非常规的错误,提供广泛的测试覆盖率,适用于测试复杂或未充分理解的系统。随机测试也有明显的缺点:存在一些局限性,难以确定特定的输入导致的错误,可能需要大量测试用例才能达到足够的覆盖率,测试结果可能不易复现。因此,在实际应用中,随机测试通常与其他系统化的测试方法结合使用,以提供更全面和可靠的测试覆盖。

2.5 错误推测法

错误推测法并不属于基于规格说明的测试技术,但与黑盒测试有很多相似之处,因此,本书将其内容归于“黑盒测试基本技术”这一章。错误推测是一种基于经验和知识的软件测试设计技术,它侧重于利用历史数据以及测试人员的直觉、专业知识来预测软件中可能存在的缺陷类型,并据此设计测试用例。错误推测法不同于其他系统化测试方法,它更多地依赖于测试人员的判断力和对软件系统的深入理解。

在错误推测法中,测试人员会创建一个检查清单,列出可能在测试项中出现的各种缺陷类型。这个清单可以来源于多种渠道,比如已知的错误分类、事件管理系统中的信息、测试人员的个人经验和知识,以及对当前或类似测试项的理解。此外,其他利益相关者的反馈和意见也可以为检查清单提供有价值的补充。一旦检查清单建立完毕,测试人员就可以开始设计测试用例了。错误推测法的测试用例设计过程可参考其他黑盒测试技术,它通常包括以下 4 个步骤:

(1) 选择当前测试用例要覆盖的缺陷类型。测试人员会根据检查清单中的缺陷类型,结合对软件系统的了解,选择那些最有可能出现问题的缺陷类型作为测试重点。

(2) 确定可能导致所选缺陷类型出现故障的输入值。这一步需要测试人员根据自己的经验和对系统的理解，推测哪些输入值可能会触发相应的缺陷。这些输入值可能是边界值、非法值、异常值等。

(3) 通过将输入应用于测试依据来确定测试用例的预期结果。测试依据可以是需求文档、设计文档或用户故事等。测试人员需要根据这些测试依据，确定在给定的输入下，系统应该产生什么样的输出或行为。

(4) 重复步骤(1)、(2)和(3)，直到完成所需的测试。测试人员需要不断地选择新的缺陷类型、确定新的输入值，并验证系统的实际输出是否与预期结果相符。

【例 2.24】 考虑一个在线支付系统，它包含各种交易类型(如购物、转账、账单支付)、支付方式(如信用卡、借记卡、数字钱包)以及用户输入，这些环节都可能成为错误发生的重点区域。要求测试人员设计出一系列覆盖各种潜在错误的测试用例，从而全面评估在线支付系统的健壮性和可靠性。

应用错误推测方法测试该在线支付系统的支付方式和交易类型，可以基于以下 5 个思路设计例 2.24 的测试用例。

(1) 输入域为默认、空白、空值、零值和无等取值形式。此种情况下，并不是没有输入正确的信息，而是根本没有输入任何内容，仅仅按了 Enter 键。需求规格说明书经常忽视这种情况，程序员也容易遗忘，但是在实际使用中却时有发生。例如，对于支付金额输入框，测试没有输入任何内容而直接提交的情况；对于信用卡信息，测试各字段为空白或默认值的情况；对于转账操作，考虑收款人信息为空或零值的情况。

(2) 非法、错误、不正确和垃圾数据。例如，输入非法的信用卡号、过期日期或商品码；在数字钱包支付选项中输入错误的用户名或密码；输入格式错误的账单编号或支付金额。

(3) 像不熟练的用户那样做。例如，连续多次输入错误的密码或支付信息；在转账过程中反复切换收款人，或在支付过程中频繁刷新页面；在完成支付步骤之前关闭浏览器或应用。

(4) 像黑客一样考虑问题。例如，尝试注入 SQL 命令或脚本代码到输入字段，检查系统是否易受注入攻击；测试系统在面对 DDoS(分布式拒绝服务)攻击或其他网络攻击时的反应；检查支付过程中的数据加密和安全性，确保敏感信息如信用卡信息不会泄露。

(5) 凭借经验、直觉和预感。例如，根据以往的经验，重点关注支付确认和交易记录的准确性；对系统中曾经出现过缺陷的模块进行更加细致的检查；使用直觉判断哪些不常见的支付场景可能导致系统异常。

总的来说，错误推测是一种非常实用和有效的软件测试方法。它充分利用了测试人员的经验和知识，能够快速地发现和定位软件中的潜在问题。然而，它也有一定的局限性，比如对测试人员的能力和经验要求较高，以及可能无法覆盖所有的缺陷类型。因此，在实际应用中，我们通常需要将错误推测与其他系统化测试方法结合起来使用，以达到更好的测试效果。

2.6 作业与思考题

1. 概述软件规格说明书对测试的意义。

2. 以学校图书馆的借还书软件为例，列举三项非功能性要求：性能要求(两项)以及其他质量属性(一项)。

3. 假设某个软件的注册用户名要求字母(a～z,A～Z)开头,后跟字母、数字(0～9)和特殊字符的任意组合,字符长度为8至20之间。特殊字符限以下字符:! @ # $ %。注册用户名至少有一个大写字母和一个特殊字符。使用等价类划分方法设计测试用例,用以测试注册用户名。

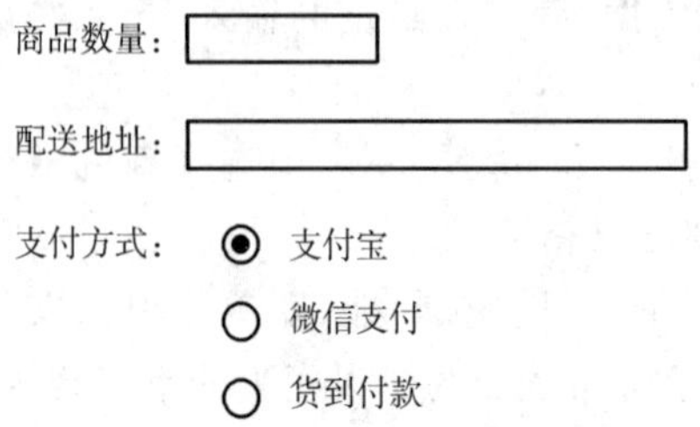

4. 假设我们正在测试一个在线购物网站的订单处理系统,如图2.10所示,该系统接受3个输入参数:

商品数量,用户希望购买的商品数量,整数,范围从1到999。

配送地址,用户选择的配送地址,字符类型,20到200个字符。

支付方式,用户选择的支付方式,包括“支付宝”“微信支付”和“货到付款”。

商品数量: [ ]

配送地址: [ ]

支付方式: ◉ 支付宝
○ 微信支付
○ 货到付款

图2.10　订单处理页面

如果3个参数都有效,则系统进入下一步,否则输出“无效输入”。

使用等价类划分方法设计测试用例,用以测试订单处理页面。要求有详细的解题思路,首先仔细阅读需求,再依次导出测试条件、测试覆盖项和测试用例。测试用例要有具体的参数输入值和预期结果。

5. 某报表处理系统要求用户输入处理报表的日期,日期限制在2003年1月至2008年12月,即系统只能对该段期间内的报表进行处理,如日期不在此范围内,则显示“输入错误信息”。系统日期规定由年、月的6位数字字符组成,前4位代表年,后2位代表月。如何用等价类划分法设计测试用例,来测试程序的日期检查功能?

6. 假设我们正在测试某手机操作系统的日历应用,它有3个用户可设置的输入参数。其中,提醒设置有两个输入值:开启前10分钟提醒、关闭提醒;视图模式有3个输入值:日视图、周视图、月视图;同步选项有两个输入值:与云端同步、仅本地存储。分别使用完全组合测试、成对测试和单一选择测试这3种组合设计技术设计测试用例,用以测试日历应用。

7. 在上一题的日历应用中,假设提醒设置的典型输入值为“开启前10分钟提醒”,视图模式的典型输入值为“日视图”,同步选项的典型输入值为“仅本地存储”。使用基本选择测试这一组合设计技术设计测试用例,用以测试日历应用。

8. 第5题的报表处理系统中,如何用边界值分析设计测试用例,来测试程序的日期检查功能?分别应用普通边界值测试技术和健壮性边界值测试技术解答。

9. 用户在在线货运网站托运货物时,想要了解根据货品重量和运输距离计算出的运费。如图2.11所示,用户可以在运费计算器中输入货品重量和运输距离,然后计算器会根据这些信息显示出相应的运费,帮助用户了解购物成本。货品重量从10 kg到500 kg,允许精确到一位小数。运输距离为整数,限制为2 kg到100 kg。

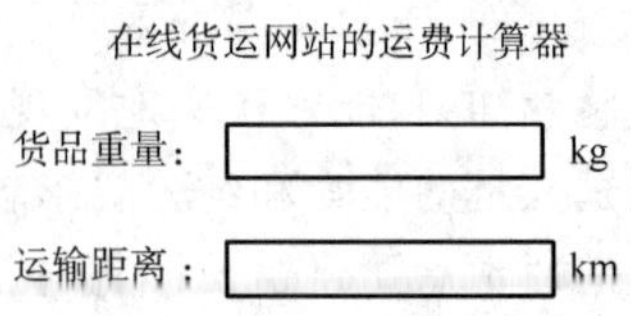

在线货运网站的运费计算器

货品重量: [ ] kg

运输距离: [ ] km

图2.11　运费计算器页面

应用健壮性边界值测试技术来测试运费计算器的功能。

10. 假设某智能家居系统具有灯光自动控制功能。智能家居系统可以根据环境光线是否暗淡、房间内是否有人以及当前时间是否为夜晚来决定灯光控制动作。通过光线传感器检测当前环境的光线强度,判断环境光线是否暗淡(是/否)。通过人体红外传感器或摄像头检测房间内是否有人(是/否)。根据系统设定的时间范围,判断当前时间是否为夜晚(是/否)。

当灯光处于自动控制状态，灯光自动控制功能有开启灯光、关闭灯光、发送通知和记录日志4个动作。当房间有人且环境光线暗淡，系统自动开启房间内的灯光。当房间无人、时间为夜晚，并且环境光线明亮，则向用户发送通知。除以上两种情况外，系统自动关闭房间内的灯光。无论开启灯光或关闭灯光，系统都会记录相关操作日志，以供后续分析和调试。

应用判定表测试技术设计测试用例，来测试灯光自动控制功能。要求有详细的解题思路，首先仔细阅读需求，再依次导出测试条件、测试覆盖项和测试用例。解题思路还应该包括初始的判定表和化简后的判定表。

第3章 黑盒测试技术的实践

本章通过实例程序的测试来实践黑盒测试技术的应用。为便于教学，我们实现了一个名为“航班管理模块”的程序①，它有文件操作、航班信息的增删改（包括批量删除）以及查询统计等功能，能够简单地管理航班信息。本章首先引入航班管理模块的规格说明书，再应用等价类划分、边界值分析和错误推测方法来测试程序的部分功能，最后布置作业和思考题。思考题都是关于航班管理模块的功能测试，借助这些习题，读者能够强化学习效果，更好地掌握黑盒测试技术。

3.1 航班管理模块的规格说明书

航班管理模块是一个教学程序，它简单地管理航班信息。航班信息包括：航班号、航班名称、航空公司名称、出发地、目的地、机票价格、座位数目和是否直达。这些航班信息都有录入规则，只有当所有属性都满足规则时，航班才被视为有效；如果任何一个属性不满足规则，则航班被视为无效。航班号由6个字符组成，其中前两个字符必须是英文大写字母（A～Z），后4个字符必须是数字（0～9）。航班名称是长度为5～10的字符串，其字符可以任意取值。航空公司名称是长度为4～12的字符串，其字符为除空格“ ”和下画线“_”以外的任意字符。出发地由2到5个英文小写字母（a～z）组成。例如“cs”为有效出发地，“changsha”或者“CS”均为无效出发地。目的地同样由2到5个英文小写字母（a～z）组成。机票价格最小值100元、最高值为8000元，机票价格可以为整数或包含小数的实数，若包含小数则小数位数不能超过两位。例如，“208.05”为有效机票价格，而“208.105”则为无效机票价格。座位数目为120～200的整数，有效座位数含120和200两个取值。是否直达为一个布尔值，true表示航班直达，false表示航班中转。

航班管理模块简单地实现了3项功能：文件操作、增删改航班信息和查询统计。航班列表指软件当前所操作的全部航班的航班信息，名称为“FlightInfo.txt”的文件将用于存储程序的航班列表，和可执行的航班管理模块JAR包（Java可执行文件，用于打包和分发可独立运行的

① https://gitee.com/softwaretestingpractice/flight-info-manage-black-box

Java 应用程序)置于同一个文件夹。航班管理模块能执行两项文件操作:从文件读取航班信息,将航班信息存入文件。前者从"FlightInfo.txt"读入航班信息,供程序后续处理;后者将程序的航班列表存入"FlightInfo.txt"。文件保存航班的记录条数没有限制。

增删改航班信息包括 4 项功能:①增加一条航班记录。软件操作者录入航班的航班号、航班名称、航空公司名称、出发地、目的地、机票价格、座位数目和是否直达。航班的所有信息都要校验,它们必须遵守录入规则。被检测为有效航班后,所增加的航班将被添加到航班列表。航班号不允许重复,若待增加航班的航班号已经存在于航班列表,则增加航班记录的操作将失败,提示用户"该航班号已存在"。②删除一条航班记录。软件操作者先输入航班号,随后执行航班删除操作,每次只能删除一个航班。删除操作过程中将执行校验动作,所输入的航班号不满足其录入规则的话,将提示"无效的航班号"。如果输入的航班号有效但是在航班列表不存在,则提示"该航班不存在"。若航班删除成功,航班列表将剔除该航班,航班记录数减 1,航班列表可以是不包含任何航班记录的空表。③修改航班信息。软件操作者先输入航班号,随后执行航班信息修改操作,每次只能修改一个航班,并且不允许修改航班号。所输入的航班号不满足其录入规则的话,将提示"无效的航班号"。如果所输入的航班号有效但是在航班列表不存在,则提示"该航班不存在"。修改操作过程中将执行所有航班信息的校验动作,被检测为有效航班后,新的航班信息将替换航班列表的旧有信息。④删除所有航班。该操作将清空软件内的航班列表,但请注意,这并不会自动删除或更改"FlightInfo.txt"文件中的内容。特别要注意的是,此时执行"将航班信息存入文件"的操作,将导致"FlightInfo.txt"的内容被清空。建议在清空该文件前,先建立它的备份。

查询统计包括 5 项功能:①以票价为条件检索航班。软件操作者录入最低票价和最高票价,要求两个机票价格都要满足录入规则,并且最低票价小于最高票价。执行查询操作后,软件显示机票价格处于最低票价和最高票价之间的全部航班。如果航班列表所有航班的机票价格都在范围之外,则提示"没有符合条件的航班!"。②以航空公司名称为条件检索航班。软件操作者先输入有效的航空公司名称,再执行航班查询操作。软件提供精确匹配、"以……开头"和包含 3 类查询操作。例如,航班列表有 4 个航班,其航空公司名称分别为"南方航空""南方航空公司""南方航空有限公司"和"中国南方航空",而检索的航空公司名称为"南方航空",则"精确匹配"检索仅输出第一个航班,而"以……开头"检索输出 3 个航班,"包含"检索会输出全部航班。如果航班列表所有航班都不满足查询要求,则提示"没有符合条件的航班!"。③基于出发地统计航班数。软件操作者先输入航班出发地,统计过程中将执行校验动作,所输入的出发地不满足其录入规则的话,将提示"无效的航班出发地"。如果输入的出发地有效但是在航班列表不存在,则提示"该出发地不存在"。若在航班列表检索到符合条件的航班,软件将输出统计结果,包括航班条数和满足检索条件的全部记录的航班信息。④基于目的地统计航班数。与出发地一样,先输入航班目的地,再执行校验动作,最后基于有效目的地统计航班数。各个步骤的执行、异常处理和反馈结果都与出发地统计过程类似。⑤基于座位数目统计航班数。软件操作者先输入有效的座位数目,统计过程再在航班列表中检索座位数等于或多于此数目的航班。如果航班列表所有航班的座位数小于此数目,则提示"没有符合条件的航班!"。若航班列表存在座位数不少于此数目的航班,软件将输出统计结果,包括航班条数和满足检索条件的全部记录的航班信息。

3.2 等价类划分方法的应用

【例 3.1】图 3.1 为航班管理模块的“以票价为条件检索航班”功能的运行效果图。软件操作者录入最低票价和最高票价，要求两个机票价格都要满足录入规则，并且最低票价小于最高票价。两个机票价格都有效，才能查询航班，执行查询操作后，软件显示机票价格处于最低票价和最高票价之间的全部航班。如果航班列表所有航班的机票价格都在范围之外，则提示“没有符合条件的航班!”。操作者可单击“终止查询”放弃本次查询操作。

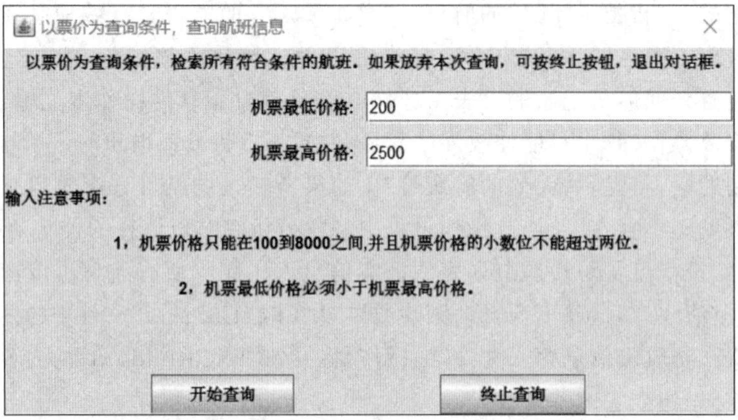

图 3.1　以票价为条件检索航班

阅读航班管理模块的规格说明书后，我们可以了解到机票价格的录入必须遵循两条规则：①机票价格最小值 100 元，最高值为 8000 元，机票价格可以为整数，也可以为包含小数的实数，若包含小数则小数不能超过 2 位。②机票最低价格小于机票最高价格。在单击按钮时，操作者可单击“开始查询”执行查询操作，可单击“终止查询”放弃本次查询操作。实际上，除以上两个按钮外，操作者还可单击如图 3.1 所示对话框的右上角的关闭按钮☒。该按钮是一个隐含的输入，不易被测试者发觉。对程序的输出域来说，则有 4 个输出：输出“没有符合条件的航班”，显示符合条件的航班，重新输入条件，关闭对话框。当操作者输入的机票最低价格或者机票最高价格无效的情况下单击了“开始查询”，则程序提示“重新输入条件”，等待操作者继续输入有效的查询条件。当操作者单击了“终止查询”或者关闭按钮，则程序将关闭对话框。

我们应用等价类划分技术来测试例 3.1，既考虑了输入域的有效数据和无效数据，也考虑了输出域的有效数据和无效数据，综合而得如表 3.1 所示的 23 个等价类。

表 3.1　以票价为条件检索航班的等价类

输入域	有效等价类	无效等价类
机票最低价格	1. 100～8000 的整数 2. 100～8000 的实数，小数不超过 2 位	10. 小于 100 的整数 11. 大于 8000 的整数 12. 小于 100 的实数，小数不超过 2 位 13. 大于 8000 的实数，小数不超过 2 位 14. 100～8000 之间的实数，但小数超过 2 位

续表

输入域	有效等价类	无效等价类
机票最高价格	3. 100～8000 的整数 4. 100～8000 的实数,小数不超过 2 位 5. 大于机票最低价格	15. 小于 100 的整数 16. 大于 8000 的整数 17. 小于 100 的实数,小数不超过 2 位 18. 大于 8000 的实数,小数不超过 2 位 19. 100～8000 之间的实数,但小数超过 2 位 20. 小于或等于机票最低价格
单击按钮	6. 开始查询 7. 终止查询	21. 关闭按钮
输出域	有效等价类	无效等价类
显示查询结果	8. 没有符合条件的航班 9. 显示符合条件的航班	22. 重新输入条件 23. 关闭对话框

实际上,有效等价类 8 也可视作无效等价类,因为“没有符合条件的航班”也是一类没有查询结果的输出;无效等价类 23 也可视作有效等价类,因为单击“终止查询”也是一类有效的操作,它的输出结果就是“关闭对话框”。

对于等价类划分方法来说,每个等价类都导出为一个测试条件。由表 3.1 可以导出 9 个与有效等价类对应的测试条件(TCOND1-TCOND9)和 14 个与无效等价类对应的测试条件(TCOND10-TCOND23)。

TCOND1:机票最低价格 100～8000 的整数

TCOND2:机票最低价格 100～8000 的实数,小数不超过 2 位

TCOND3:机票最高价格 100～8000 的整数

TCOND4:机票最高价格 100～8000 的实数,小数不超过 2 位

TCOND5:机票最高价格大于机票最低价格

TCOND6:开始查询

TCOND7:终止查询

TCOND8:没有符合条件的航班

TCOND9:显示符合条件的航班

TCOND10:机票最低价格小于 100 的整数

TCOND11:机票最低价格大于 8000 的整数

TCOND12:机票最低价格小于 100 的实数,但小数不超过 2 位

TCOND13:机票最低价格大于 8000 实数,但小数不超过 2 位

TCOND14:机票最低价格为 100～8000 之间的实数,但小数超过 2 位

TCOND15:机票最高价格小于 100 的整数

TCOND16:机票最高价格大于 8000 的整数

TCOND17:机票最高价格小于 100 的实数,但小数不超过 2 位

TCOND18:机票最高价格大于 8000 的实数,但小数不超过 2 位

TCOND19:机票最高价格为 100～8000 之间的实数,但小数超过 2 位

TCOND20:机票最高价格不大于最低价格

TCOND21:关闭按钮

TCOND22:重新输入条件

TCOND23:关闭对话框

对于等价类划分方法来说,每个测试条件都导出为一个测试覆盖项(TCI)。例 3.1 的 23 个测试条件导出为下面的 23 个测试覆盖项。

TCI1:覆盖 TCOND1　　TCI2:覆盖 TCOND2

TCI3:覆盖 TCOND3　　TCI4:覆盖 TCOND4

TCI5:覆盖 TCOND5　　TCI6:覆盖 TCOND6

TCI7:覆盖 TCOND7　　TCI8:覆盖 TCOND8

TCI9:覆盖 TCOND9　　TCI10:覆盖 TCOND10

TCI11:覆盖 TCOND11　　TCI12:覆盖 TCOND12

TCI13:覆盖 TCOND13　　TCI14:覆盖 TCOND14

TCI15:覆盖 TCOND15　　TCI16:覆盖 TCOND16

TCI17:覆盖 TCOND17　　TCI18:覆盖 TCOND18

TCI19:覆盖 TCOND19　　TCI20:覆盖 TCOND20

TCI21:覆盖 TCOND21　　TCI22:覆盖 TCOND22

TCI23:覆盖 TCOND23

对与有效等价类相关的测试覆盖项,采用最小化方式实现;对与无效等价类相关的测试覆盖项,采用一对一方式实现。假设航班列表仅有两个航班,它们的机票价格分别是 600 元和 800 元。如表 3.2 所示,可由测试覆盖项导出例 3.2 的测试用例。

表 3.2　以票价为条件检索航班的测试用例集

测试用例编号	机票最低价格	机票最高价格	单击按钮	实现的测试覆盖项	预期输出
TC1	1200	1600	开始查询	TCI1 TCI3 TCI5 TCI6 TCI8	没有符合条件的航班
TC2	500	1000	开始查询	TCI1 TCI3 TCI5 TCI6 TCI9	显示两个航班
TC3	500.05	1000.25	开始查询	TCI2 TCI4 TCI5 TCI6 TCI9	显示两个航班
TC4	300	800	终止查询	TCI1 TCI3 TCI5 TCI7 TCI23	关闭对话框
TC5	300	800	关闭按钮	TCI1 TCI3 TCI5 TCI21 TCI23	关闭对话框
TC6	98	1600	开始查询	TCI10 TCI3 TCI5 TCI6 TCI22	重新输入条件
TC7	8020	1600	开始查询	TCI11 TCI3 TCI6 TCI22	重新输入条件
TC8	98.05	1600	开始查询	TCI12 TCI3 TCI5 TCI6 TCI22	重新输入条件

续表

测试用例编号	机票最低价格	机票最高价格	单击按钮	实现的测试覆盖项	预期输出
TC9	8020.05	1600	开始查询	TCI13 TCI3 TCI6 TCI22	重新输入条件
TC10	208.005	1600	开始查询	TCI14 TCI3 TCI5 TCI6 TCI22	重新输入条件
TC11	500	98	开始查询	TCI1 TCI15 TCI6 TCI22	重新输入条件
TC12	500	8098	开始查询	TCI1 TCI5 TCI16 TCI6 TCI22	重新输入条件
TC13	500	98.5	开始查询	TCI1 TCI17 TCI6 TCI22	重新输入条件
TC14	500	8098.5	开始查询	TCI1 TCI5 TCI18 TCI6 TCI22	重新输入条件
TC15	500	908.505	开始查询	TCI1 TCI5 TCI19 TCI6 TCI22	重新输入条件
TC16	500	400	开始查询	TCI1 TCI3 TCI20 TCI6 TCI22	重新输入条件

3.3 边界值分析的应用

【例 3.2】图 3.2 为航班管理模块的“基于座位数目统计航班数”功能的运行效果图。操作者先输入有效的座位数目，统计过程再在航班列表中检索座位数等于或多于此数目的航班。程序先验证操作者输入的是 120～200 之间的整数，如果不符合要求，则提示“座位数无效”。如果航班列表所有航班的座位数小于此数目，则提示“没有符合条件的航班!”。若航班列表存在座位数不少于此数目的航班，软件将输出统计结果，包括航班条数和满足检索条件的全部记录的航班信息。

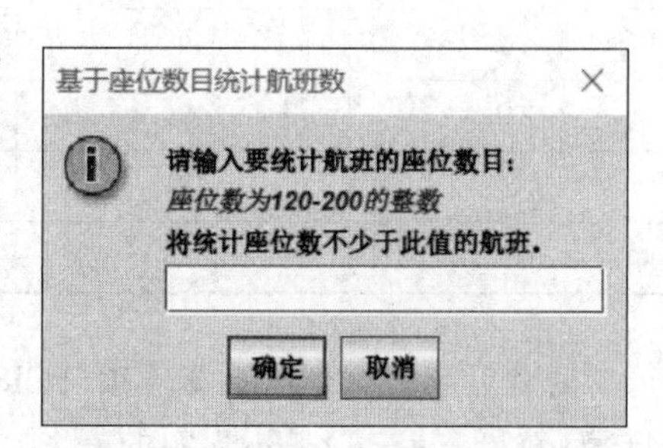

图 3.2 基于座位数目统计航班数

应用边界值分析技术时，找出测试项的边界值就等于导出测试条件。针对该统计功能，它的输入域有两个明显的边界值，即座位数的最小边界值为 120，最大边界值为 200。它的输出域为航班信息，即可能是 0 个航班或多个航班的显示。因为“多个航班”并没有明确指定具体数量，我们可以用一个较大的值(比如 10)指代“多个”，并且把它作为一个特殊的测试条件，在测试条件导出测试覆盖项时，并不导出它的邻居。因此，由“基于座位数目统计航班数”功能能够导出如下的测试条件，其中 TCOND4 是一个特殊的测试条件。

TCOND1:座位数=120　　　　TCOND2:座位数=200

TCOND3:航班数=0　　　　TCOND4:航班数=10

我们依照健壮性边界值技术完成例子的测试,故此导出例3.2的如下测试覆盖项。注意我们没有导出TCOND4航班数10的邻居:9和11。

TCI1:座位数=119　(TCOND1)　　TCI2:座位数=120　(TCOND1)

TCI3:座位数=121　(TCOND1)　　TCI4:座位数=160　(TCOND1,TCOND2)

TCI5:座位数=199　(TCOND2)　　TCI6:座位数=200　(TCOND2)

TCI7:座位数=201　(TCOND2)

TCI8:航班数=-1　(TCOND3)　　TCI9:航班数=0　(TCOND3)

TCI10航班数=1　(TCOND3)　　TCI11:航班数=5　(TCOND3,TCOND4)

TCI12航班数=10　(TCOND4)

假设座位数不少于150的航班数为10,座位数不少于180的航班数为5,座位数不少于190的航班数为1,座位数不少于195的航班数为0。如表3.3所示,总共有11个测试用例来测试例3.2。

表3.3　基于座位数目统计航班数的测试用例集

测试用例编号	座位数	实现的测试覆盖项	预期输出
TC1	119	TCI1	座位数无效
TC2	120	TCI2	(显示统计结果)
TC3	121	TCI3	(显示统计结果)
TC4	160	TCI4	(显示统计结果)
TC5	199	TCI5	(显示统计结果)
TC6	200	TCI6	(显示统计结果)
TC7	201	TCI7	座位数无效
TC8	195	TCI9	没有符合条件的航班!
TC9	190	TCI10	显示1个航班
TC10	180	TCI11	显示5个航班
TC11	150	TCI12	显示10个航班

读者可能留意到测试覆盖项TCI8并没有被测试用例所实现,由于航班数不能为负,因此TCI8(航班数=-1)是不现实的,无须为其设计测试用例。预期输出为"(显示统计结果)"是指符合统计条件的航班数有1个或以上,统计结果包括航班条数和满足检索条件的全部航班信息,程序将统计结果显示到界面。

3.4　错误推测法的应用

【例3.3】航班管理模块使用文件"FlightInfo.txt"存储航班,该文件应与可执行程序置于同一文件夹内。程序运行后,提供一个菜单项"从文件读取航班信息",操作者单击菜单项后,程序会从"FlightInfo.txt"读入航班信息，供程序后续处理。如果打开"FlightInfo.txt"出错，则显示"读不到文件"；如果能打开文件，但是程序读不到航班或者读取过程出现错误，则显示"读文件出错"；如果能正确读取航班信息，将读到的航班显示在界面上。

有经验的测试人员能够基于直觉、历史数据以及专业知识来预测软件中可能存在的缺陷类型。当输入域为默认、空白、空值、无和零值等取值形式时，或者输入域为非法、错误、不正确和垃圾数据时，或者像不熟练的用户那样操作软件时，程序员特别容易忽略这些情况，代码中很可能潜伏了相关的缺陷。因此，针对这些情况设计测试用例来测试程序是非常必要的。如表 3.4 所示，测试人员可设计 7 个测试用例来测试航班文件读取功能。

表 3.4　航班文件读取功能的测试用例集

测试用例编号	航班文件 FlightInfo.txt 的输入	预期输出
TC1	文件中包含 1 条航班记录	显示 1 个航班
TC2	文件中包含 10 条航班记录	显示 10 个航班
TC3	文件不存在	读不到文件
TC4	与可执行程序包不在同一个文件夹	读不到文件
TC5	文件内容为空	显示无航班
TC6	内容并非航班信息，或者格式紊乱	读文件出错
TC7	文件中包含 8 条航班记录，用户 5 次连续单击菜单项"从文件读取航班信息"	显示 8 个航班

表 3.4 的前两个测试用例 TC1 和 TC2 都来源于等价类划分技术，而后 5 个测试用例则基于错误推测法而设计。表中测试用例有"10 个航班""8 个航班"和"5 次连续单击"，这里的具体数量在实际测试时可以是超过 1 的任意有效数量。一般来说，如果这些测试用例都能通过的话，程序的航班文件读取功能就没有问题。

3.5　多种测试技术的结合

等价类划分技术可能过于关注正常的输入输出情况，而忽略了异常和边界情况，而且等价类划分过程可能出现不准确或不完整的情况。边界值分析技术主要关注输入输出数据的边界，可能忽略了非边界值的错误情况，而且复杂系统的全部边界条件的确定非常困难和耗时。错误推测法则依赖于测试人员的经验和直觉，可能不够系统和全面，如果测试员没有足够的经验或对系统理解不足，无法准确推测潜在的缺陷。在应用单个测试技术进行测试的过程中，难免遗漏重要的测试场景。当组合使用这些测试技术时，测试人员能够更全面、高效地发现软件中的潜在问题和缺陷，提高软件的质量和可靠性。

在测试实践过程中，各种基于规格的测试技术和基于经验的测试技术都可以结合使用。这里，我们以等价类划分、边界值分析和错误推测法 3 种技术的结合为例，来讲解具体的测试用例设计实践过程。一般来说，首先应用等价类划分技术，将测试项划分为几个等价类，从每个等价类中选择一个或多个代表性的测试用例。接下来，结合边界值分析，特别关注边界情况。最后，应用错误推测法，根据过去的经验和直觉，推测可能存在的缺陷，并设计额外的测试用例。

【例 3.4】图 3.1 为航班管理模块的"以票价为条件检索航班"功能的运行效果图。例 3.1 描述了该功能的规格说明，并且使用等价类划分技术为检索功能设计了表 3.2 的 16 个测试用例。现在要求结合等价类划分、边界值分析和错误推测法这 3 种技术，来设计测试用例测试该检索功能。

针对两个输入条件，机票最低价格的边界值有 100 和 8000，机票最高价格的边界值同样有 100 和 8000。另外，还有一个隐含的边界，即两个价格的差值为 0。当这两个输入框没有输入任何数据，程序会如何反应，根据过往的测试经验，这种情况必须测试。依据边界值分析和错误推测法，我们设计了如表 3.5 所示的 15 个测试用例，作为表 3.2 的补充，共同测试"以票价为条件检索航班"功能。

表 3.5　以票价为条件检索航班的补充测试用例集

测试用例编号	机票最低价格	机票最高价格	单击按钮	预期输出
B_TC1	99.99	4050	开始查询	重新输入条件
B_TC2	100	4050	开始查询	（显示检索结果）
B_TC3	100.01	4050	开始查询	（显示检索结果）
B_TC4	4000	4050	开始查询	（显示检索结果）
B_TC5	7999.99	8000	开始查询	（显示检索结果）
B_TC6	4050	8000.01	开始查询	重新输入条件
B_TC7	4050	8000	开始查询	（显示检索结果）
B_TC8	4050	7999.99	开始查询	（显示检索结果）
B_TC9	100	100.01	开始查询	（显示检索结果）
B_TC10	4049.99	4050	开始查询	（显示检索结果）
B_TC11	4050	4050	开始查询	重新输入条件
B_TC12	4050	4049.99	开始查询	重新输入条件
C_TC1	（空）	4050	开始查询	重新输入条件
C_TC2	4050	（空）	开始查询	重新输入条件
C_TC3	（空）	（空）	开始查询	重新输入条件

表 3.5 中预期输出"（显示检索结果）"表示根据实际检索结果，要么显示符合条件的航班信息，要么显示"没有符合条件的航班"。测试用例编号从 B_TC1 到 B_TC12 这 12 个测试用例属于边界值分析技术，而测试用例编号从 C_TC1 到 C_TC3 这 3 个测试用例属于错误推测法。某些边界值并没有被测试用例覆盖，例如机票最高价格的边界值 100，应当为其设计测试覆盖项 99.99、100 和 100.01，但是表 3.5 仅有 B_TC9 覆盖"机票最高价格＝100.01"。因为另两个值不现实，当机票最高价格为 99.99 和 100 时，无法让机票最低价格小于机票最高价格，所以这两种情况不用测试。B_TC10、B_TC11 和 B_TC12 分别测试机票最高价格比机票最低价格仅大一点、相等和仅小一点 3 种情况。

3.6 航班增加功能的测试

测试用例是为了考查特定程序功能或验证某个产品特性而设计的执行单元，该单元设置了测试条件、测试数据以及与之相关的操作过程序列。测试用例的设计是测试活动的关键环节，良好的测试用例能够帮助开发团队提高软件质量。在2.2小节“测试用例”已经介绍过，每个测试用例都应明确描述测试步骤、输入数据、预期结果以及测试执行后的实际结果。除上述4个必不可少的元素外，实践过程中测试用例还可以包括以下元素：用例编号、测试项、测试描述、测试项所属模块、优先级、前置条件、编制人、编制时间、开发人员、程序版本、测试人员和测试环境等。如果测试用例由用例设计人员自己来执行，可以写得简单些；如果测试用例由同组内的测试人员交叉执行，测试用例应该多提供一些相关的测试信息；如果由外组人员（交流不多的人员）执行，测试用例要写得详细，特别是针对外包人员，测试用例应该写得特别详细。

【例3.5】软件操作者单击菜单项“增加一个航班”后，进入如图3.3所示的航班管理模块的航班增加界面。操作者录入航班的航班号、航班名称、航空公司名称、出发地、目的地、机票价格、座位数目和是否直达。航班的所有信息都要校验，它们必须遵守录入规则，否则，将无法成功添加航班。被检测为有效航班后，所增加的航班将被添加到航班列表。航班号不允许重复，若待增加航班的航班号已经存在于航班列表，则增加航班记录的操作将失败，提示用户“该航班号已存在”。要求用等价类划分、边界值分析等测试技术测试航班增加功能。

测试用例要求如下元素：用例编号、测试项、测试描述、测试项所属模块、优先级、前置条件、测试步骤、输入数据、预期结果和实际结果。

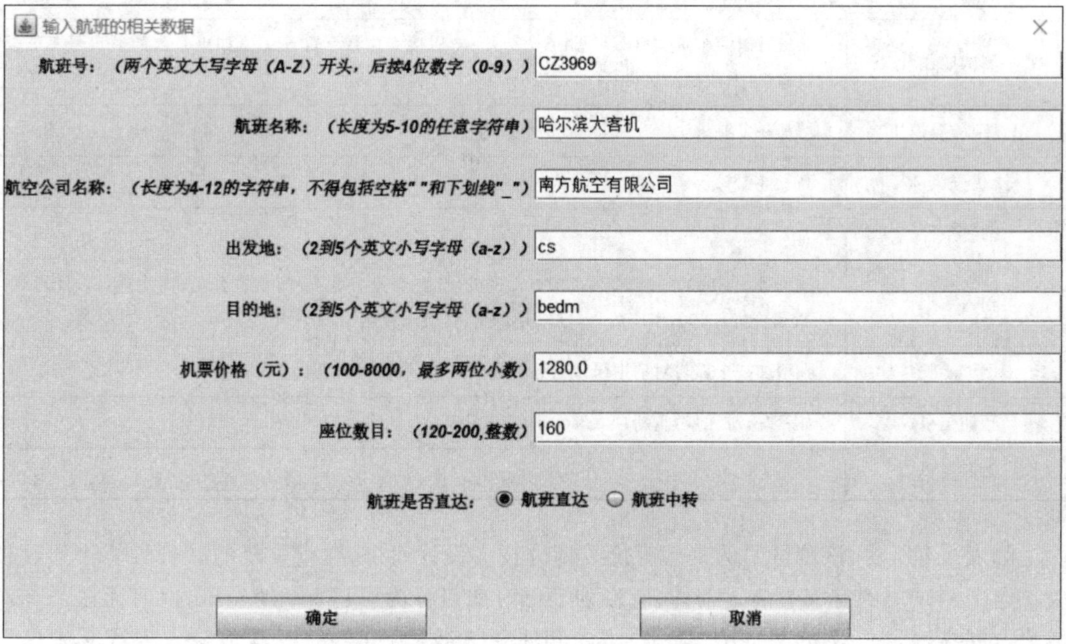

输入航班的相关数据
航班号：（两个英文大写字母（A-Z）开头，后接4位数字（0-9）） CZ3969
航班名称：（长度为5-10的任意字符串） 哈尔滨大客机
航空公司名称：（长度为4-12的字符串，不得包括空格" "和下划线"_"） 南方航空有限公司
出发地：（2到5个英文小写字母（a-z）） cs
目的地：（2到5个英文小写字母（a-z）） bedm
机票价格（元）：（100-8000，最多两位小数） 1280.0
座位数目：（120-200,整数） 160
航班是否直达： ◉ 航班直达 ○ 航班中转
确定 取消

图3.3 增加一个航班

航班增加功能的输入项有 9 个，除航班号、航班名称、航空公司名称、出发地、目的地、机票价格、座位数目和是否直达外，还有确认按钮，它包括 3 个选择："确定""取消"和对话框右上角的关闭按钮。航班增加功能的输出项有 3 个值：①操作者录入任意航班数据，单击"取消"按钮或者关闭按钮，程序除关闭对话框外，不输出任何信息。②操作者录入有效的航班信息后，单击"确定"按钮，程序将该航班添加到航班列表，并显示在界面上。③操作者录入的航班信息任意一项无法通过校验，在单击"确定"按钮后，程序都将显示"航班无效，重新录入"。

针对航班增加功能的输入输出，共有 10 个测试项需要执行等价类划分。针对航班号、航班名称、航空公司名称、出发地、目的地、机票价格和座位数目这 8 项，都可以执行边界值分析，或者关于字符串长度，或者关于数值大小。显然，要完全测试航班增加功能，将需要数 10 个或 3 位数的测试用例。我们只列举几个例子，介绍一下测试用例的设计内容。读者可参考前面的内容，实现例 3.5 的完整测试。

如表 3.6 所示，该测试用例基于等价类划分技术设计而得，检查航班号不以两个英文大写字母开头会否有效。用例编号唯一地标识一个测试用例，可用分级的形式定义编号。以表 3.6 的 TCS-HBGL-AddFlight-001 为例，TCS 是项目名称，HBGL 是子系统名称，AddFlight 是测试项，该测试项有多个测试用例，用数字区分开来。每个开发团队都要开发若干个不同的项目，需要项目编号进行区分。特别要注意的是，表 3.6 的测试项"航班号"内容属于无效等价类，此时其他输入内容必须保证有效，这样才符合无效等价类最小化覆盖原则。

表 3.6　航班增加功能测试用例 a

用例编号	TCS-HBGL-AddFlight-001
测试项	航班号不以两个英文大写字母开头
测试描述	航班号以两个英文大写字母(A～Z)开头，后接 4 位数字(0～9)。如果录入的航班号不能通过校验，将无法添加航班
测试项所属模块	增加一个航班
优先级	高
前置条件	无
输入数据	航班号：ct3969，航班名称：C919 大飞机，航空公司名称：厦门航空公司，出发地：cs，目的地：ls，机票价格：2600，座位数目：160，是否直达：航班直达
测试步骤	在增加一个航班对话框录入上述数据后，单击"确定"按钮
预期结果	显示"航班无效，重新录入"
实际结果	待填

如表 3.7 所示，该测试用例基于等价类划分技术设计而得，检查重复的航班号能否通过校验。这个测试用例有一个前置条件，航班列表已有航班号为 CT3969 的航班，此时无法添加新航班。同样地，表 3.7 的测试项"航班号"内容属于无效等价类，此时其他输入内容必须保证有效。

表 3.7 航班增加功能测试用例 b

用例编号	TCS-HBGL-AddFlight-002
测试项	航班号不能重复
测试描述	航班号不能重复,如果航班列表已存在录入的航班号,则该航班属于无效航班,将无法添加航班
测试项所属模块	增加一个航班
优先级	高
前置条件	航班列表已存在录入的航班号
输入数据	航班号:CT3969,航班名称:C919 大飞机,航空公司名称:厦门航空公司,出发地:cs,目的地:ls,机票价格:2600,座位数目:160,是否直达:航班直达
测试步骤	在增加一个航班对话框录入上述数据后,单击“确定”按钮
预期结果	显示“航班无效,重新录入”
实际结果	待填

如表 3.8 所示,该测试用例检查有效的航班能否成功添加到航班列表。这个测试用例有一个前置条件,航班列表没有航班号为 MU2127 的航班。所有的航班信息能够通过校验,程序能够显示新添加的航班。

表 3.8 航班增加功能测试用例 c

用例编号	TCS-HBGL-AddFlight-003
测试项	成功添加航班
测试描述	航班的所有信息都能够通过校验,它是有效航班,能够添加到航班列表,并在程序界面显示新添加的航班
测试项所属模块	增加一个航班
优先级	高
前置条件	航班列表没有录入的航班号
输入数据	航班号:MU2127,航班名称:C919 大飞机,航空公司名称:厦门航空公司,出发地:cs,目的地:ls,机票价格:2600,座位数目:160,是否直达:航班直达
测试步骤	在增加一个航班对话框录入上述数据后,单击“确定”按钮
预期结果	新航班添加到航班列表,并在界面上显示
实际结果	待填

如表 3.9 所示,该测试用例检查 6 位小写英文字符的目的地能否通过校验。该测试用例可基于等价类划分而得,因为它覆盖了目的地字符数目的无效等价类。该测试用例也可基于边界值分析而得,因为它覆盖了目的地字符数目边界值 5 的邻居。如果不同测试技术导致所设计的测试用例相同,应该合并,减少测试工作量。

表 3.9 航班增加功能测试用例 d

用例编号	TCS-HBGL-AddFlight-004
测试项	目的地超过 5 个字符
测试描述	目的地由 2 到 5 个英文小写字母(a～z)组成。如果录入的目的地不能通过校验,将无法添加航班
测试项所属模块	增加一个航班
优先级	高
前置条件	无
输入数据	航班号:MU2127,航班名称:C919 大飞机,航空公司名称:厦门航空公司,出发地:cs,目的地:zggslz,机票价格:2800,座位数目:200,是否直达:航班中转
测试步骤	在增加一个航班对话框录入上述数据后,单击“确定”按钮
预期结果	显示“航班无效,重新录入”
实际结果	待填

除了航班信息的校验外,确认按钮的测试也是必要的。如表 3.10 所示,该测试用例检查“取消”按钮的作用,它基于等价类划分而得。

表 3.10 航班增加功能测试用例 e

用例编号	TCS-HBGL-AddFlight-005
测试项	对话框“取消”按钮
测试描述	操作者想放弃航班添加操作,可单击对话框的“取消”按钮
测试项所属模块	增加一个航班
优先级	中
前置条件	无
输入数据	航班号、航班名称、航空公司名称、出发地、目的地、机票价格、座位数目和是否直达都用程序的默认值。测试员也可在这些项输入任意数据
测试步骤	进入增加一个航班对话框,单击“取消”按钮
预期结果	关闭对话框,不输出任何信息
实际结果	待填

航班管理黑盒测试版本代码

3.7 作业与思考题

1. 例 3.5 描述了航班管理模块的航班增加功能。基于等价类划分技术,设计测试用例,测试航班号的输入。

2. 例 3.5 描述了航班管理模块的航班增加功能。基于边界值分析技术,设计测试用例,测试航空公司名称的输入。

3. 例 3.5 描述了航班管理模块的航班增加功能。基于等价类划分技术,设计测试用例,测试机票价格的输入。

4. 航班管理模块实现了删除一个航班记录的功能。软件操作者先输入航班号,随后执行航班删除操作,每次只能删除一个航班。删除操作过程中将执行校验动作,所输入的航班号不满足其录入规则的话,将提示"无效的航班号"。如果所输入的航班号有效但是在航班列表不存在,则提示"该航班不存在"。若航班删除成功,航班列表将剔除该航班,航班记录数减 1,航班列表可以是不包含任何航班记录的空表。请设计测试用例,完整地测试删除一个航班的功能。

5. 航班管理模块实现了删除所有航班的功能。该操作将清空软件内的航班列表,但请注意,这并不会自动修改或清除'FlightInfo.txt'文件中的内容。请设计测试用例,完整地测试删除所有航班的功能。

6. 航班管理模块实现了航班记录保存的功能。该功能将程序的航班列表存入文件"FlightInfo.txt",该文件对保存的航班记录数量没有限制。请设计测试用例,完整地测试这个功能。

7. 图 3.4 为航班管理模块的"以航空公司名称为条件检索航班"功能的运行效果图。软件操作者先输入有效的航空公司名称,再执行航班查询操作。软件提供精确匹配、"以……开头"和包含 3 类查询操作。例如,航班列表有 4 个航班,其航空公司名称分别为"南方航空""南方航空公司""南方航空有限公司"和"中国南方航空",而检索的航空公司名称为"南方航空",则"精确匹配"检索仅输出第 1 个航班,而"以……开头"检索输出 3 个航班,"包含"检索会输出全部航班。如果航班列表所有航班都不满足查询要求,则提示"没有符合条件的航班!"。

基于等价类划分技术,设计测试用例,测试该检索功能。

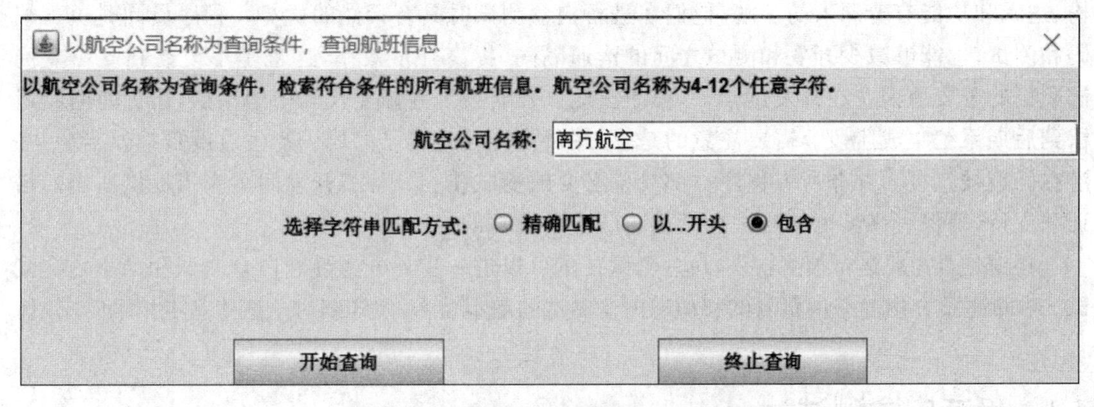

图 3.4　以航空公司名称为条件检索航班

8. 航班管理模块实现了"基于出发地统计航班数"功能。操作者先在如图 3.5 所示的界面输入航班出发地,统计过程中将执行校验动作,所输入的出发地不满足其录入规则的话,将提示"无效的航班出发地"。如果所输入的出发地有效但是在航班列表不存在,则提示"该出发地不存在"。若在航班列表找到符合条件的航班,软件将输出统计结果,包括航班条数和满足检索条件的全部记录的航班信息。

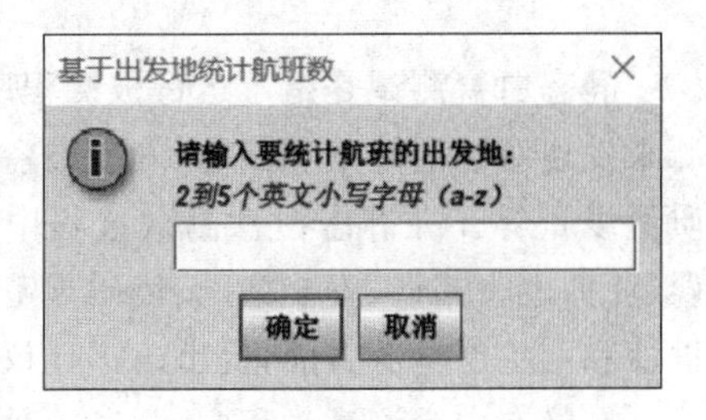

图 3.5　基于出发地统计航班数

基于等价类划分技术,设计测试用例,测试该检索功能。

第4章 白盒测试基本技术

白盒测试也称为基于结构的测试，它依据程序内部的逻辑结构和处理流程进行测试。与黑盒测试不同，白盒测试要求测试人员深入了解被测试软件内部工作原理，测试人员在理解程序的控制流、数据流和代码逻辑后，再设计覆盖程序关键部分的测试用例。这些测试用例基于程序的逻辑路径、条件、循环和内部数据结构来设计，旨在验证程序在各种条件下的行为，包括正常情况和异常情况。

尽管白盒测试是一项至关重要的质量保障活动，大多数组织并不会设立独立的白盒测试职位，而是将这一任务交给程序员来完成。程序员作为软件的直接开发者，对代码的内部结构、逻辑和功能有着深入的了解，他们在进行白盒测试时具有天然的优势。程序员同时负责编码和测试，也能够减少开发和测试之间的沟通隔阂，提高开发效率，这也是不设立独立白盒测试职位的重要原因。在开发过程中，程序员应该及时发现并修复代码中的错误，避免将问题遗留到后期系统集成阶段。需要注意的是，程序员可能会对自己的代码产生过度自信，导致一些潜在问题被忽视。并非所有程序员都具备必要的测试技能，因此，开发团队应当提供适当的培训和支持，确保程序员能够测试自己或团队成员编写的代码。

根据是否需要运行被测软件，白盒测试技术可以进一步划分为静态白盒测试和动态白盒测试。本章主要介绍静态白盒测试和动态白盒测试的基本技术，并详细讨论这些基本技术的应用。

4.1 静态白盒测试

静态白盒测试是指不运行被测程序本身，而是通过审查和分析源代码、设计文档等静态资源来发现潜在的缺陷和问题，静态白盒测试还包括代码规范性检查、软件静态结构分析、代码质量度量等。在静态白盒测试过程中，测试人员检查源代码以发现设计与规范不符、语法错误、业务逻辑错误、安全漏洞、代码规范不一致等问题。测试人员还会关注代码的可读性、可维护性和可扩展性等方面，提出改进建议，帮助开发人员提高代码质量。

在静态白盒测试过程中，测试人员经常使用专门的静态分析工具自动检测代码中的错误和潜在问题。静态分析工具具有成本低、效率高的优点，能够在开发早期发现并修复问题，避免将缺陷遗留到后期。同时，静态分析工具还能够深入了解程序内部结构，为后续的动态测试提供有力支持。

4.1.1 正式评审

除了静态分析工具的利用，人工完成的正式评审就是静态白盒测试的过程。静态白盒测试过程中，常见的正式评审方法有：互为审查、走查和会议审查。

互为审查，又称为同行评审或交叉评审，这种方法通常审查代码而非设计文档。在互为审查中，两位或多位开发人员相互交换自己的代码，进行仔细审查和分析。这种方法充分利用了团队成员之间的专业知识和经验，通过不同的视角来发现潜在的代码问题和缺陷。

走查注重集体讨论和实时反馈，它要求事先建立一个由经验较丰富的开发人员组成的临时小组。在走查过程中，小组成员聚集在一起，由编写代码的程序员或设计软件架构的设计师作为陈述者，展示代码或设计文档的关键部分，并解释设计决策和程序逻辑。走查小组成员则跟随讲解，实时提出问题、疑虑和建议。通过集体讨论，团队成员可以即时交流思想，共同发现问题，并在现场得到解答和反馈。根据走查中收集的反馈，陈述者进行必要的修改。

会议审查是最正式的审查，组织化程度高，它要求事先建立一个正式且成员固定的审查小组。审查小组设立一个评审主持人，其他成员包括资深开发工程师、软件测试负责人、软件架构设计师和项目经理。在会议审查过程中，团队成员聚集在一个会议室或其他指定的场所，共同审查代码、设计文档或其他相关材料。会议审查通常由评审主持人引导，他确保审查过程按照预定的议程和规则进行。在会议开始之前，参与者会收到需要审查的材料，并有时间进行初步的研究和准备。会议期间，参与者会就材料的内容、逻辑、实现细节等方面进行详细的讨论和提问。

正式评审的过程一般包括准备阶段、审查阶段和反馈阶段。在准备阶段，参与者需要熟悉材料，了解相关的背景和要求。在审查阶段，他们会逐行、逐段地检查代码或设计文档，注意逻辑错误、不一致性、性能问题等，并提出自己的疑问和建议。在反馈阶段，审查者会将发现的问题和改进意见反馈给作者，作者则根据反馈进行修改和完善。正式审查能够帮助团队在开发早期发现并修复问题，然而，这也存在一些挑战和局限性。首先，正式审查可能耗费大量的时间和资源，如果审查的材料过多或者审查者的能力不足，可能会影响审查的效果。其次，正式审查可能会引发团队成员间的紧张关系，尤其是在指出错误和问题时，需要妥善处理和协调。最后，正式审查并不能保证发现所有的问题，还需要结合其他测试方法和技术来确保软件的质量。

4.1.2 代码评审

正式评审的重点对象是程序代码和软件设计文档，静态白盒测试的目标就是提高这两者的质量。软件设计文档的审查通常侧重于内容的准确性、完整性和一致性，这些方面很难通过自动化工具来实现。尽管如此，还是不断涌现一些自动化工具辅助人们完成设计文档的评审。例如，Javadoc[①] 可以检测代码注释和文档注释中的问题，MarkdownLint 可以检查 Markdown[②] 文档

① https://docs.oracle.com/javase/8/docs/technotes/tools/windows/javadoc.html

② https://codeanywhere.com/languages/markdown

的格式和风格是否符合预定的标准，Git[①]、SVN[②] 等版本控制软件可以跟踪文档的变更历史以便审查和回溯。近年来，一些基于深度学习算法和大模型的自然语言处理工具不断进化迭代，能够缓解设计文档评审的压力。

相比软件设计评审而言，用于程序代码审查的自动化工具成熟得多，也得到更广泛的运用。这些自动化工具可以显著提高代码审查的效率和质量，特别是在处理大型代码库时。然而，它们也不能完全替代人工审查。自动化工具虽然能够检测出许多技术性的问题，但对代码的逻辑性、可维护性和未来的可扩展性的评估仍然需要人工参与。因此，最佳实践是将自动化工具与人工审查相结合，以充分利用两者的优势。鉴于本书的重点在于软件测试基本技术的实践，我们将主要关注代码审查的部分。

代码评审的主要任务包括：

(1) 代码的符合性。确保代码符合项目的编码标准和风格指南；检查是否遵循了命名约定、格式化规则和组织的最佳实践。特别是违背编程风格的问题，包括注释规范、缩进和排版规范、命名和类型审查、变量检查和程序语法检查等内容。

(2) 代码的可读性和可维护性。代码应该清晰易懂，逻辑结构明确；关注注释的质量，它们应该能够清楚地解释代码的目的和功能。

(3) 代码的正确性和功能性。检查代码逻辑是否准确，是否能正确实现预期的功能；确认没有逻辑错误、计算错误或潜在的运行时错误。

(4) 性能考量。识别可能的性能瓶颈，如不必要的数据库访问、低效的循环或算法；确保代码高效运行，没有资源泄露。

(5) 安全性。检查代码中是否存在安全漏洞，如 SQL 注入、缓冲区溢出或信息泄露；确保遵循了安全编码的最佳实践。

(6) 重用和重构。避免重复的代码，推广代码重用；如果代码过于复杂或混乱，建议进行重构。

我们将从 4 个方面介绍代码审查，先介绍 Java 程序的编码规范，接着介绍代码规范的审查要点，再介绍代码坏味的检查，用以揭示较深层次的代码结构问题，最后用检查表的形式介绍代码审查的技术手段。

4.1.3 编码规范

静态白盒测试除了检查代码的缺陷外，还要审查代码的规范性。编码规范对于程序员而言尤为重要，有以下几个原因：

(1) 一个软件的生命周期中，80％的花费在于维护。

(2) 几乎没有任何一个软件，在其整个生命周期中，均由最初的开发人员来维护。

(3) 编码规范可以改善软件的可读性，规范的代码避免了困惑和歧义，使代码更容易阅读、理解和维护。

(4) 如果你将源码作为产品发布，就需要确认它是否被很好地打包并且清晰无误，一如你已构建的其他任何产品。

(5) 代码规范不仅使得开发统一，降低审查工作量，并且让代码审查有据可查，大大提高审查效率和效果。

---

① https://git-scm.com/

② https://subversion.apache.org/

每个程序员都应该遵守编码规范，特别是在一个开发团队中，除了遵守编码规范外，软件开发人员还应保持代码的一致性。

每种编程语言都有自己的编码规范，我们就以 Java 为例，从 Oracle 于 1999 年发布的“Java 编程语言代码规范”摘引了部分内容。

1. 文件组织

一个文件由被空行分割而成的段落以及标识每个段落的可选注释共同组成。超过 2000 行的程序难以阅读，应该尽量避免。

每个 Java 源文件都包含一个单一的公共类或接口。若私有类和接口与一个公共类相关联，可以将它们和公共类放入同一个源文件。公共类必须是这个文件中的第一个类或接口。

Java 源文件还遵循以下规则：

(1) 开头注释。所有的源文件都应该在开头有一个 C 语言风格的注释，其中列出类名、版本信息、日期和版权声明。

(2) 包和引入语句。在多数 Java 源文件中，第一个非注释行是包语句。在它之后可以跟引入语句，如下所示。

```
package java.awt;

import java.awt.peer.CanvasPeer;
```

(3) 类和接口声明。表 4.1 描述了类和接口声明的各个部分，以及它们出现的先后次序。

表 4.1　类和接口声明的各个部分及先后次序

出现次序	类/接口声明的各部分	注释
1	类/接口文档的注释 (/** …… */)	该注释中所需包含的信息
2	类或接口的声明	
3	类/接口实现的注释(/* …… */)，如果有必要的话	该注释应包含任何有关整个类或接口的信息，而这些信息又不适合作为类/接口文档注释
4	类的(静态)变量	首先是类的公共变量，随后是保护变量，再后是包一级别的变量(没有访问修饰符)，最后是私有变量
5	实例变量	首先是公共级别的，随后是保护级别的，再后是包一级别的(没有访问修饰符)，最后是私有级别的
6	构造器	
7	方法	这些方法应该按功能，而非作用域或访问权限分组。例如，一个私有的类方法可以置于两个公有的实例方法之间。其目的是为了更便于阅读和理解代码

2. 缩进排版

4 个空格常被作为缩进排版的一个单位。缩进的确切解释并未详细指定(空格或者制表符)。后续内容都将一个制表符等同于 8 个空格，而非 4 个。不过，目前流行的编辑器普遍选用 4 个空格作为制表符单位。

(1) 行长度

尽量避免一行的长度超过80个字符,因为很多终端和工具不能很好地处理。注意:用于文档中的例子应该使用更短的行长,长度一般不超过70个字符。

(2) 换行

当一个表达式无法容纳于一行内时,可以依据如下一般规则断开:

- 在一个逗号后面断开。
- 在一个操作符前面断开。
- 宁可选择较高级别的断开,而非较低级别的断开。
- 新的一行应该与上一行同一级别表达式的开头处对齐。
- 如果以上规则导致你的代码混乱或者使你的代码都堆挤在右边,那就代之以缩进8个空格。

以下是方法调用中表达式断开的两个例子,要求新的一行与上一行同一级别表达式的开头对齐。第一个方法调用的longExpression4与longExpression1对齐;第二个方法调用的someMethod2与longExpression1对齐,longExpression3与longExpression2对齐。

```
someMethod(longExpression1, longExpression2, longExpression3,
        longExpression4, longExpression5);

var = someMethod1(longExpression1,
                someMethod2(longExpression2,
                        longExpression3));
```

以下是两个断开算术表达式的例子。前者更好,因为断开处位于括号表达式的外边,这是个较高级别的断开。亦即,第一个表达式的加号与longName2对齐。后者是应该避免的方式,新的一行虽然与上一行同一级别表达式的开头对齐,但是断开位置(减号)的选择有问题,导致了较低级别的断开。

```
longName1 = longName2 * (longName3 + longName4 - longName5)
         + 4 * longname6; //更好的方式

longName1 = longName2 * (longName3 + longName4
                    - longName5) + 4 * longname6; //应避免的方式
```

以下是两个缩进方法声明的例子。前者是常规情形。后者若使用常规的缩进方式将会使第二行和第三行移得很靠右,所以代之以缩进8个空格。

```
//常规缩进形式
someMethod(int anArg, Object anotherArg, String yetAnotherArg,
        Object andStillAnother) {
    ...
}

//缩进8个空格以避免过长的缩进
```

```
private static synchronized horkingLongMethodName(int anArg,
        Object anotherArg, String yetAnotherArg,
        Object andStillAnother) {
    ...
}
```

if 语句的换行通常使用 8 个空格的规则,因为常规缩进(4 个空格)会使语句体看起来比较费劲。

这里有 3 种可行的方法用于处理三元运算表达式:

```
alpha = ( aLongBooleanExpression) ? beta : gamma;

alpha = (aLongBooleanExpression) ? beta
                                 : gamma;

alpha = (aLongBooleanExpression)
        ? beta
        : gamma;
```

3. 注释

Java 程序有两类注释:实现型注释和文档型注释。实现型注释是那些在 C++中见过的,使用/*……*/和//界定的注释。文档型注释是 Java 独有的,并由/**……*/界定。文档型注释能够通过 javadoc 工具转换成 HTML 文件。实现型注释用以注释代码或者实现细节。文档型注释从更高层次或更抽象的角度描述代码的规范,它可以被那些手头没有源码的开发人员读懂,也更容易被自动化代码分析工具读懂。

注释应被用来给出代码的总括,并提供代码本身未包含的附加信息。注释应该仅包含与阅读和理解程序有关的信息,例如,关于包如何建立或位于哪个目录的信息不应包含在注释中。在注释里,可以对设计决策中重要或不明显的地方进行说明,但应避免提供代码中已清晰表达出来的重复信息。多余的注释很容易过时。应避免那些代码更新就可能过时的注释。

注意:频繁的注释有时反映出代码的低质量。当你觉得被迫要加注释的时候,考虑一下重写代码使其更清晰。

注释不应写在用星号或其他字符划出来的大框里。注释不应包括诸如制表符和回退符之类的特殊字符。

程序可以有 4 种实现型注释的风格:块、单行、尾端和行末。

(1) 块注释。块注释用于描述文件、方法、数据结构和算法。块注释被置于每个文件的开始处以及每个方法之前。它们也可以被用于其他地方,比如方法内部。在功能和方法内部的块注释应该和它们所描述的代码具有一样的缩进格式。块注释之首应该有一个空行,用于把块注释和代码分割开来。

(2) 单行注释。短注释可以显示在一行内,并与其后的代码具有一样的缩进层级。如果一个注释不能在一行内写完,就该采用块注释。单行注释之前应该有一个空行。

(3) 尾端注释。极短的注释可以与它们所要描述的代码位于同一行,但是应该有足够的空白来分开代码和注释。如果大段代码中有多个短注释,它们应具有一致的缩进。

(4) 行末注释。注释界定符“//”,可以注释掉整行或者一行中的一部分。它还可以用来注释掉连续多行的代码段,尽管通常不用它来注释连续多行的文本。以下是所有 3 种风格的例子：

```
if (foo > 1) {

    //Do a double - flip.
    …
}
else {
    return false;              //Explain why here.
}

//if (bar > 1){
//
////Do a triple - flip.
// …
//}
//else {
//return false;
//}
```

文档型注释描述 Java 的类、接口、构造器、方法和字段。每个文档型注释都应该置于界定符/ ** …… * /内,每个注释对应一个类、接口或成员。该注释应位于声明之前,例如：

```
/ **
  * The Example class provides …
  * /
public class Example { …
```

顶层的类和接口是不缩进的,而其成员是缩进的。描述类和接口的文档型注释的第一行(/ **)不需要缩进;随后的文档型注释每行都缩进 1 格(使星号纵向对齐)。若你想给出有关类、接口、变量或方法的信息,而这些信息又不适合写在文档中,则可使用实现块注释或紧跟在声明后面的单行注释。

文档型注释不能放在一个方法或构造器的定义块中,因为 Java 会将位于文档型注释之后的第一个声明与其相关联。

4. 声明

(1) 每行声明变量的数量。

推荐一行一个声明,因为这样以便写注释。也就是说：

```
int level;   //indentation level
int size;    //size of table
```

要优于：

```
int level, size;
```

不要将不同类型变量的声明放在同一行，例如：

```
int foo,  fooarray[]; //最好不要这么做。
```

(2) 初始化。

尽量在声明局部变量的同时初始化，除非变量的初始值依赖于之前的计算。

(3) 布局。

只在代码块的开始处声明变量(一个代码块是指任何被包含在大括号"{"和"}"中间的代码)，不要在首次用到该变量时才声明。这可能会让注意力不集中的程序员感到困惑，同时会妨碍代码在该作用域内的可移植性。

```
void myMethod() {
    int int1 = 0;          //方法块的开始位置

    if (condition) {
        int int2 = 0;      //"if"块的开始位置
        …
    }
}
```

上述规则的一个例外是for循环的索引变量，例如：

```
for (int i = 0; i < maxLoops; i++) { … }
```

避免声明的局部变量覆盖上一级声明的变量。例如，不要在内部代码块中声明相同的变量名：

```
int count;
…
myMethod() {
    if (condition) {
        int count = 0;      //避免这种做法，覆盖了第一行的count!
        …
    }
    …
}
```

(4) 类和接口的声明。

当编写类和接口时，应该遵守以下格式规则：方法名与其参数列表的左括号"("间不要有空格；左大括号"{"位于声明语句同行的末尾；右大括号"}"另起一行，与相应的声明语句对齐，除非是一个空语句，"}"应紧跟在"{"之后；方法与方法之间以空行分隔。

5. 命名规范

命名规范使程序更易读，从而更易于理解。不论它是一个常量或者包，还是类，它们都可以提供一些有关标识符功能的信息，有助于理解代码。表4.2是Java编程语言被推荐的命名规范。

表 4.2 Java 命名规范

标识符类型	命名规则及例子
包	一个唯一包名的前缀总是全部小写的 ASCII 字母并且是一个顶级域名，通常是 com、edu、gov、mil、net、org，或 ISO 3166 标准所指定的标识国家的英文双字符代码。包名的后续部分根据不同机构各自内部的命名规范而不尽相同。这类命名规范可能以特定目录名的组成来区分部门、项目、机器或注册名。例如：com.sun.eng、com.apple.quicktime.v2、edu.cmu.cs.bovik.cheese
类	类名是一个名词，采用大小写混合的方式，每个单词的首字母大写。尽量使类名简洁而富于描述。使用完整单词，避免缩写词(除非该缩写词被广泛接受和使用)。例如：class Raster；class ImageSprite；
接口	大小写规则与类名相似。例如：interface RasterDelegate； interface Storing；
方法	方法名采用动词形式，大小写混合，第一个单词的首字母小写，其后单词的首字母大写。例如：run()；runFast()； getBackground()；
变量	所有实例，包括类和类常量，均采用大小写混合的方式，第一个单词的首字母小写，其后单词的首字母大写。变量名不应以下画线或美元符号开头，尽管这在语法上是允许的。 变量名应简短且富于描述。变量名的选用应该易于记忆，即，能够指出其用途。尽量避免单个字符的变量名，除非是一次性的临时变量。临时变量通常被命名为 i、j、k、m 和 n，它们一般用于整型，c、d 和 e 一般用于字符型。 例如：char c； int i； float myWidth；
常量	类常量和 ANSI 常量应该全部大写，单词间用下划线隔开，尽量避免 ANSI 常量，因为容易引起错误。 例如：static final int MIN_WIDTH = 4； static final int MAX_WIDTH = 999； static final int GET_THE_CPU = 1；

6. 编程实践

在编程实践过程中，应遵守以下规范。

(1) 若没有足够理由，不要把实例或类变量声明为公有。通常，实例变量无须显式地设置和获取。

(2) 应避免通过对象来访问类的静态变量和方法，而应直接使用类名来访问。

(3) 位于 for 循环中作为计数器值的数字常量，除了-1、0 和 1 之外，不应被直接写入代码。

(4) 不应在一个语句中给多个变量赋相同的值，因为这会使代码难以读懂。应避免将赋值运算符用在容易与相等关系运算符混淆的地方。不应使用内嵌赋值运算符试图提高运行时的效率，因为编译器会自动优化。

(5) 一般而言，在含有多种运算符的表达式中使用圆括号来避免运算符优先级问题，是个好方法。即使运算符的优先级对你而言可能很清楚，但对其他人未必如此。你不能假设别的程序员和你一样清楚运算符的优先级。

(6) 使用返回值时，设法让你的程序结构符合目的。

(7) 如果一个包含二元运算符的表达式出现在三元运算符?:之前，那么应该给表达式添上一对圆括号。例如：

```
(x >= 0) ? x : -x;
```

4.1.4 代码审查要点

代码审查要点包括：数据声明与初始化中的常见问题，数据引用中的常见问题，计算错误，比较错误，控制流程错误，函数的参数错误，输入输出错误，错误处理与异常管理，依赖与第三方库问题，等等。我们以Java代码为例，介绍这些审查要点。

1. 数据声明与初始化中的常见问题

(1) Java局部变量必须在使用前初始化。如果未初始化就使用，会导致编译错误。

(2) Java类成员变量(字段)即使没有显式初始化，也会有一个默认值。例如，数值类型的默认值是0或0.0，布尔类型是false，对象引用是null。依赖于这些默认值可能会导致逻辑错误，尤其是在业务逻辑中对其含义有特定预期时。

(3) 尝试用不兼容的类型初始化变量会导致编译错误。

(4) 尝试在未实例化的对象上调用方法会导致空指针异常。

(5) 对于数组，既可以在声明时指定数组的大小，也可以直接初始化。错误的数组声明或访问可能导致数组越界异常。

(6) 滥用静态变量可能导致共享状态问题，特别是在多线程环境中。

(7) 声明变量时，应尽可能限制其作用域。过大的作用域可能导致变量在不适当的上下文中被访问或修改，增加程序出错的可能性。

(8) 在循环体内声明变量时，每次循环都会对该变量重新进行初始化，这可能导致不必要的开销或逻辑错误。通常应该将变量声明在循环体外部。

(9) 如果在内部作用域(如方法内部或循环内部)声明了一个与外部作用域同名的变量，内部变量将覆盖外部变量。这可能导致混淆和不期望的行为。

```
public class Example {
    int x = 10;
    public void myMethod() {
        int x = 5;                    //这里的x覆盖了外部的x
        System.out.println(x);        //输出5,而不是外部的10
    }
}
```

(10) 在类的构造函数中，如果初始化顺序不当，可能会导致某个变量在另一个变量之前被初始化，而后者可能是前者的依赖项。这可能导致空指针或其他运行时异常。

(11) 当类的成员变量(或字段)和方法的局部变量名称相同时，方法的局部变量会覆盖类的成员变量。这可能导致在方法内部无法访问预期的类变量。

(12) 在初始化过程中，如果存在循环依赖(即对象A的初始化依赖于对象B，而对象B的初始化又依赖于对象A)，那么会导致初始化无法完成，从而引发异常或错误。

(13) 在多线程环境中，如果多个线程同时访问和初始化共享数据，而没有采取适当的同步措施，那么可能会导致数据竞争和初始化错误。

2. 数据引用中的常见问题

(1) 尝试修改Java中的不可变对象(如String)会导致意外行为，因为不可变对象一旦创建就不能更改。

(2) 在 Java 中虽然不像 C/C++那样直接处理指针，但错误的引用管理仍然会导致类似野指针的问题，如对象已被回收但引用仍被错误地使用。

(3) 在使用 Java 集合时，不正确的泛型使用可能导致运行时异常。

(4) Java 代码在复制对象时，需要注意深拷贝和浅拷贝的区别。对象赋值实际上是引用赋值，而不是创建新的对象副本。如果需要进行对象的深拷贝，必须显式地实现这一功能，否则修改一个对象可能会影响所有引用该对象的变量。

```
MyObject original = new MyObject();
MyObject shallowCopy = original;            //浅拷贝，两者引用同一对象
//假设类 MyObject 实现了深拷贝的构造函数
MyObject deepCopy = new MyObject(original);//深拷贝，内容相同，但是独立的对象
```

(5) Java 的自动装箱和拆箱功能允许在基本数据类型和它们的包装类之间自动转换。然而，在比较和使用包装类对象时，可能会遇到意想不到的空指针异常。

(6) 如果静态变量引用了大量的资源或对象，并且这些对象不再需要，但由于静态变量的生命周期与类相同，它们不会被垃圾收集器回收，从而导致类泄露。

3. 计算错误

(1) Java 中的整数除法会丢弃小数部分，如果没有正确处理，可能会导致逻辑错误。

(2) 浮点数(如 float 和 double)在 Java 中可能无法精确表示某些值，使用时可能导致意外的计算结果。

(3) 数值计算中可能出现溢出(超出变量可表示的最大值)或下溢(低于可表示的最小值)。

```
int maxValue = Integer.MAX_VALUE;
int result = maxValue + 1;                  //结果会溢出，变为负数
```

(4) 在复杂的算术或逻辑表达式中，如果没有正确使用括号来控制运算顺序，可能会导致计算错误。

(5) 在不同数值类型之间转换时，如果没有正确处理，可能会导致信息丢失或错误的结果。

(6) 错误的递归逻辑可能导致栈溢出或错误的计算结果。

4. 比较错误

(1) 在 Java 中，使用==运算符比较对象时，实际上是比较两个对象的引用是否相同，而不是比较它们的内容。当比较字符串的内容时，应该使用 equals()方法而不是==。

(2) 浮点数比较的精度问题。由于浮点数的表示方式，直接比较两个浮点数可能不会得到预期的结果。

(3) 处理特殊的浮点值(如 NaN，表示某些未定义或无法表示的浮点运算结果)时，需要特别注意，因为 NaN 与任何值(包括其自身)的比较都是不相等的。

(4) 在比较集合对象(如 List，Set 等)时，应注意是否需要比较集合的结构或内容。

(5) 虽然对于枚举类型，使用==和 equals 比较都是可行的，但推荐使用==，因为枚举保证每个类型的每个值都是单例。

(6) 自动装箱和拆箱可能导致意外的比较结果。

```
Integer a = 100;
Integer b = 100;
boolean isEqual = (a == b);
```

```
//isEqual 的结果为 true,因为 Integer 值在 -128 到 127 之间时会被缓存

Integer c = 200;
Integer d = 200;
isEqual = (c == d); //结果为 false,因为超出了缓存范围
```

(7) 当自定义类需要判断对象的内容是否相等时,必须重写 equals()方法。如果未重写或重写不正确,比较操作可能会产生错误的结果。

(8) 当需要对自定义类的对象进行排序或比较时,应该实现 Comparable 接口。如果未实现该接口,则无法使用 Collections.sort()等方法对对象列表进行排序。

(9) 在编写比较逻辑时,可能会不小心使用=(赋值运算符)代替==(比较运算符),导致编译错误或逻辑错误。

(10) 当实现 Comparable 接口的 compareTo()方法时,必须确保所有可能的返回值都得到了正确处理。compareTo()方法应该返回负数、零或正数,分别表示当前对象小于、等于或大于另一个对象。

5. 控制流程错误

(1) 错误的条件判断。使用赋值运算符=代替比较运算符==。逻辑运算符使用不当,如混淆 &&(逻辑与)和||(逻辑或)。忘记否定条件时使用! 运算符。未正确处理布尔值的真假,例如将非零整数误认为是 true。

(2) 死循环。循环条件设置不当,导致循环永远不会结束。在循环体内没有改变影响循环条件的变量。

(3) 递归函数没有正确的退出条件或递归深度过大,导致栈溢出。

(4) 错误的循环迭代。在 for 循环中,更新迭代器的语句写错或位置不当。在遍历集合时,错误地修改了集合的结构(如在迭代过程中删除元素)。

(5) 异常处理不当。捕获了异常但没有处理或记录,导致问题难以调试。捕获了异常但处理方式不正确,如吞掉了异常信息或给出了误导性的错误信息。捕获了太广泛的异常类型,没有针对特定异常进行处理。在 finally 块中抛出了新的异常,覆盖了原始异常。

(6) 错误的分支选择:switch 语句中缺少 break,导致多个分支连续执行。switch 语句中使用了不支持的数据类型。

```
switch (variable) {
    case 1:
        //操作 1
        //break;   //故意注释掉 break 以展示错误
    case 2:
        //操作 2
        break;
}
```

(7) 使用了过于复杂或不必要的控制流程结构,导致代码难以理解和维护。未能合理利用控制流程结构来简化代码,如使用 continue 跳过不必要的循环迭代。

(8) 未考虑边界情况。在处理数组、集合或字符串时,未检查索引是否越界。在进行条件判断时,未考虑所有可能的边界值。

6. 函数的参数错误

(1) 调用函数时传递的参数类型与函数声明中期望的参数类型不一致。在重载方法或实现接口时,参数类型的不一致可能导致混淆和错误。

```
public interface Shape {
    void draw(int x, int y);
}

public class Circle implements Shape {
    public void draw(double x, double y) {
        //参数类型与接口不一致
    }
}
```

(2) 调用函数时传递的参数数量与函数声明中定义的参数数量不一致。

(3) 将 null 作为参数传递给一个不期望或不能处理空指针的函数。

(4) 传递给函数的参数超出了函数能够处理的有效范围。没有对参数进行充分的边界检查或有效性验证,导致函数在接收到无效参数时产生错误结果或抛出异常。

(5) 函数内部修改了传入的参数对象,影响了调用者的数据状态。

(6) 在调用函数时,将参数的顺序颠倒或混淆。

(7) 函数设计时未考虑到某些参数可能为 null 的合法情况,导致在接收到 null 参数时抛出不必要的异常或产生错误结果。

(8) 函数参数的命名不清晰,无法准确反映参数的用途或含义。这可能导致调用者传递错误的参数或在阅读代码时产生误解。

(9) 在同一个类中定义了多个重载函数,它们的参数列表在类型或数量上非常相似,导致在调用时产生歧义。编译器可能无法准确判断应该调用哪个函数,从而导致编译错误或调用错误的函数。

(10) 函数参数过多会使函数调用复杂且难以理解,增加出错概率。

7. 输入输出错误

(1) Java 的 I/O 操作可能抛出异常。未正确处理这些异常可能导致程序崩溃或产生不可预期的行为。

(2) 直接使用未经检查的用户输入可能导致安全漏洞(如 SQL 注入、跨站脚本攻击)或程序错误。

(3) 错误的文件路径或 URL 可能导致文件未发现异常或无法访问的资源。

(4) 处理文本文件时,错误的字符编码或解码可能导致乱码或数据损坏。

```
FileOutputStream outputStream = new FileOutputStream("file.txt");
outputStream.write("示例文本".getBytes(StandardCharsets.UTF_8));
//如果读取时使用错误的字符集,可能导致乱码
```

(5) 在解析数据(如 JSON、XML)时,错误的格式可能导致解析异常。

（6）在进行网络通信或文件操作时，未正确管理缓冲区大小可能导致缓冲区溢出或性能问题。

（7）在进行读写操作时，如果使用的是阻塞I/O，而操作不能立即完成（例如，等待网络响应或磁盘操作），则线程可能会被阻塞。在高并发场景下，这可能导致线程池耗尽或性能下降。

（8）在尝试访问文件时，可能会遇到文件被其他进程锁定或当前用户没有足够的权限访问该文件的情况。

8. 其他问题

（1）捕获过于泛化的异常可能隐藏重要的错误信息，使得真正的问题难以诊断。

（2）在使用完资源（如数据库连接、文件流等）后，未能正确关闭或释放资源。

（3）在构造函数中抛出异常可能导致部分初始化的对象，这可能会导致更复杂的状态管理问题。

```
public MyClass() throws IOException {
    //如果抛出异常，对象可能处于部分初始化的状态
}
```

（4）当项目中包含多个版本的同一个库，或不同的库依赖于不同版本的同一个库时，可能会发生依赖冲突。

（5）第三方库可能包含安全漏洞，如果不及时更新，可能会使应用程序面临风险。

（6）是否考虑了软件和硬件的兼容性。

4.1.5　检查坏味的代码

代码坏味是指由于设计缺陷或坏的编码习惯而引入程序的、影响软件结构的程序代码。这里总结了一些常见的软件问题模式，指出了代码中存在的潜在问题。通过审查代码坏味，能够发现和定位软件中存在的问题。典型的代码坏味有：

（1）不合适的命名

程序员在编程中图省事，不经推敲，简单地命名软件中的元素（包括文件名、类名、方法名、变量名等），造成软件代码的可阅读性和可理解性差。随着时间的推移，当程序员重新审视自己的软件时，根本想不起写代码时的思路。尤其当软件缺少必要的说明，维护人员面对一系列简单字符表示的名称，无从考证编程者的思路，很难对软件进行修改和维护。这种情况下，应该选择能够表达元素实际意义的名称进行命名，使得能够见名知意，增强软件的可阅读性和可理解性。

（2）重复代码

程序员往往独立开发系统的不同部分，难免会出现一些相同或者相似的代码。更为常见的是，程序员在编写新的代码时发现，之前有相同或相似的代码可以直接使用，就进行复制和粘贴。重复代码使得软件更为复杂。当软件出现问题，或者功能需要调整时，必须对多处相同或相似的代码一并进行修改，容易遗漏或造成冲突。所以，应该对重复的部分进行合并，置于单独的类或方法中，使软件更为精简。

（3）switch语句

在软件中，经常会遇到使用switch语句的情况。并非所有switch语句都是代码坏味，这里特指那些以类型码作为匹配条件进行选择的switch语句。并且，同样的switch语句会多次

出现在不同的方法或类中。当需要增加新的或者修改 case 分支内语句时，就必须找到所有相同的 switch 语句进行修改。随着开发规模的扩大，软件内部多处会出现重复的代码，造成系统冗余。switch 语句可以使用多态来处理。找到与类型码有关的方法或者类，抽取相关代码到适当的类中，用子类或者状态/策略替换类型码，建立继承体系，将条件式替换为多态。

（4）特征依恋

在软件中，某个类的方法必须通过调用其他类中大量的数据才能完成其自身的工作。也就是说，该方法对其他类中数据的依赖远远超过其宿主类中的数据，这导致类之间的耦合度过高，增加了软件维护的难度。此类代码坏味应该通过抽取方法分离出位置不当的部分，使用移动方法和移动成员变量将软件元素置于适当的类中加以处理。

（5）平行继承体系

在为一个类添加子类的同时，需要给另一个与其平行的类添加子类。经过多次添加之后，系统会变得复杂并难以修改。这样，在对一个类进行修改的同时必须修改与其平行的类，增加了系统的复杂性，使得系统难以维护。平行继承体系是霰弹式修改的一种特殊情况，其继承体系以一种并行的方式发展。应该使用移动方法和移动成员变量来重新分配特性，消除这种平行的继承结构。

（6）霰弹式修改

在软件中，多个类之间耦合度过高。当外界发生变化时，需要同时修改软件中的多个类。此时，因为需要修改的代码过于分散，难以找出要修改的部分，导致遗漏某处重要修改，给软件留下隐患。处理的方法是利用现有类或者创造新类，通过移动方法和移动成员变量，将需要同时发生变化的代码抽取到同一个类中来处理。

（7）发散式变化

在开发过程中，程序员往往无意识地使类承担过多的责任。当出现不同决策时，都要对同一个类进行修改以适应条件的变化，增加了类的不稳定性。即，每一次外界变化都要对类修改，并且每次修改都需要对整个类进行重新测试，以保证修改不会影响到类的其他部分。这增加了不必要的工作量，尤其当多种条件需要同时实现时，会导致类内部出现逻辑上冲突。处理此类代码坏味，应将针对某特定变化的所有相应修改都抽取出来放在单独类中，保证每次变化需要修改的部分都在单一的类中，并且这个类内所有的方法都与这个变化相关。

（8）长方法

软件中往往存在一个方法中有大量代码行的情况。在代码编写过程中，程序员会无意识地在方法中写入更多的代码。这增加了方法理解和修改的难度，同时也不利于重用。所以，应该通过抽取方法将原方法分解为更小的部分，并恰当地命名，使得通过名称就能理解方法实现的功能，以减少代码重复，使系统更易于理解、扩展和复用。

（9）大类

和长方法类似，在软件设计时，赋予一个类太多的职责，在类的内部设置了过多的成员变量或方法，增加了类的理解难度。并且，如果类中存在重复代码或者死代码，这些重复或无效的代码段也不容易被察觉。处理方法是，通过对类中的成员变量进行分类和抽取，提取到新类中，或者作为该类的子类，对类进行精简。

（10）长参数列表

在软件设计过程中，程序员往往为了减少软件模块之间的耦合关系，或者为了使模块功能更加通用化，而使用多个参数来对方法传递所需的内容。本身使用多个参数并非不可以，但是带来的主要问题是,使用这些方法需要多个输入项,众多的参数不容易记忆和区分,增加了方法的使用难度。此类代码坏味应该通过以下方法处理:如果参数可以从对象中直接获取,则考虑使用方法替换参数传递的方式;如果参数可以进行分类整理,则考虑创建一个参数对象来简化处理过程。

4.1.6 代码检查表

检查表(审查清单)是一种常用的质量保证手段。人们借助检查表以确认被检查对象的所有质量特征均得到满足。检查表归纳了所有检查要点,比起冗长的文档,使用检查表具有更高的工作效率。在正规技术评审中,检查表用来帮助评审员找出被审对象中可能的缺陷,评审过程由检查表驱动。因此,检查表是举行正规技术评审的必要工具。一份精心设计的检查表,对于提高评审效率、改进评审质量具有重要意义。

Java 语言代码检查表的设计步骤:

(1) 根据以往积累的经验收集 Java 程序的常见缺陷,或者从现有检查表中选择合适的作为基础。

(2) 按缺陷的类型和子类型进行组织,并为每一个缺陷类型指定一个标识码。标识码将在评审中被用来分类缺陷类型。

(3) 以简单问句的形式表达每一种缺陷。所谓简单问句,其答句为“是”“否”或者“不确定”。答句为“是”表示存在此缺陷;答句为“否”表示未发现此缺陷。

(4) 按照各种缺陷对软件影响的严重性和(或)发生的可能性从大至小排列缺陷类型和子类型。各种缺陷发生的可能性可以基于以往的软件问题报告和个人经验。

(5) 根据当前软件项目的质量要求和其他特性,对检查表中的问题作必要的增、删、修改和前后次序调整。

在检查表中,应排除文档编辑软件能够识别的拼写错误和编程语言编译器能够识别的语法错误。这类检查应由作者在提交被审对象前完成。正规技术评审的主持人负责检查被审文档是否经过文档编辑软件的拼写检查、被审程序代码是否通过编译。仔细权衡检查表的长度与评审成本的关系。一般而言,检查表中列出的问题越多,从被审对象中找出问题的数量会越多,但总的评审花费也会越高。

表 4.3 就是一份 Java 程序代码规范及编程问题的检查表编写示例。

表 4.3 代码规范及编程问题的检查表编写示例

编号	评审内容	评审结果
1	比较字符串的内容时,是否都使用 equals()方法而不是==	是/否/不确定
2	局部变量在使用前是否被初始化	是/否/不确定
3	表达式有 Java 集合时,是否使用了正确的泛型	是/否/不确定
4	调用函数时传递的参数数量与函数声明中定义的参数数量是否一致	是/否/不确定
5	在使用完资源后,是否正确关闭或释放资源	是/否/不确定
……	……	是/否/不确定

表 4.4 是一份代码坏味的检查表编写示例。坏味类型从 10 个典型的代码坏味类型中选择,代码位置标注文件名,代码所在的行数。“说明”则写出认定代码坏味的依据。

表 4.4　代码坏味的检查表编写示例

编号	坏味类型	代码位置	说明
1	不合适的命名	XX 文件 XX 行	
2	重复代码	……	
3	switch 语句	……	
4	长参数列表	……	
……	……	……	

4.2　动态白盒测试技术

动态白盒测试技术要求测试人员根据程序的内部逻辑来设计测试用例，在实际运行软件的过程中进行测试，观察软件在真实环境中的表现。通过动态白盒测试技术，测试人员能够更深入地分析软件的逻辑路径、条件分支、循环结构以及内部状态的变化，从而更有效地检测和报告软件的缺陷和漏洞。

动态白盒测试技术还能够强制软件以一种在正常测试环境下难以实现的方式运行。这意味着，测试人员可以通过特定的测试用例和场景，来模拟那些在正常操作中很少出现，但对软件稳定性和可靠性至关重要的极端条件或边界情况。通过这种方式，动态白盒测试可以暴露软件隐藏在代码深处的错误，这些问题在正常操作中往往难以察觉。例如，通过模拟大量用户同时访问系统的情况，可以测试软件的并发处理能力；通过输入极端数据，来检验软件的容错机制。更重要的是，动态白盒测试技术能够精准地确定在执行这些测试时所覆盖的具体代码。这种精确的覆盖分析可以帮助开发团队确定哪些代码已经得到了充分的测试，哪些代码还需要进一步加强测试。此外，通过对比不同测试用例的覆盖情况，还可以优化测试策略，提高测试效率。

在实施动态白盒测试时，测试人员通常会利用一些工具和技术，如代码覆盖率分析工具、调试器等，来辅助测试。代码覆盖率分析工具可以帮助测试人员确定测试用例是否覆盖了所有的代码路径，从而找出未被测试的代码部分。而调试器则可以在软件运行时暂停程序的执行，查看变量的值、执行路径等信息，帮助测试人员定位缺陷代码。

软件测试的国际标准 ISO/IEC/IEEE 29119-4 介绍了 7 种动态白盒测试技术，包括语句测试（语句覆盖）、分支测试、判定测试（判定覆盖）、分支条件测试（判定/条件覆盖）、分支条件组合测试（条件组合覆盖）、修正的条件判定覆盖测试和数据流测试。本书将语句覆盖、判定覆盖、条件覆盖、判定/条件覆盖和条件组合覆盖归类为逻辑覆盖，本章将详细介绍逻辑覆盖、路径覆盖、循环测试，同时简要介绍变异测试技术。

4.2.1　程序处理流程活动图

UML（统一建模语言）活动图是用于描述软件应用的流程和操作序列的图形化表示方法。UML 活动图以图形化的方式展示了程序的执行流程，包括各种活动（行为、过程）、判断（决策）点、并行处理以及开始和结束节点。活动图通过一系列的符号来代表程序中的步骤，如圆角矩形框表示具体活动，菱形表示判断点，实心圆表示起始点，双层实心圆表示终止点，箭头则用来指示控制流（活动之间的流向）。分支点允许从单个点同时启动多个并发的子流程。汇合点或同步点表达了多个流程在此节点上相遇并继续前行，既可以表达多个流程聚集在一起的含义，又能强调所有流程在此节点上达到同步的状态。发送信号表示一个对象向另一个对象发出信息或指令，这通常用于触发某种行为或响应。接收信号则表示对象接收到来自其他对象的信息或指令，并根据该信号执行相应的操作。通过活动图，我们可以清晰地描述程序的逻辑流程，图 4.1 所示为活动图的最基本符号。

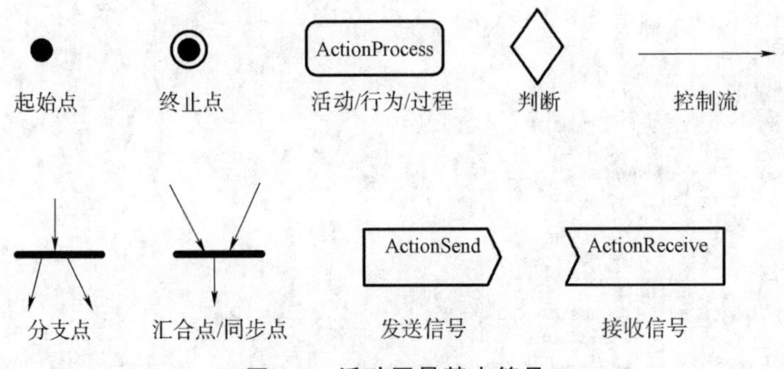

图 4.1　活动图最基本符号

【例 4.1】给出下面顺序型代码片段的活动图。

```
1.  a = 20;
2.  b = 10;
3.  sum = a + b;
```

上面代码片段的语句是顺序执行的，相应的活动图如图 4.2 所示。为方便描述问题，用代码的行号作为活动名称，活动旁边的注释是其具体代码。

【例 4.2】给出下面 if-then 型代码片段的活动图。

```
1.  pass = false;
2.  if (score >= 60)
3.      pass = true;
4.  System.out.println(pass);
```

上面代码片段的判断语句中，只有 if 语句而没有对应的 else 语句，相应的活动图如图 4.3 所示。为简化图形，图 4.3 省略了起始点和终止点，类似地，其他活动图也可能省略起始点和终止点。

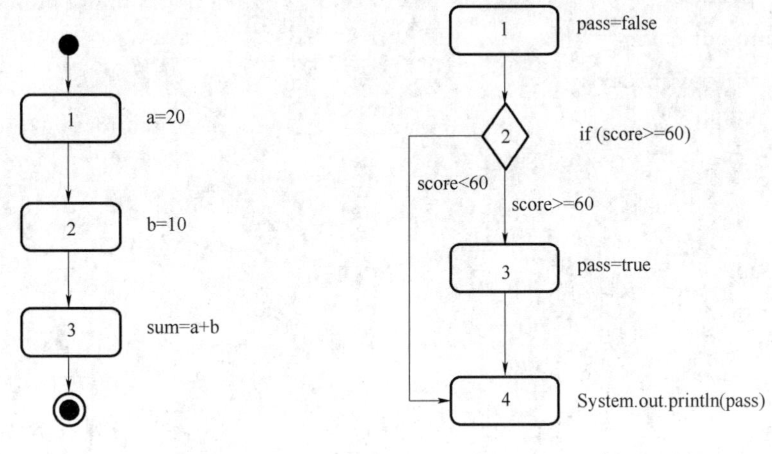

图 4.2　顺序型活动图　　　**图 4.3　if-then 型活动图**

【例 4.3】给出下面 if-then-else 型代码片段的活动图。

```
1. if (number % 2 == 0) {
2.      //这个代码块在 number 为偶数时执行
3.      result = number * 2;
4.      message = "Even";
5. }
6. else {
7.      //这个代码块在 number 为奇数时执行
8.      result = number * 3;
9.      message = "Odd";
10. }
11. System.out.println(message );
```

上面代码片段是一个典型的判断语句,条件成立与不成立将执行不同的流程,相应的活动图如图 4.4 所示。代码片段第一行语句即是一个判断节点,图中用活动 1 表示。代码片段第 3、4 行语句顺序执行,构成一个语句块,图中用活动 3 表示。第 8、9 行语句顺序执行,构成一个语句块,图中用活动 8 表示。判断节点 1 有两个分支,分别用 True 和 False 表示条件 "number % 2 == 0"成立和不成立。

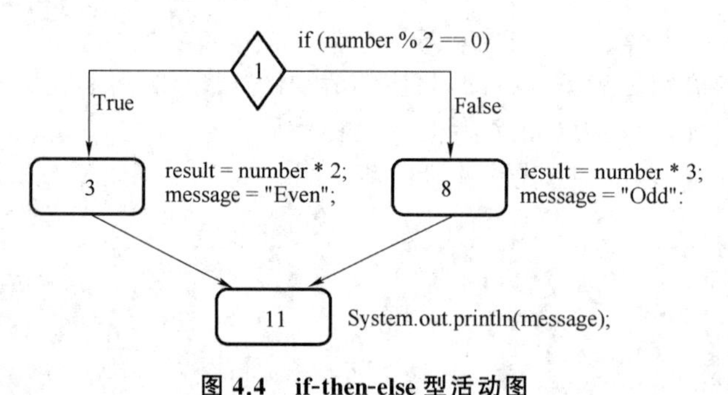

图 4.4 if-then-else 型活动图

【例 4.4】给出下面 switch 型代码片段的活动图。

```
1. //dayOfWeek 是一周中的某一天,其中 1 代表星期日,7 代表星期六
2. String activity = "";
3. switch (dayOfWeek) {
4.       case 1:
5.           activity = "家庭聚餐";
6.           break;
7.       case 2:
8.           activity = "图书馆学习";
9.           break;
10.      case 3:
11.          activity = "户外运动";
```

```
12.           break;
13.       case 4:
14.           activity = "电影院看电影";
15.           break;
16.       default:
17.           activity = "自由安排";
18. }
```

上面代码片段是一个 switch 型语句，相应的活动图如图 4.5 所示，当 dayOfWeek 取不同值时，程序将执行不同的流程。为简化图形，省略了图中部分节点的注释，类似地，其他活动图也将省略部分注释。

【例 4.5】给出下面 while 型代码片段的活动图。

```
1.  count = 1;
2.  sum  =  0;
3.  while(count< = 20)
4.  {
5.    sum  + =  count;
6.    count  + + ;
7.  }
```

上面代码片段是一个 while 型语句，相应的活动图如图 4.6 所示。

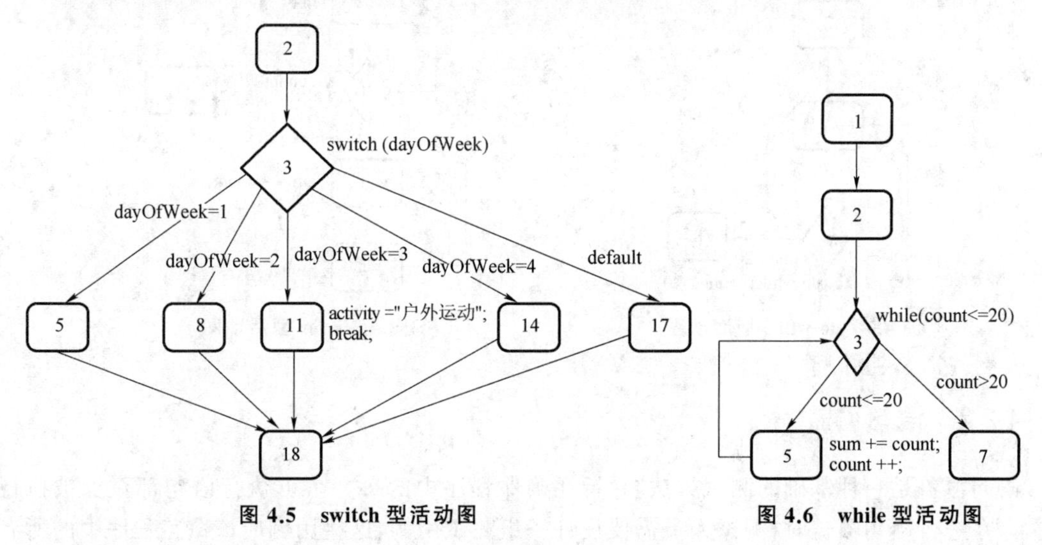

图 4.5 switch 型活动图　　　图 4.6 while 型活动图

【例 4.6】给出下面 do-while 型代码片段的活动图。

```
1.  count = 1;
2.  sum  =  0;
3.  do
4.  {
5.    sum  + =  count;
```

```
6.     count + + ;
7.  }while(count< = 20);
8.  System.out.println(sum);
```

上面代码片段是一个 do-while 型语句，相应的活动图如图 4.7 所示。

【例 4.7】 给出下面 for 型代码片段的活动图。

```
1.  sum = 0;
2.  for( count = 1; count< = 20; count + + )
3.  {
4.      sum + = count;
5.  }
6.  System.out.println(sum);
```

上面代码片段是一个 for 型语句，相应的活动图如图 4.8 所示。第 2 行的 for 语句在活动图中被分解为三部分：循环变量的初始化，循环的判断条件以及循环变量的自增语句。循环变量的初始化最先被执行，因此对应活动 2A；接着执行循环的判断条件"count＜＝20"，该条件对应活动 2B，当条件成立时，执行到循环体活动 4，条件不成立时，退出循环执行到活动 6；最后执行循环变量的自增语句，对应活动 2C，该活动在循环体后执行。

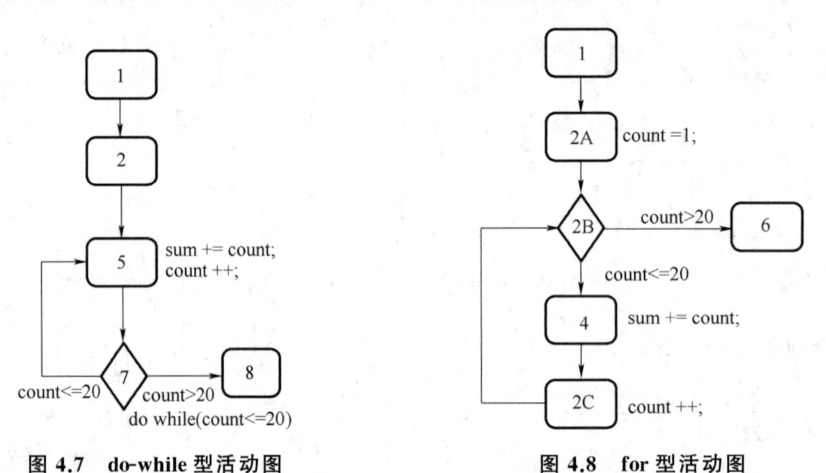

图 4.7　do-while 型活动图　　**图 4.8　for 型活动图**

4.2.2　语句覆盖

语句覆盖是一种基础的测试方法，它旨在确保程序中的每一个可执行语句都至少被执行一次。在进行语句覆盖时，测试人员需要设计一组测试用例，这些用例应该覆盖程序中的所有语句。语句覆盖相对容易理解和实施，可以实现相对较高的代码覆盖率，保证主要的逻辑路径被覆盖。对于一些结构简单的代码来说，语句覆盖的测试效果可能较好。但是语句覆盖有明显的劣势，它是最弱的逻辑覆盖。语句覆盖只关心判定表达式的值，而不考虑判定表达式条件子句的逻辑组合。语句覆盖对控制结构和逻辑运算很迟钝。例如，对于循环语句，语句覆盖可能只执行一次循环就认为该语句已被覆盖，但实际上循环的多次执行可能引发的问题并未被检测到。语句覆盖无法针对隐藏的条件进行测试。如果程序中存在一些复杂的逻辑或者隐藏的条件，语句覆盖可能无法发现其中的错误。

【例 4.8】假设我们正在编写一个程序来处理在线商店的订单,并且需要根据一些条件来决定是否接受为优惠订单以及是否要增加一些额外的运输费用。

```
1.  public float getShippingFees(int order, boolean isVIP, int stock)
2.  {
3.        float extra = 20.0f;              //燃油附加费
4.        float ratio = 0.2f;               //运输费用的费率
5.        boolean accept = false;           //是否为优惠订单
6.
7.        if (order > 100 || isVIP) {
8.            //如果订单总额超过 100 或者客户是 VIP,则接受为优惠订单
9.            accept = true;
10.           ratio = 0.1f;
11.       }
12.       if (accept && stock> = 500 ) {
13.           //如果是优惠订单且库存不少于 500,则大幅降低运费
14.           extra = 0;
15.           ratio = 0.05f;
16.       }
17.       return  order * ratio + extra;   //返回总的运输费用
18. }
```

例 4.8 的代码对应图 4.9 的活动图。下面采用语句覆盖技术为它设计测试用例,用以测试在线商店的订单处理功能。对于语句覆盖,要求运行例 4.8 的所有可执行语句,也就是图 4.9 的所有活动,我们将这些活动定义为如下的测试覆盖项。

TCI1:活动 3　　TCI2:活动 7

TCI3:活动 9　　TCI4:活动 12

TCI5:活动 14　　TCI6:活动 17

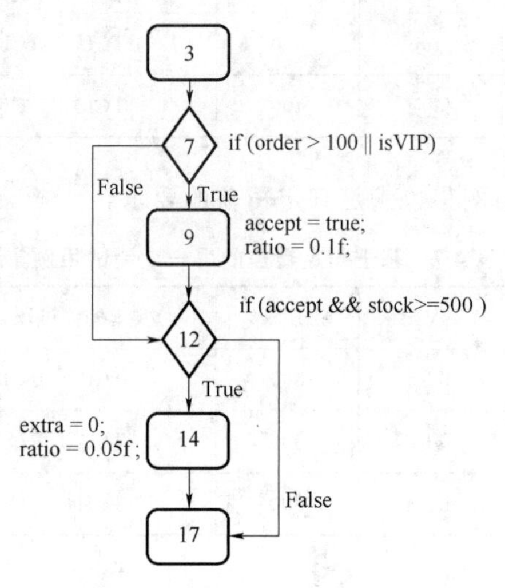

图 4.9　在线商店订单处理的活动图

针对逻辑覆盖技术，无论是语句覆盖，亦或判断覆盖，还是条件覆盖、判断/条件覆盖和条件组合覆盖，都应尽力设计最少测试用例，实现全部的测试覆盖项。表 4.5 可以达到语句覆盖的要求。

表 4.5 基于语句覆盖的在线商店订单处理测试用例集

测试用例编号	order	isVIP	stock	实现的测试覆盖项	预期输出
TC1	200	true	500	TCI1 TCI2 TCI3 TCI4 TCI5 TCI6	10.0

语句覆盖是最弱的逻辑覆盖，特别是涉及条件表达式时，其故障检测能力并不强。例如，例 4.8 第 7 行的 if 语句错写成如下形式，表 4.5 的测试用例无法查出这些缺陷。

```
if (order > 100&& isVIP)
if (order< 100 || isVIP)
```

4.2.3 判定覆盖

从语句覆盖的例子可看出，仅仅覆盖每一条可执行语句，还不能完全测试目标代码，特别是带判断点的程序，判定覆盖能够增加它们的测试强度。判定覆盖的核心思想是确保程序每一个判断的每个真假分支都至少被执行一次。通过这样做，判定覆盖帮助测试人员发现复杂结构程序中的逻辑错误或遗漏。

例 4.8 有两个判断，对于判定覆盖，要求这两个判断的每个真假分支都至少被执行一次，因此，可定义如下的测试覆盖项。

TCI1：order > 100 || isVIP 成立　　　　TCI2：order > 100 || isVIP 不成立

TCI3：accept && stock>=500 成立　　　TCI4：accept && stock>=500 不成立

表 4.6 的测试用例集可以达到判定覆盖的要求。

表 4.6 基于判定覆盖的在线商店订单处理测试用例集

测试用例编号	order	isVIP	stock	实现的测试覆盖项	预期输出
TC1	200	true	500	TCI1 TCI3	10.0
TC2	50	false	400	TCI2 TCI4	30.0

同样地，表 4.7 的测试用例集也满足判定覆盖的要求。

表 4.7 基于判定覆盖的另一个测试用例集

测试用例编号	order	isVIP	stock	实现的测试覆盖项	预期输出
TC1	50	false	300	TCI2 TCI4	30.0
TC2	150	false	300	TCI1 TCI4	35.0
TC3	150	false	600	TCI1 TCI3	7.5

表 4.7 设计了 3 个测试用例，而表 4.6 仅设计了两个测试用例，它们都实现了全部测试覆盖项。如果仅需要满足判定覆盖的要求，表 4.6 的测试用例集优于表 4.7 的测试用例集。两个测试用例集的故障检测能力不同，表 4.7 的测试用例集能够查出下面的故障 1 和故障 2，却无法查出故障 3；而表 4.8 的测试用例集无法查出故障 1，却能查出故障 2 和故障 3。

表 4.8　订单总额和客户类型的相关缺陷语句

故障编号	注入故障的语句	故障标记
故障 1	if (order ＞ 100&& isVIP)	||写成 &&
故障 2	if (order＜ 100 || isVIP)	＞写成＜
故障 3	if (order ＞ 100 && ! isVIP)	|| isVIP 写成 && ! isVIP

4.2.4　条件覆盖

条件覆盖确保程序中每个判断的每个条件的所有可能取值都至少被执行一次。这意味着，如果判定语句包含多个条件，每个条件的真和假两种情况都需要被测试到。

例 4.8 有两个判断，它们都有两个条件，要求这些条件的所有可能取值都至少被执行一次，因此，可定义如下的测试覆盖项。

TCI1：order ＞ 100　　TCI2：order ＜= 100

TCI3：isVIP ＝ true　　TCI4：isVIP ＝ false

TCI5：accept ＝ true　　TCI6：accept ＝ false

TCI7：stock ＞= 500　　TCI8：stock＜500

实际上，将每个基于判断的判断点都拆成两个基于条件的判断点，图 4.9 的活动图演化成图 4.10 的活动图。图 4.10 中，活动 7A 代表条件表达式"order ＞ 100"，活动 7B 代表条件表达式"isVIP"，他们由例 4.8 的第一个判断拆开而成；活动 12A 代表条件表达式"accept"，活动 12B 代表条件表达式"stock ＞= 500"，他们由例 4.8 的第二个判断拆开而成。

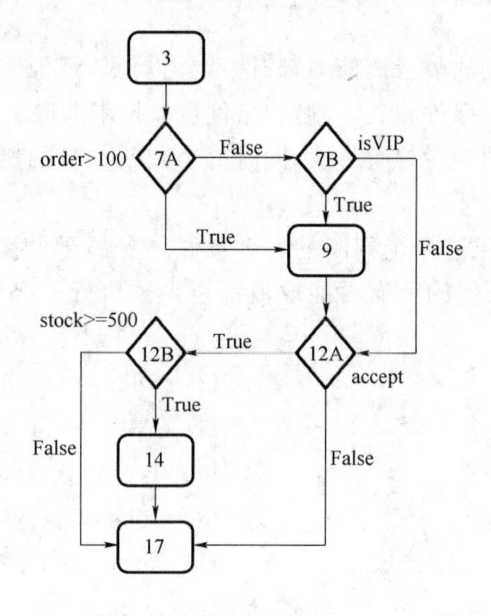

图 4.10　判断语句拆开成条件表达式的活动图

要实现条件覆盖的 8 个测试覆盖项，表 4.9 的测试用例集满足要求。

表 4.9　基于条件覆盖的在线商店订单处理测试用例集

测试用例编号	order	isVIP	stock	实现的测试覆盖项	预期输出
TC1	200	true	500	TCI1　TCI3　TCI5　TCI7	10.0
TC2	50	false	400	TCI2　TCI4　TCI6　TCI8	30.0

值得注意的是，表 4.9 的测试用例集与表 4.6 的测试用例集完全相同，但是这并不能说明条件覆盖和判定覆盖的故障检测能力等价，实际上两者之间存在明显的差别。如果判断语句包含多个条件，相比判定覆盖，条件覆盖通常能够提供更高的测试覆盖率，因为它关注的是所有条件而非整个判断语句。但是，这并不意味着，条件覆盖的故障检测能力一定超过判定覆盖。严格来说，就故障检测能力而言，条件覆盖不一定大于判定覆盖，而判定覆盖也不一定大于条件覆盖。如表 4.10 所示，为两个条件表示式分别基于判定覆盖和条件覆盖设计测试用例，实现判定覆盖的测试用例集无法满足条件覆盖，实现条件覆盖的测试用例集无法满足判定覆盖。在实际的软件测试过程中，通常会结合使用判定覆盖、条件覆盖以及其他测试技术，以提高测试的全面性和有效性。

表 4.10　判定覆盖和条件覆盖故障检测能力比较

条件表达式	判定覆盖	条件覆盖
A||B	(1) A:True　B:False (2) A:False　B:False	(1) A:True　B:False (2) A:False　B:True
A&&B	(1) A:True　B:False (2) A:True　B:True	(1) A:True　B:False (2) A:False　B:True

4.2.5　判定/条件覆盖

判定覆盖和条件覆盖的故障检测能力都有一定的局限，将他们结合起来使用不失为好的思路，这种方法被称为判定/条件覆盖。判定/条件覆盖技术选取足够多的测试用例，使判断中的每个条件的所有可能取值至少执行一次，同时每个判断本身的所有可能判断结果至少执行一次。

例 4.8 有两个判断，要求这两个判断的每个真假分支都至少被执行一次。这些判断语句都有两个条件，要求这些条件的所有可能取值都至少被执行一次。综上所述，可定义如下的 12 个测试覆盖项。

TCI1：order > 100　　TCI2：order <= 100

TCI3：isVIP = true　　TCI4：isVIP = false

TCI5：accept = true　　TCI6：accept = false

TCI7：stock >= 500　　TCI8：stock<500

TCI9：order > 100 || isVIP 成立　　TCI10：order > 100 || isVIP 不成立

TCI11：accept && stock>=500 成立　　TCI12：accept && stock>=500 不成立

要实现判定/条件覆盖的 12 个测试覆盖项，表 4.11 的测试用例集满足要求。

表 4.11 基于判定/条件覆盖的在线商店订单处理测试用例集

测试用例编号	order	isVIP	stock	实现的测试覆盖项	预期输出
TC1	200	true	500	TCI1 TCI3 TCI5 TCI7 TCI9 TCI11	10.0
TC2	50	false	400	TCI2 TCI4 TCI6 TCI8 TCI10 TCI12	30.0

4.2.6 条件组合覆盖

条件组合覆盖使得所有可能的条件取值组合至少执行一次。如果一条判断语句有 n 个条件,则将产生 2^n 个测试覆盖项。例 4.8 的第一个判断有 2 个条件,因此有 4 个测试覆盖项。针对第二个判断,同样需要 4 个测试覆盖项。综合 4 个条件,可定义如下的 8 个测试覆盖项。

TCI1：order > 100　isVIP = true　　TCI2：order > 100　isVIP = false
TCI3：order <= 100　isVIP = true　　TCI4：order <= 100　isVIP = false
TCI5：accept = true　stock >= 500　　TCI6：accept = true　stock<500
TCI7：accept = false　stock >= 500　　TCI8：accept = false　stock<500

一个测试用例不可能实现 TCI1～TCI4 这 4 个测试覆盖项的任意两项,同样地,一个测试用例也不可能实现 TCI5～TCI8 这 4 个测试覆盖项的任意两项,因此,至少需要 4 个测试用例才能满足条件组合覆盖的要求。要实现判定/条件覆盖的 8 个测试覆盖项,表 4.12 的测试用例集满足要求。

表 4.12 基于条件组合覆盖的在线商店订单处理测试用例集

测试用例编号	order	isVIP	stock	实现的测试覆盖项	预期输出
TC1	200	true	500	TCI1 TCI5	10.0
TC2	200	false	300	TCI2 TCI6	40.0
TC3	50	true	400	TCI3 TCI6	25.0
TC4	50	false	500	TCI4 TCI7	30.0
TC5	50	false	400	TCI4 TCI8	30.0

4.2.7 逻辑覆盖的故障检测能力

5 种逻辑覆盖技术的着眼点不同,就故障检测能力而言,它们的故障检测能力排序为:语句覆盖<判定覆盖、条件覆盖<判定/条件覆盖<条件组合覆盖。下面以带 3 个条件子句的判断语句为例子来比较这些测试技术的测试覆盖项。

【例 4.9】对下列的代码片段,分别基于 5 种逻辑覆盖技术列出测试覆盖项。

```
1.  public int addThree(int x,int y,int z)
2.  {
3.        int sum = 0;
```

```
4.        if( x> = 1 && y> = 2 && z> = 3 )
5.        {
6.              sum = x+y+z;
7.              System.out.println(sum);
8.        }
9.        return sum;
10. }
```

针对例 4.9,如下的测试覆盖项可满足语句覆盖。一个测试用例即可实现这些测试覆盖项。

TCI1：行号 4 的代码　　　TCI2：行号 6 和 7 的代码

TCI1：行号 9 的代码

针对例 4.9,如下的测试覆盖项可满足判定覆盖。至少两个测试用例才可实现这些测试覆盖项。

TCI1：x>=1 && y>=2 && z>=3 成立

TCI2：x>=1 && y>=2 && z>=3 不成立

针对 4.9,如下的测试覆盖项可满足条件覆盖。至少两个测试用例才可实现这些测试覆盖项。

TCI1：x>=1　　　TCI2：x<1

TCI3：y>=2　　　TCI4：y<2

TCI5：z>=3　　　TCI6：z<3

针对例 4.9,如下的测试覆盖项可满足判定/条件覆盖。至少两个测试用例才可实现这些测试覆盖项。

TCI1：x>=1　　　TCI2：x<1

TCI3：y>=2　　　TCI4：y<2

TCI5：z>=3　　　TCI6：z<3

TCI7：x>=1 && y>=2 && z>=3 成立

TCI8：x>=1 && y>=2 && z>=3 不成立

针对例 4.9,如下的测试覆盖项可满足条件组合覆盖。至少 8 个测试用例才可实现这些测试覆盖项。

TCI1：x>=1　y>=2　z>=3　　　TCI2：x>=1　y>=2　z<3

TCI3：x>=1　y<2　z>=3　　　TCI4：x>=1　y<2　z<3

TCI5：x<1　y>=2　z>=3　　　TCI6：x<1　y>=2　z<3

TCI7：x<1　y<2　z>=3　　　TCI8：x<1　y<2　z<3

5 种逻辑覆盖技术的错误检测能力各有不同,请读者根据相关的测试覆盖项,分别设计测试用例来测试例 4.9 的代码。如果在例 4.9 的代码注入如表 4.13 所示的 4 个故障,请读者检查所设计的测试用例能否暴露这些错误。

表 4.13 三条件子句的缺陷语句

故障编号	注入故障的语句	故障标记
故障 1	if(x>=1 && y>=2 || z>=3)	第二个 && 写成 ||
故障 2	if(x>=1 && y<=2 && z>=3)	y>=2 写成 y<=2
故障 3	if(x<=1 && y>=2 && z>=3)	x>=1 写成 x<=1
故障 4	if(x>=1 || y>=2 && z<=3)	第一个 && 写成 ||,z>=3 写成 z<=3

4.2.8 路径覆盖

路径指的是程序执行时从开始到结束所经过的一系列语句或操作的序列,路径可以包括分支、循环和其他控制结构,这些都会影响程序的执行流程。路径覆盖是动态白盒测试中的一种重要技术,旨在确保程序中的每条可能执行路径都至少被测试一次。通过路径覆盖,测试人员可以设计出足够多的测试用例,从而检验程序在各种不同情况下的行为是否符合预期。这种方法有助于发现程序中的逻辑错误、条件分支问题以及潜在的死循环等缺陷。对于比较简单的代码片段,实现路径覆盖是可以做到的,然而,当代码片段出现多个判断和多个循环,可能的路径数目将会急剧增长,此时如果遵循 100% 的路径覆盖率,一般是不可实现的。因此,在实际项目中,通常会根据需求和资源情况,权衡路径覆盖的广度和深度。

【例 4.10】对下列的代码片段,基于路径覆盖技术设计测试用例。

```
1.  public int doWork(int x,int y,int z)
2.  {
3.      int kval = 0,jsm = 0;
4.      if( (x>3) && (z<10) )
5.      {
6.          kval  = x * y - 1;
7.          jsm  = kval * kval;
8.      }
9.      if ( (x == 4) || (y>5) )
10.     {
11.         jsm  = x * y + 10;
12.     }
13.     return   jsm % 3;
14. }
```

1. 独立路径数

独立路径是从程序入口到出口的多次执行中,每次至少一个语句(包括运算、比较、赋值和输入输出等代码元素)是新的,从未被执行过的。如果用活动图来描述程序逻辑,独立路径就是从起始点进入活动图后,至少要经历一个从未走过的控制流。

如图 4.11 所示,例 4.10 代码有两个判断点,可以从图中观察到它的 3 条独立路径。我们用活动和判断点的序列表示路径,并省略了起始点和终止点,这 3 条独立路径为

(1) 3-4-6-9-11-13

(2) 3-4-9-11-13　(4-9 的控制流从未走过)

(3) 3-4-6-9-13　(9-13 的控制流从未走过)

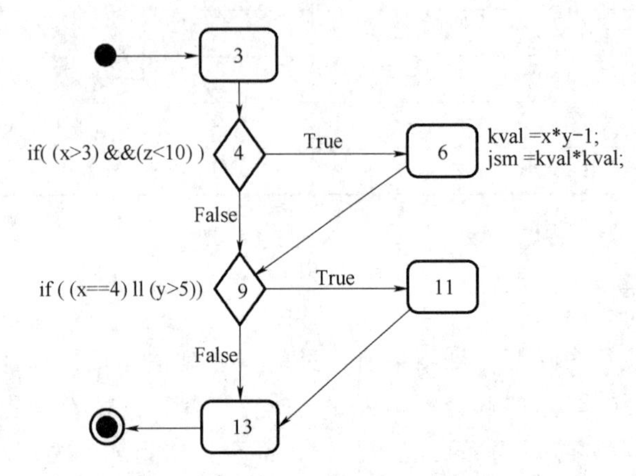

图 4.11　代码片段 doWork 的活动图

尽管路径"3-4-9-13"没有被执行,但是它们包含的控制流都包含在这 3 条独立路径。

例 4.10 代码片段的两个判断点都有两个条件子句,将这些条件子句拆开,可得到图 4.12 的细化版活动图。可以从图中观察到它的 5 条独立路径。

(1) 3-4A-4B-6-9A-11-13

(2) 3-4A-4B-6-9A-9B-11-13(9A-9B 和 9B-11 的控制流从未走过)

(3) 3-4A-4B-6-9A-9B-13　(9B-13 的控制流从未走过)

(4) 3-4A-9A-11-13　(4A-9A 的控制流从未走过)

(5) 3-4A-4B-9A-11-13　(4B-9A 的控制流从未走过)

安全敏感功能、高风险的模块、核心模块、软件的新功能和程序新版本变更部分等被测目标往往要经过严格测试,这类情况所关联的代码可将判断语句的条件子句拆开,以进行路径覆盖的更高强度测试。

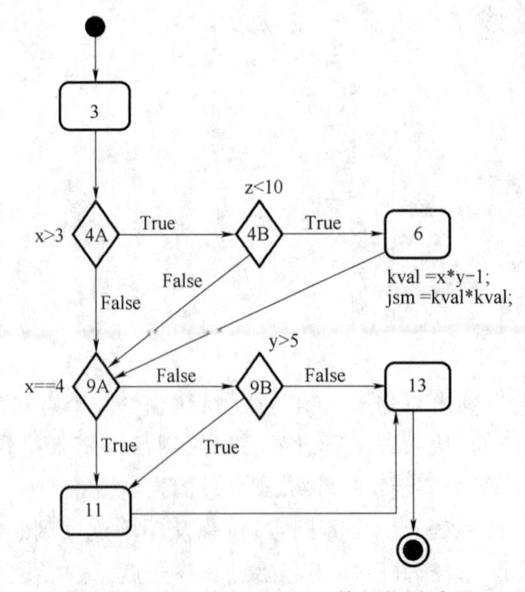

图 4.12　代码片段 doWork 的细化活动图

2. 路径覆盖的设计方法

路径覆盖要使得所设计的测试用例能够让每条独立路径都能执行一次，它有3个步骤：

(1) 根据程序逻辑流程画出相应的活动图。计算程序环路复杂度，这是确保程序中每条执行路径至少经过一次所必需的测试用例数目的上界。程序环路复杂度的计算方法有多种，其中最简单的方法为判断点数加1。

(2) 找出程序独立路径集，一条独立路径至少包含有一条在其他独立路径中从未有过的控制流。独立路径数目等于程序的环路复杂度。获取独立路径集的做法有很多，这里给出一种经典方法。假定程序有判断点 T_1、T_2、…、T_n，则第一条独立路径让所有判断点往取值 True 的方向走，接着按照顺序依次让这 n 个判断点取值 False，当 T_m ($1 \leqslant m \leqslant n$)取值为 False 时，尽力使得其他判断点取值 True，并且对应路径在活动图中存在，这样也就构造了 $n+1$ 条独立路径。

(3) 根据判断点给出的条件，选择适当的数据以保证每一条独立路径可以被测试到。执行每一条独立路径的输入输出数据即为测试用例。

我们基于图4.11的活动图来设计测试用例，它有两个判断点，因此程序环路复杂度为3，依照路径覆盖的步骤可得出它的3条独立路径，分别对应如下的3个测试覆盖项：

TCI1：3-4-6-9-11-13

TCI2：3-4-9-11-13

TCI3：3-4-6-9-13

依照步骤(2)，TCI1是第一条独立路径，所有判断点取值 True；TCI2也是一条独立路径，4-9的控制流从未执行过，并且第一个判断点（判断点4）取值 False，其余判断点取值 True；TCI3也是一条独立路径，9-13的控制流从未执行过，并且第二个判断点（判断点9）取值 False，其余判断点取值 True。选择适当的数据后，相应的测试用例如表4.14所示。

表4.14　基于路径覆盖的测试用例集

测试用例编号	x	y	z	实现的测试覆盖项	预期输出
TC1	4	6	5	TCI1	1
TC2	2	10	1	TCI2	0
TC3	5	3	2	TCI3	1

我们基于图4.12的活动图来设计测试用例，它有4个判断点，即程序环路复杂度为5，可得出它有5条独立路径，分别对应如下的5个测试覆盖项：

TCI1：3-4A-4B-6-9A-11-13

TCI2：3-4A-9A-11-13

TCI3：3-4A-4B-9A-11-13

TCI4：3-4A-4B-6-9A-9B-11-13

TCI5：3-4A-4B-6-9A-9B-13

依照步骤(2)，TCI1是第一条独立路径，所有判断点取值 True；TCI2也是一条独立路径，4A-9A的控制流从未执行过，并且第一个判断点（判断点4A）取值 False，其余判断点取值 True；TCI3也是一条独立路径，4B-9A的控制流从未执行过，并且第二个判断点（判断点4B）取值 False，其余判断点取值 True；TCI4也是一条独立路径，9A-9B的控制流从未执行过，并且第三个判断点（判断点9A）取值 False，其余判断点取值 True；TCI5也是一条独立路径，9B-

13 的控制流从未执行过，并且第四个判断点（判断点 9B）取值 False，其余判断点取值 True。选择适当的数据后，相应的测试用例如表 4.15 所示。

表 4.15　基于路径覆盖的细化活动图测试用例集

测试用例编号	x	y	z	实现的测试覆盖项	预期输出
TC1	4	6	5	TCI1	1
TC2	/	/	/	TCI2	（无效路径）
TC3	4	1	12	TCI3	2
TC4	5	6	7	TCI4	1
TC5	5	2	7	TCI5	0

值得注意的是，由于条件表达式“x＞3”取值 False 和“x＝＝4”取值 True 不可能同时成立，因此 TC2 包含的独立路径是不可行的，这使得该独立路径无效，故此该测试用例不用执行。

3. 循环结构代码的路径覆盖

包含循环的代码片段在执行路径覆盖测试时会产生很多路径，因为循环可以执行零次、一次或多次，每次循环的迭代都可能导致不同的程序状态和执行路径。这使得路径的数量随着循环的嵌套和迭代次数的增加而急剧增长，导致路径爆炸问题。为了解决这一问题，通过简化循环机制来减少路径的数量，使得覆盖所有路径成为可能，这种简化循环策略下的路径覆盖被称为 Z 路径覆盖。在 Z 路径覆盖中，对循环进行简化的主要方式是限制循环的次数，只考虑循环执行零次、一次或多次（特定次数）的情况。

【例 4.11】对下列的代码片段，基于 Z 路径覆盖技术设计测试用例。

```
1.  public int doRecord(int record, int type)
2.  {
3.      int x = 0;
4.      int y = 0;
5.      while(record>0)
6.      {
7.          if(type == 0)
8.              break;
9.          else{
10.             if(type == 1)
11.                 x = x + 10;
12.             else
13.                 y = y + 20;
14.         }
15.         record -- ;
16.     }
17.     return x + y;
18. }
```

我们按照路径覆盖的步骤,先导出如图 4.13 所示的活动图。

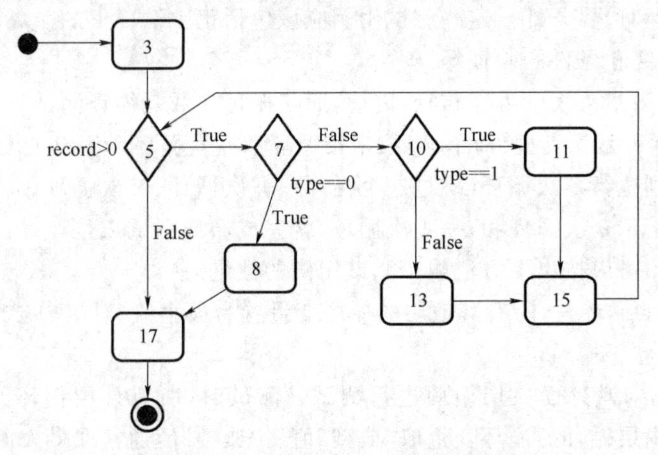

图 4.13 代码片段 doRecord 的活动图

我们基于图 4.13 的活动图来设计测试用例,它有 3 个判断点,即程序环路复杂度为 4。依照 Z 路径覆盖的定义,考虑循环次数为零次、一次和 4 次 3 种情况。当循环次数为零次和一次时,两者共有 4 条独立路径。因为路径 7-8-17 和路径 5-17 都无法重复,当循环次数为 4 次时,仅有 2 条独立路径。综合以上结果,这 6 条独立路径分别对应如下的 6 个测试覆盖项:

TCI1:3-5-17

TCI2:3-5-7-8-17

TCI3:3-5-7-10-11-15-5-17

TCI4:3-5-7-10-13-15-5-17

TCI5:3-5-7-10-11-15-5-…-17(5-7-10-11-15 的路径循环 4 次)

TCI6:3-5-7-10-13-15-5-…-17(5-7-10-13-15 的路径循环 4 次)

TCI1 对应循环次数为零次,TCI2、TCI3 和 TCI4 对应循环次数为一次,TCI5 和 TCI6 对应循环次数为 4 次。这里将多次循环指定为 4 次,也可以是不少于 2 次的其他次数。选择适当的数据后,相应的测试用例如表 4.16 所示。

表 4.16 基于 Z 路径覆盖的测试用例集

测试用例编号	record	type	实现的测试覆盖项	预期输出
TC1	0	0	TCI1	0
TC2	1	0	TCI2	0
TC3	1	1	TCI3	10
TC4	1	2	TCI4	20
TC5	4	1	TCI5	40
TC6	4	2	TCI6	80

4.2.9 循环测试

在软件开发过程中,循环结构是实现重复操作的关键部分,但同时也是错误和缺陷容易隐藏的地方。循环测试的核心目标是检测循环结构中的错误,包括循环条件错误、循环次数错误、循环体逻辑错误等故障。为了有效执行循环测试,测试人员需要设计一系列测试用例,覆盖循环的不同路径和边界条件。这些测试用例应该包括正常情况下的循环执行、边界值处理、循环嵌套以及循环终止条件的验证等。

循环常常导致数量巨大的程序路径,因此,简化循环次数是循环测试技术的关键。循环有如图 4.14 所示的 3 种常见类型:简单循环、串接循环和嵌套循环。假设 n 是最大循环次数,对简单循环来说,分别执行零次循环(跳过这个循环)、一次循环、二次循环、m 次循环(m 大约等于 $n/2$),$n-1$ 次循环、n 次循环和 $n+1$ 次循环,就完成循环测试。

对于嵌套循环,可以按以下方法减少测试用例的数量。

(1) 除最内层的循环外,所有其他层的循环变量置为最小值,对最内层的循环进行简单循环的全部测试。

(2) 逐步外推,对其外面一层循环进行测试。测试时,所有外层循环的循环变量取最小值,所有其他嵌套内层循环的循环变量取"典型"值。"典型"值通常取最大循环次数的一半。

(3) 反复执行步骤(1)和(2),直到所有各层循环测试完毕。

(4) 对全部各层循环同时取最小循环次数,或者最大循环次数。

对于连锁循环,如果各个循环是相互独立的,则可以采用与简单循环相同的方法进行测试;如果多个循环不是相互独立的,则需要采用测试嵌套循环的办法处理。

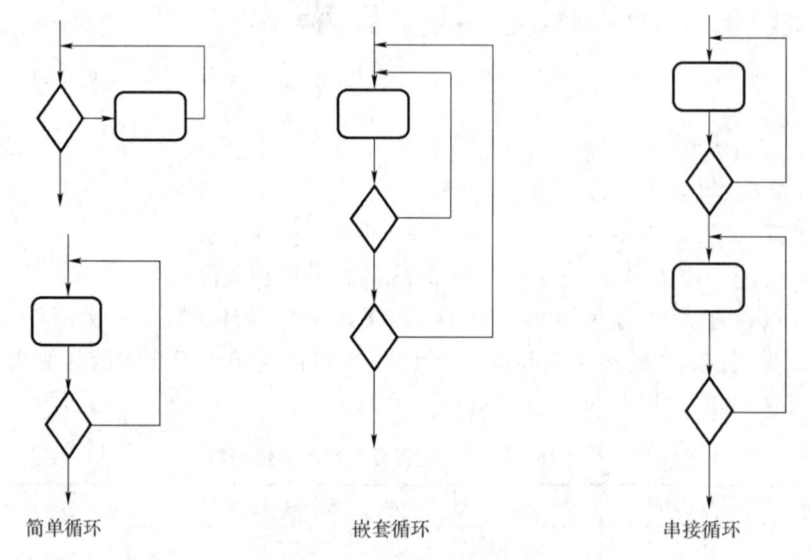

图 4.14 循环的 3 种形式

【例 4.12】 下列代码片段计算不超过 100 个分数的平均值,数组 value 存放分数,以-999 结束,分数在 min 和 max 之间的才参与平均分数计算。基于循环测试技术设计测试用例,不考虑循环体和循环外的 if 语句的测试。

```
1.  public float average(int value[],int min,int max)
2.  {
3.      int  input,valid,sum;
4.      float average;
5.      input = valid = 0;
```

```
6.      sum = 0;
7.      while( input<100 &&  value[input]! = -999 )
8.      {
9.          if( value[input]> = min && value[input]< = max )
10.         {
11.                 valid = valid +1;
12.                 sum = sum + value[i];
13.         }
14.         input + + ;
15.     }
16.     if( valid>0 )
17.         average = sum * 1.0f/valid;
18.     else
19.         average = -999;
20.     return average;
21. }
```

这里的最大循环次数为100,依照简单循环测试技术的循环次数要求,可定义如下的测试覆盖项:

TCI1：0次循环　　TCI2：1次循环

TCI3：2次循环　　TCI4：50次循环

TCI5：99次循环　　TCI6：100次循环

TCI7：101次循环

令min=0,max=100,选择适当的value后,测试用例如表4.17所示。

表4.17 基于循环测试技术的测试用例集

测试用例编号	value	实现的测试覆盖项	预期输出
TC1	-999	TCI1	-999.0
TC2	60　-999	TCI2	60.0
TC3	60　80　-999	TCI3	70.0
TC4	(50个值在min和max间的数) -999	TCI4	50个值的平均
TC5	(99个值在min和max间的数) -999	TCI5	99个值的平均
TC6	(100个值在min和max间的数) -999	TCI6	100个值的平均
TC7	(101个值在min和max间的数) -999	TCI7	前100个值的平均

4.2.10 程序变异测试技术

程序变异测试(也称为Mutation Testing)是一种基于故障注入的测试技术,旨在通过故意在源代码中引入微小的变化(称为“变异体”)来检测测试套件的质量和完整性。这种技术的基本思想是,如果一个测试套件能够成功地检测出这些人为引入的变异体,那么它很可能也能够检测出实际开发中可能出现的错误。变异测试的主要目的是评估测试用例的有效性,帮助测试人员编写更有效的测试用例。

变异是指对源代码的任何更改,也可以理解为引入的故障。变异体是指被测代码的变异版本,即已经在被测代码中注入变异的代码。变异体分为三类:存活的变异体、杀死的变异体和等价的变异体。存活的变异体是指变异注入的错误并不能被测试用例感知,需要补充和修正测试用例。杀死的变异体是指测试用例能够"杀死"这类变异,说明测试用例是有效的。等价的变异体是指在代码逻辑上与原代码等价,但是在实现上有所不同。变异有值变异、语句变异和运算符变异等类型。

【例 4.13】 下面的代码片段为原始代码,即后续变异体的父体。

```
public int multiplyEvenNumbers(int n) {
    int result = 1;
    for (int i = 0; i < n; i++) {
        if (i % 2 == 0) {
            result *= i;
        }
    }
    return result;
}
```

假设我们对变量 i 进行值变异,将初始化值由 i = 0 更改为 i = 1。这会导致变异后的代码如下:

```
public int multiplyEvenNumbers(int n) {
    int result = 1;
    for (int i = 1; i < n; i++) {     //被变异的语句,属于值变异
        if (i % 2 == 0) {
            result *= i;
        }
    }
    return result;
}
```

假设我们对运算符进行变异,result *= i 更改为 result += i。变异后的代码如下:

```
public int multiplyEvenNumbers(int n) {
    int result = 1;
    for (int i = 0; i < n; i++) {
        if (i % 2 == 0) {
            result += i;   //被变异的语句,属于运算符变异
        }
    }
    return result;
}
```

程序变异测试技术有几个显著的优点:自动化程度高,错误模拟真实,测试套件评估准确,有潜力覆盖更多的代码逻辑,可以测试特定部分代码。然而这种技术的缺点在于:变异测试需要在单元测试已经做得比较完备的基础上才有其价值,生成和测试大量变异体可能非常耗时,等价变异体的存在使得评估变异测试效果更加复杂。

4.3 作业与思考题

1. 分别基于语句覆盖、判定覆盖、条件覆盖、判定/条件覆盖和条件组合覆盖为例 4.9 设计测试用例。

2. 分别基于语句覆盖、判定覆盖、条件覆盖、判定/条件覆盖和条件组合覆盖为例 4.10 设计测试用例。

3. 基于循环测试技术为例 4.11 设计测试用例。

4. 基于路径覆盖测试技术为例 4.12 设计测试用例,选择 Z 路径覆盖或者普通路径覆盖(仅执行一次循环)。

5. 假设我们正在开发一个在线购物平台,我们需要根据用户购物车中的商品数量来计算折扣。具体规则如下:

如果购物车中的商品数量大于等于 5 件,享受 10%的折扣;

如果购物车中的商品数量大于等于 10 件,享受 20%的折扣;

购物车商品数量不得超过 20 件。

```
1.  public static void shoppingCartDiscount ()
2.  {
3.      Scanner scanner = new Scanner(System.in);
4.      System.out.print("请输入购物车中的商品数量:");
5.      int itemCount = scanner.nextInt();
6.      double discount = 0.0;          //初始化折扣
7.      //第一个判断语句:根据商品数量计算折扣
8.      if (itemCount >= 5 && itemCount < 10) {
9.          discount = 0.1;             //10%的折扣
10.     }
11.     else if (itemCount >= 10) {
12.         discount = 0.2;             //20%的折扣
13.     }
14.     //第二个判断语句:根据折扣输出结果
15.     if (discount > 0 && itemCount > 0 && itemCount <= 20) {
16.         //假设每件商品价格为 50 元
17.         double totalPrice = itemCount * 50 * (1 - discount);
18.         System.out.printf(("折扣及总价:", discount * 100, totalPrice);
19.     }
```

```
20.     else {
21.         System.out.println("没有享受折扣或商品数量超出范围。");
22.     }
23.     scanner.close();
24. }
```

请根据上面的代码片段，分别使用语句覆盖、判定覆盖、条件覆盖、判定/条件覆盖和条件组合覆盖测试技术为它设计测试用例。要求列出测试覆盖项，并用列表形式列出所设计的测试用例。

第5章 白盒测试的执行

根据测试过程是否需要运行被测软件，白盒测试可分为动态白盒测试和静态白盒测试。本章采用代码分析工具来讲解静态白盒测试的执行过程。动态白盒方法设计的测试用例在执行过程中，可以选择手工执行或自动化执行。手工执行的优势在于灵活性，测试人员可以根据实际情况调整测试步骤和策略，特别是在遇到复杂或异常情况时，能够迅速作出判断和应对。同时，手工执行对于探索性测试和创造性思维的发挥有很大帮助，测试人员可以根据自己的经验和直觉发现潜在的问题。相比之下，自动化执行具有高效、准确和可重复的特点。通过编写自动化脚本，可以快速、准确地执行大量的测试用例，显著提高测试效率。同时，自动化执行可以减少人为因素造成的误差，提高测试的准确性。此外，自动化脚本可以方便地重复执行，有助于在软件开发生命周期的各个阶段进行持续的测试。但是，自动化执行也有其局限性，如需要投入大量时间和资源进行脚本编写和维护，对于某些复杂或特殊的测试用例可能难以实现自动化。本章以一个简单的Java程序为蓝本，分别介绍手工和自动化两种策略来执行动态白盒方法设计的测试用例。

Eclipse是一款广泛应用于Java开发的集成开发环境，本章及后续章节的内容全部采用Eclipse完成Java程序的测试。

5.1 静态白盒测试的执行

静态白盒测试是指不执行软件的条件下，通过审查和分析源代码、设计文档等静态资源来发现潜在的缺陷。软件设计和体系结构主要依赖人工审查，而源代码的审查则有较成熟的自动化工具辅助完成。

5.1.1 源代码审查工具的类型

常见的源代码审查工具有如下一些类型：

(1) 代码规则/风格检查工具，这些工具用于检查代码是否符合特定的编码规范、风格和最佳实践。

(2) 内存资源泄露检查工具，这些工具帮助检测应用程序中的内存泄漏，以确保资源(如内存、文件句柄等)被正确释放。

(3) 代码覆盖率检查工具,这些工具测量测试套件对代码的覆盖率,以确定哪些代码行已执行,哪些未执行。

(4) 代码性能检查工具,这些工具用于分析代码的性能问题,如潜在的性能瓶颈、低效的算法等。

(5) 安全性检查工具,这些工具用于检测潜在的安全漏洞,如 SQL 注入、跨站脚本攻击、缓冲区溢出等。

(6) 依赖性分析工具,这些工具分析和管理项目依赖的外部库或框架,确保它们是最新的,没有已知的安全漏洞。

(7) 复杂度分析工具,这类工具主要用于分析代码的复杂度,包括代码行数、圈复杂度、控制结构嵌套层数、内层消耗和算法复杂度,等等。

(8) 代码可维护性评估工具,这类工具评估代码的可读性、复用性、可测试性、内聚度和耦合度等可维护性指标。

(9) 代码逻辑分析工具,这类工具通过分析代码的结构、语法和语义来发现潜在的问题,例如逻辑错误、类型不匹配、未初始化的变量等。它们还可以生成代码的依赖关系图、类图和函数调用图等,帮助开发人员更好地理解代码的运行流程和逻辑关系。

这些工具类别并不是完全独立的,有些工具可能同时具备多种功能特点,选择合适的静态白盒测试工具取决于具体的测试需求、开发语言和项目特点。许多集成开发环境提供了内置的或可扩展的静态白盒测试插件。这些插件可以集成到开发过程中,提供实时的代码分析、错误检测和自动修复功能。

5.1.2 Java 程序静态分析工具

Java 是一种流行且广泛应用的编程语言,具有跨平台性,用于开发各种类型的应用程序。因此,我们选用 Java 语言来讲解静态白盒测试工具,下面是一些有代表性的 Java 程序静态分析工具。

(1) Checkstyle[①] 可以检查源代码的许多方面,包括类设计问题、方法设计问题以及代码布局和格式问题。Checkstyle 有丰富的检查项列表,可以根据需要进行配置,利用它检查 Java 代码可以减轻人工负担。

(2) PMD[②] 是一个开源的静态代码检查工具,用于发现常见的编程缺陷,通过制定规则(或使用已有的规则),PMD 帮助项目统一代码规范,提高代码质量。PMD 的工作原理是将代码转化为抽象语法树,然后根据制定的规则检测树的相应节点,分析其属性或结构,找出违反规定的部分。

(3) JaCoCo[③] 是一款 Java 代码覆盖率工具,能够精确地测量代码的执行情况,包括指令覆盖率、分支覆盖率和圈复杂度等。JaCoCo 易于集成到构建工具和持续集成环境中。JaCoCo 还能够显示每行代码的覆盖情况,帮助开发人员定位具体的未被测试到的代码块。

---

① https://checkstyle.org/

② https://docs.pmd-code.org/latest/index.html, https://pmd.github.io/

③ https://www.jacoco.org/jacoco/

(4) Cobertura[①] 与 JaCoCo 功能类似,同样用于计算代码的覆盖率,帮助识别 Java 程序中缺少测试覆盖的部分。

(5) JProfiler[②] 在 JVM 上进行 Java 程序性能分析,用于解决性能瓶颈、内存泄漏定位和线程理解等问题。JProfiler 有以下特点:卓越的易用性、数据库性能分析、零配置远程分析、内置 Docker 和 Kubernetes 支持、优秀的 Java 企业框架支持、高级别的分析数据。

(6) SonarQube[③] 是一款用于自动代码审查的工具,旨在检测代码中的错误、漏洞和代码异味。SonarQube 能分析包括 Java 在内的 30 种编程语言的代码质量,它能集成到现有工作流程中。

(7) VisualVM[④] 是一个强大的可视化工具,用于监控、调试和分析 Java 应用程序的性能和内存使用情况。它使得开发者可以轻松地进行实时的应用程序性能监控、堆内存分析、线程分析、CPU 分析等。VisualVM 支持本地和远程应用程序的监控,对 Java 虚拟机进行核心和详细的数据分析。

(8) FindBugs[⑤] 具有丰富的插件和规则集,用于检测不同类型的问题,如空指针解引用、可能的 SQL 注入漏洞、性能问题等。FindBugs 检查类或者 JAR 文件,将字节码与一组缺陷模式进行对比以发现可能的问题,在不实际运行程序的情况下对软件进行分析。

与这些工具类似,SpotBugs[⑥] 也是一款出色的 Java 程序静态分析工具,通过扫描编译后的 Java 字节码来识别各种常见的错误模式。SpotBugs 基于 FindBugs 的分支发展而来,继承了 FindBugs 的强大功能,并且在性能和易用性方面进行了优化和改进。SpotBugs 可以在开发阶段和维护阶段使用。在开发阶段,当程序员完成了某一部分功能模块编码的时候,可借助 SpotBugs 对该模块涉及的 Java 文件进行一次扫描,以发现一些不易察觉的错误或是性能问题。交付新版本的时候,开发团队可以跑一下 SpotBugs,除掉一些隐藏的错误。SpotBugs 得出的报告可以作为该版本的一个参考文档一并交付给测试团队留档待查。在维护阶段,系统已经上线,却发现因为代码中的某一个错误导致系统崩溃。排除这个已暴露的错误之后,为了快速地找出类似的但还未暴露的错误,可以使用 SpotBugs 对该版本的代码进行扫描。

5.1.3　SpotBugs 检测代码问题

SpotBugs 可以检测多种代码问题,下面举例介绍:

(1) 忽略了方法返回值。

```
1.  String aString = "bob";
2.  aString.replace('b', 'p');
3.  if(aString.equals("pop"))
```

① https://cobertura.github.io/cobertura/

② https://www.ej-technologies.com/products/jprofiler/overview.html

③ https://www.sonarsource.com/products/sonarqube/

④ https://visualvm.github.io/gettingstarted.html

⑤ https://findbugs.sourceforge.net/

⑥ https://spotbugs.github.io/

```
4. {
5.        ……                //此处省略了部分代码,if的条件始终不成立
6. }
```

在上述代码的第2行,程序员认为已经用'p'替换了aString的所有'b'。实际上,这是错误的,他忘记了字符串是不可变的。所有这类方法都返回一个新字符串,而不会改变调用方法的对象,比如aString。当执行到第3行,此时有两个字符串,一个是aString,其值还是"bob",还有一个是replace方法返回的新字符串"pop"。

(2) 对空指针的解引用和冗余比较。SpotBugs查找代码路径将会或者可能会造成null指针异常的情况,它还查找对null的冗余比较的情况。

```
1. Person person = aMap.get("bob");
2. if (person ! = null) {
3.     person.updateAccessTime();
4. }
5. String name = person.getName();
```

在上述代码的第1行,aMap不包括一个名为"bob"的人,那么在第5行询问person的名字时就会出现null指针异常。因为SpotBugs不知道aMap是否包含"bob",所以它将第5行标记为可能null指针异常。

(3) 对标准Java编码规范的检查,变量名称不应太短,方法名称不应过长,类对象名称应当以小写字母开头,方法和字段名应当以小写字母开头,等等。

(4) 未使用的代码检查。查找从未使用的私有字段和本地变量、执行不到的语句、从未调用的私有方法,等等。

(5) 嵌套检查。switch语句应当有default块,应当避免深度嵌套的if块,不应当给参数重新赋值,不应该对double值进行相等比较,等等。

(6) 索引越界错误。

```
1. List<String> names = new ArrayList<>();
2. names.add("Alice");
3. names.add("Bob");
4. names.add("Charlie");
5. //模拟常见错误:访问超出范围的索引
6. String thirdName = names.get(3);      //这将抛出 IndexOutOfBoundsException
7. System.out.println("第三个名字:" + thirdName);
```

上述代码的第6行尝试从列表中访问第三个名字(索引为3),然而,由于列表只包含3个元素(索引为0、1和2),访问索引3将抛出索引越界异常。

除了基本的缺陷检测功能,SpotBugs还支持自定义规则,开发者可以根据自己的需求编写特定的规则来检测代码模式。这使得SpotBugs具有很高的灵活性,可以适应不同项目和团队的需求。此外,SpotBugs还提供了友好的用户界面和集成开发环境插件,使得开发者可以方便地将其集成到日常的开发工作中。无论是单独使用还是与其他工具结合使用,SpotBugs都能够有效地提高代码质量,减少缺陷修复的成本和时间。

SpotBugs 功能已经相当强大,不过也有待完善的地方。从实际使用来看,有一些隐藏的错误并不能通过 SpotBugs 直接发现。SpotBugs 也不能发现非 Java 的错误。对于非 Java 代码,如 JavaScript、SQL、等等,要找出其中可能的错误,SpotBugs 是无能为力的。

5.1.4 SpotBugs 的安装和使用

在 Eclipse 安装 SpotBugs 插件,先打开 Eclipse,单击 Help 菜单,选择 Eclipse Marketplace。如图 5.1 所示,再在搜索框中输入 SpotBugs 并单击 Go。最后在搜索结果中找到 SpotBugs 插件,单击 Install 安装。等待安装完成后,重启 Eclipse。

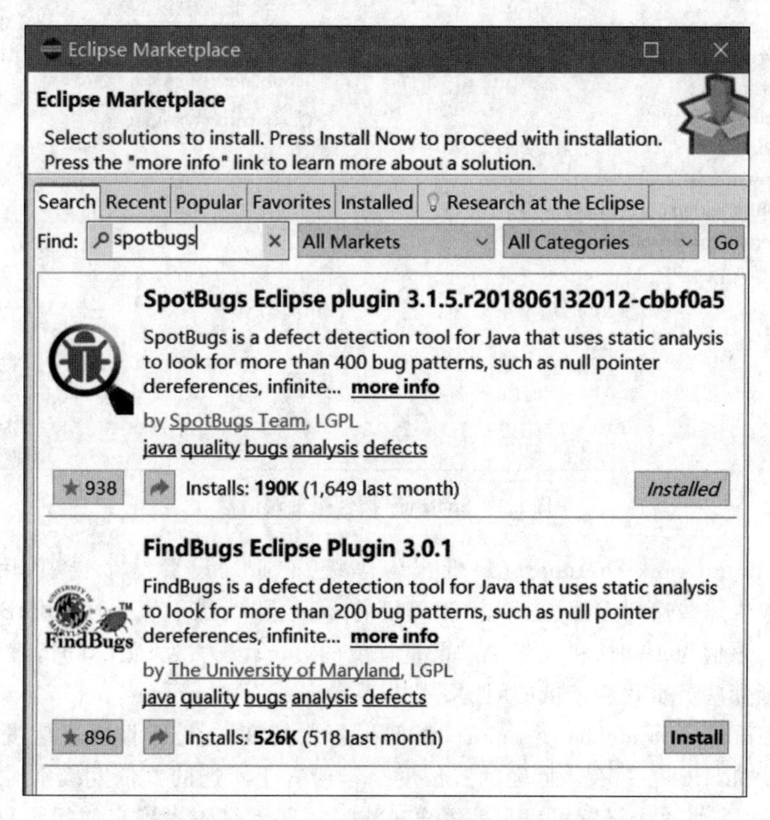

图 5.1 Eclipse Marketplace 安装 SpotBugs 插件

要想配置 SpotBugs 规则,先在 Eclipse 中单击 Window 菜单,选择 Preferences 后,再在搜索框中输入 SpotBugs,找到 SpotBugs 后单击,出现如图 5.2 所示的配置对话框。配置 analysis effort(分析力度),分析力度分为如下 3 个级别。

Minimal(最小):进行较快的分析,但可能会错过一些潜在的 bug。

Default(默认):进行平衡的分析,适合大多数情况。

Maximal(最大):进行最全面的分析,但可能需要更长的时间。

图 5.2 所示的对话框有 4 个页面:"Reporter Configuration"、"Filter files"、"Plugins and misc. Settings"和"Detector Configuration"。如果程序员希望进行更细粒度的分析力度控制,SpotBugs 允许自定义分析力度,在"Detector configuration"页面配置,通过启用或禁用特定的检测器来影响分析的深度和准确性。"Reporter Configuration"是 SpotBugs 配置的重点内容,我们详细介绍它的各项配置内容。

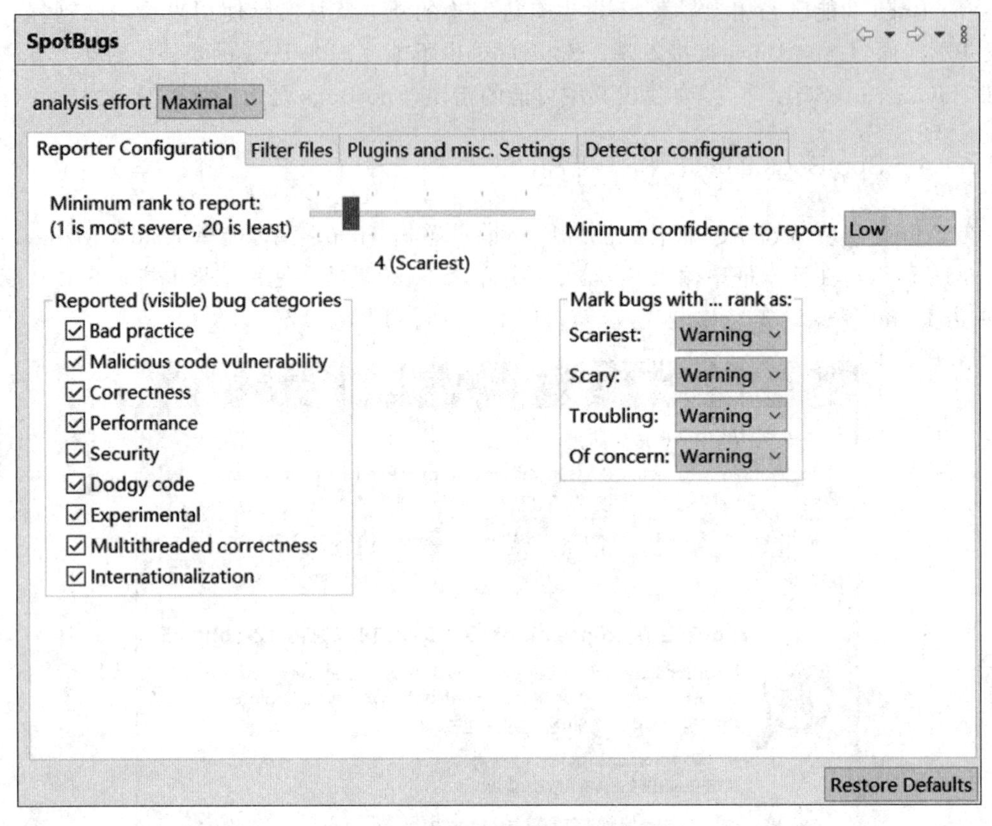

图 5.2 SpotBugs 插件配置对话框

配置 Minimum rank to report(最低报告等级)。通过设置这个选项,用户可以指定 SpotBugs 只报告那些达到或超过特定严重等级的 bug。设为最小值 1 时,SpotBugs 将只报告最严重的 bug;该值为 10 时,将报告中等严重程度的 bug;设为最大值 20 时,将报告所有检测到的 bug,包括那些严重程度较低的问题。

配置 Minimum confidence to report(最低报告置信度)。最低报告置信度有 3 个选项:Low、Medium 和 High。只有当问题的置信度高于或等于所选的置信度级别时,SpotBugs 才会报告该问题。配置这个设置可以帮助用户过滤掉那些工具不太确定的问题,从而只关注那些更有可能影响代码质量和功能性的 bug。提高这个阈值可以减少误报,但也可能导致一些真实但置信度较低的问题被忽略。降低这个阈值则会增加报告的 bug 数量,包括那些可能不太严重或不太确定的问题。

配置 Reported (visible) bug categories(可见 bug 类别)。SpotBugs 检测到问题后,将只给用户报告或显示勾选的 bug 类别。通过查看这些已报告的 bug 类别,开发人员可以优先处理最重要或最常见的问题,从而提高代码的质量和可靠性。SpotBugs 将 bug 分为 9 个类别:Bad practice(不良实践)指的是那些虽然可能不会立即导致错误,但通常被认为是不好的编程习惯,可能会在未来引发问题。Malicious code vulnerability(恶意代码漏洞)指那些可能使程序容易受到恶意攻击的代码部分。Correctness(正确性)涉及代码逻辑或行为上的错误,这些错误可能导致程序不按照预期工作。Performance(性能)指与代码执行效率有关的问题,包括不必要的资源使用、低效的算法等。Dodgy code(可疑代码)指那些可能是错误的,或者至少非常容易引起误解的代码片段。Security(安全性)指涉及潜在的安全漏洞,如信息泄露、注入攻击等。Experimental(实验性问题)指的是那些还在开发或测试阶段的实验性功能,这些功能可能不够稳定或成熟,因此在使用时需要谨慎。Multithreaded Programming(多线程编程)指涉及并发编程时可能出现的问题,如竞态条件、死锁等。Internationalization(国际化)指与代码在不同地区或语言环境中的适应性有关的问题。

配置 Mark bugs with … rank as(将具有…等级的 bug 标记为…)。SpotBugs 将根据 bug 的严重等级或优先级,来对其进行标记或分类。这里的"rank"指的是 bug 的等级或优先级,有 4 个值:Scariest(最可怕的)、Scary(可怕的)、Troubling(令人困扰的)和 Of concern(令人担忧的)。而"as"后面的词则是用户希望将这些特定等级的 bug 标记或分类成的标签,它有 3 个值:Error、Warning 和 Info。这样的标记有助于用户更快地识别和处理最重要或最紧急的问题。例如,如果设置允许用户 Mark bugs with Troubling rank as Info,那么这意味着所有被 SpotBugs 识别为 Troubling 的 bug 将会以"Info"这一标签来显示。

使用 SpotBugs 检查 Java 代码。如图 5.3 所示,在 Eclipse 的 Package Explorer 中,右键单击一个 Java 项目或类文件,选择 SpotBugs→Find Bugs。在每个文件名称后面的括号中,用户会看到检测到的 bug 数量。用户可以进入 SpotBugs 的 Bug Explorer 视图(如图 5.4 所示),查看存在的 bug。在 SpotBugs 视图中,不同颜色的瓢虫代表了不同的漏洞危险等级。色调越接近红色,漏洞危险等级越高,越可能造成危害。High confidence 级别的漏洞建议尽快解决,Normal confidence 级别的漏洞可能不会造成实际危害,但也值得关注。

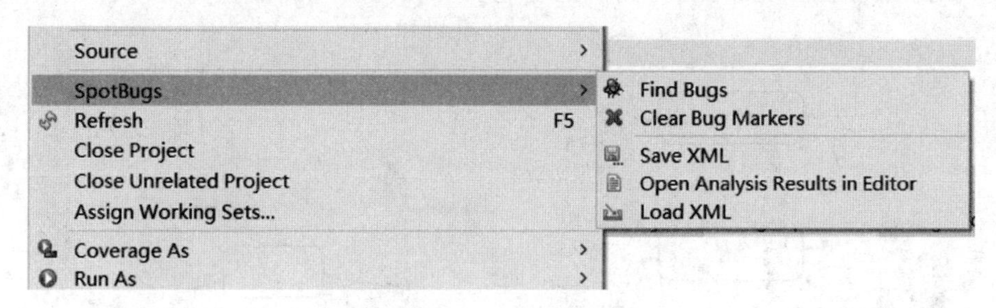

图 5.3　SpotBugs 的使用

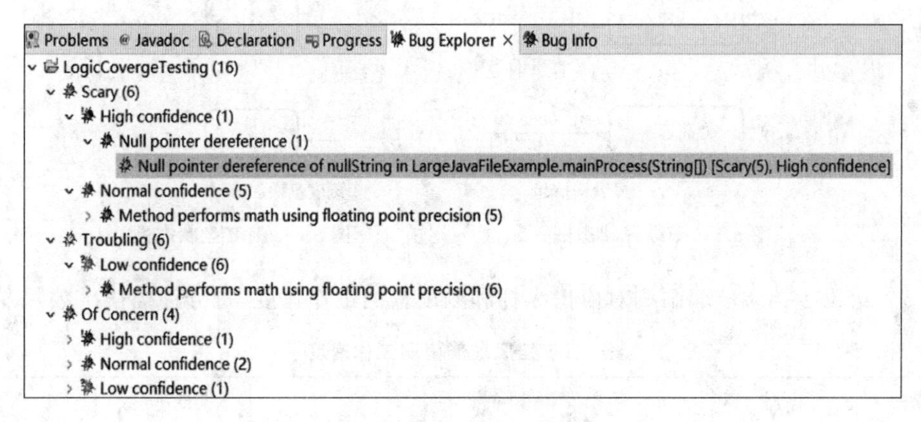

图 5.4　Bug Explorer 视图

查看和修复 bug。在"Problems"视图中,双击某个 bug 条目,Eclipse 将打开包含该 bug 的源代码文件,并将光标定位到相关代码行。在打开的源代码文件中,您可以查看 SpotBugs 对 bug 的描述和可能的修复建议,这些信息通常显示在代码行的旁边或下方的注释中。根据

SpotBugs 提供的建议,修复代码中的 bug。这可能涉及修改代码逻辑、添加必要的空值检查或调整方法调用等。修复完一个 bug 后,您可以重新运行 SpotBugs 分析,以确保没有其他潜在的 bug 存在。

5.2 挡风玻璃雨刷系统

WindshieldWiper 是一个简单的 Java 程序,它能够计算汽车挡风玻璃雨刷的工作速度。我们采用白盒方法设计测试用例,来测试程序是否能够得到正确的计算结果。

5.2.1 需求分析

某品牌汽车的挡风玻璃雨刷是由带刻度盘的操纵杆控制的。这种操纵杆有 4 个位置,分别是停止、间歇、低速和高速。在断电的情况下,操纵杆的位置不能变化;加电时,操纵杆的位置依照如图 5.5 所示发生对应的变化。

刻度盘有 3 个位置,分别是数字 1、2 和 3,只有当操纵杆在间歇位置上,刻度盘的位置才有意义,刻度盘位置指示 3 种间歇速度。同样,在断电的情况下,刻度盘的位置不能变化;加电时,刻度盘的位置如图 5.6 所示发生对应的变化。

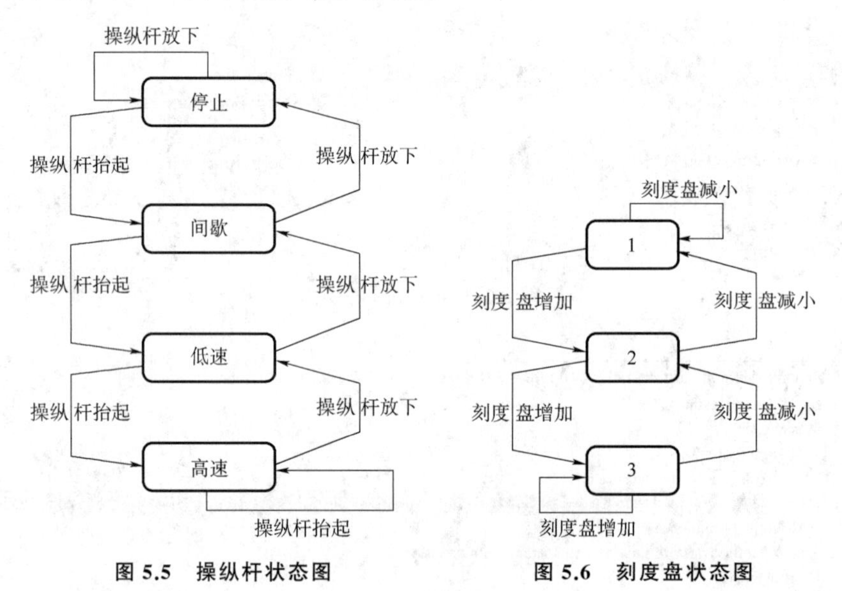

图 5.5 操纵杆状态图　　**图 5.6 刻度盘状态图**

表 5.1 给出了挡风玻璃雨刷对应操纵杆和刻度盘的工作速度(每分钟摇摆次数)。

表 5.1 挡风玻璃雨刷工作速度

操纵杆	停止	间歇			低速	高速
刻度盘	…	1	2	3	…	…
雨刷速度	0	4	6	12	30	60

5.2.2　代码实现

WindshieldWiper[①] 由 6 个类组成：电源状态类 PowerStatus、操纵杆位置类 LeverPosition、操纵杆类 LeverSense、刻度盘类 DialSense、雨刷类 WindshieldWiper 和主程序类 OOTestCase。

PowerStatus 是一个枚举类，它指示电源包括开启和关闭两种状态。该类所在文件 PowerStatus.java 的代码如下所示：

```
public enum PowerStatus {
    OFF     //关闭
    ON      //开启
}
```

LeverPosition 是一个枚举类，它定义了操纵杆的 4 个位置：停止、间歇、低速和高速。该类所在文件 LeverPosition.java 的代码如下所示：

```
public enum LeverPosition
{
    STOP    //停止状态
    INTERM  //间歇
    LOW     //低速
    HIGH    //高速
}
```

刻度盘直接用数字 1、2 和 3 表示。

类 LeverSense 实现了操纵杆的位置变化功能，其代码位于文件 LeverSense.java。类 DialSense 实现了刻度盘的位置变化功能，其代码位于文件 DialSense.java。类 WindshieldWiper 计算挡风玻璃雨刷对应操纵杆和刻度盘的每分钟摇摆次数，它有 3 个属性：操纵杆、刻度盘和电源状态。只有电源在开启状态，操纵杆和刻度盘的位置才会发生变化；电源处于关闭状态时，雨刷的速度为 0。其代码位于文件 WindshieldWiper.java。类 OOTestCase 用于测试操纵杆类、刻度盘类和雨刷类。它由两部分组成：一是操纵杆"抬起"事件的测试用例，用于展示手工执行测试用例的过程；二是 LeverSense 的自测试，用于展示自动化执行测试用例的过程。类 OOTestCase 位于文件 OOTestCase.java。

5.3　断点

断点允许开发者在代码执行过程中的特定点暂停程序的运行，以便他们可以检查和分析程序的当前状态。通过断点，开发者可以深入了解代码的执行流程，观察变量的值，以及逐步执行代码以查找和修复错误。

---

① https://gitee.com/softwaretestingpractice/windshieldwiper

Eclipse 的断点功能是其强大的调试工具中的一项重要特性。在 Eclipse 中，有两种方法设置断点。一种方法是双击代码区域左侧的行号，或者将鼠标移到需要调试的代码行上，使用快捷键“Ctrl＋Shift＋B”来设置断点。另一种方法是定位代码行后，在菜单栏中找到如图 5.7 所示的“Run”菜单项，单击“Toggle Breakpoint”来设置断点。只有可执行语句才能被设置为断点，一旦设置好断点，当程序运行到该行时，程序会自动暂停，允许开发者查看和修改变量的值、检查调用堆栈以及执行其他调试操作。此外，Eclipse 还支持条件断点，开发者可以设置断点仅在满足特定条件时触发，这对于调试复杂的条件语句或循环非常有用。Eclipse 的断点视图还提供了一个集中的界面，用于管理项目中设置的所有断点，通过断点视图，开发者可以轻松启用、禁用或删除断点，以及查看断点的详细信息。

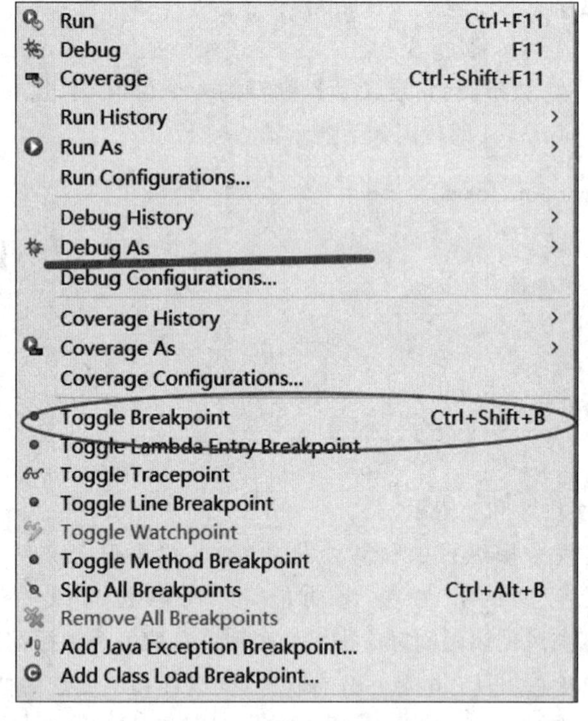

图 5.7　Eclipse 的 Run 菜单

要执行基于白盒测试技术设计的测试用例，首先，程序员需要分析测试用例并确定在哪些关键位置设置断点。这些位置通常是代码中的分支点、循环、函数调用或任何与测试用例相关的重要逻辑。接下来，程序员会使用调试器来运行程序，找到如图 5.7 所示的“Run”菜单项，单击“Debug As→Java Application”或者“Debug”来启动调试。程序员也可以鼠标右键单击待测试的项目，再选择调试菜单项来启动调试。当程序在断点处暂停时，程序员可以查看和检查所有相关变量的值。他们还可以使用快捷键 F6 来单步执行代码，同时在右侧的“Variables”窗口中查看变量的值和调用堆栈的数据，了解程序是如何到达当前位置的。这些信息对于验证程序的内部状态是否符合预期非常有用。使用调试器的单步执行功能，程序员可以逐行或逐条指令地推进程序的执行，这样，他们可以密切关注程序的行为，并在需要时进行额外的检查或修改。最后，程序员会根据测试用例的预期结果来验证程序的输出，如果程序的行为与预期不符，程序员可以利用调试器提供的信息来定位和解决问题。

类 LeverSense 实现了图 5.5 的操纵杆状态图，只有电源处于 ON 状态，操纵杆的抬起和放下才起作用，其位置在停止、间歇、低速和高速 4 个状态间切换。

【例 5.1】 下述 Up()方法实现了操纵杆的抬起事件，基于判定覆盖和路径覆盖测试技术为这段代码设计测试用例。

```
1.  public void Up()
2.  {
3.      if( PowerStatus.ON == powerStatus )
4.      {
5.          switch( leverPosition )
6.          {
7.              case STOP:  //操纵杆从停止状态到间歇状态
8.                  leverPosition = LeverPosition.INTERM;
9.                  break;
10.             case INTERM://操纵杆从间歇状态到低速状态
11.                 leverPosition = LeverPosition.LOW;
12.                 break;
13.             default:    //无论初始位置为低速或高速,Up 后,都为高速
14.                 leverPosition = LeverPosition.HIGH;
15.                 break;
16.         }
17.     }//end of switch
18. }
```

方法 Up()的代码对应图 5.8 的活动图。下面分别采用判定覆盖和路径覆盖测试技术为它设计测试用例。

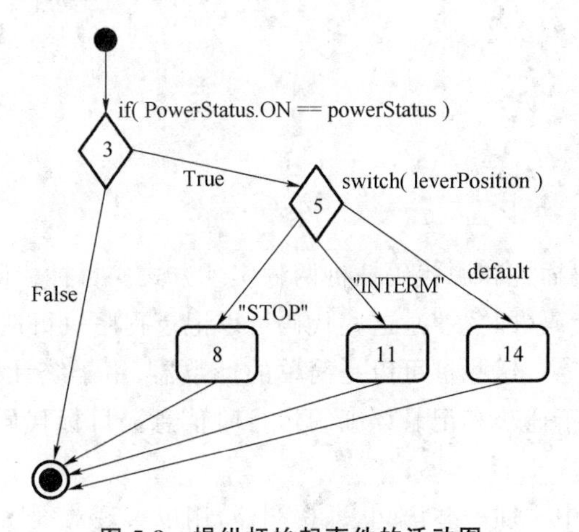

图 5.8 操纵杆抬起事件的活动图

Switch 语句的两个 case 子句可视作两个判断语句，方法 Up()实际上有 3 个判断语句，因此，表 5.2 的测试用例集既满足判定覆盖，也满足路径覆盖。

表 5.2 方法 Up 的判定覆盖和路径覆盖

测试用例编号	powerStatus	leverPosition	预期输出	实际结果
TC1	OFF	INTERM	INTERM	
TC2	ON	STOP	INTERM	
TC3	ON	INTERM	LOW	
TC4	ON	LOW	HIGH	

设计好测试用例后，在 Up()方法的相关代码行设置断点，以调试状态运行程序，将观察到的结果填入表 5.2。如果所有测试用例都通过，则认为程序没有问题。例 5.1 的代码不太方便设置断点，要执行测试用例 TC1，在第 3 行设置断点，启动调试状态后，程序暂停运行并且点亮第 3 行后，再单步执行，此时程序暂停运行并且点亮第 18 行，可观察到 leverPosition 的值。执行测试用例 TC2、TC3 和 TC4 时，则分别在第 9、12 和 15 行设置断点即可观察到 leverPosition 的值。当然，要执行这些测试用例，还需要驱动代码。将测试用例的输入参数填入类 OOTestCase 的驱动代码，每一组参数对应一个测试用例，如下驱动代码用于测试用例 TC2 的执行。

```
System.out.println("操纵杆抬起事件的测试用例");
LeverSense leverSense = new LeverSense(PowerStatus.ON,LeverPosition.STOP);
System.out.println("操纵杆停止状态,加电后,抬起,状态预期为:间歇");
leverSense.Up();
if( LeverPosition.INTERM == leverSense.GetLeverPosition() )
    System.out.println("操纵杆的位置当前为:间歇");
else
    System.out.println("错误:其他位置!");
```

执行测试用例的驱动代码包括 3 个步骤：测试用例输入数据，执行被测实体（Up()方法），测试结果的分析和展示。

5.4 程序插桩

程序插桩有目标代码插桩和源代码插桩两种实现方式。目标代码插桩通常涉及在程序的关键路径上插入额外的代码（即“桩”），这些代码可以记录程序执行期间的特定事件，如函数调用、变量访问或内存分配等。这些桩可以是简单的计数器，用于统计某个事件发生的次数，也可以是复杂的代码段，用于捕获和记录详细的运行时信息。目标代码插桩一般通过相应的插桩工具实现。

源代码插桩，向程序中添加一些语句，即探测器，用以实现对程序语句的执行、变量的变化等情况进行检查。通过源代码插桩，开发人员可以在关键位置插入日志语句、性能计数器或其他自定义代码，以监控程序的执行流程、变量状态或函数调用等信息。这使得问题诊断、性能优化和代码调试变得更加容易。开发人员直接在源代码中添加插桩代码，也可以使用工具或框架自动在源代码中插入标记或函数调用。

为测试例5.1,可以在代码的第17行和18行之间添加如下的打印语句。当执行表5.2的测试用例时,不用设置断点,不用运行调试器,直接启动程序的运行即可,最后在Console视窗观察到运行结果。

```
System.out.println(leverPosition);
```

不知读者是否注意到,图5.5操纵杆状态图有一种情形未被表5.2的测试用例集测试到,当操纵杆处于“高速”状态时,抬起操纵杆,其位置不变。实际上,方法UpWhole()可以完善Up()的实现,尽管方法Up()的代码并没有缺陷,但是根据它的代码而设计的测试用例集有所欠缺。

```
public void UpWhole()
{
    if( PowerStatus.ON == powerStatus )
    {
        switch( leverPosition )
        {
            case STOP:          //操纵杆从停止状态到间歇状态
                leverPosition = LeverPosition.INTERM;
                break;
            case INTERM:        //操纵杆从间歇状态到低速状态
                leverPosition = LeverPosition.LOW;
                break;
            case LOW:           //操纵杆从低速状态到高速状态
                leverPosition = LeverPosition.HIGH;
                break;
            default:            //初始位置为高速时,Up后,位置不变
                leverPosition = LeverPosition.HIGH;
                break;
        }
    }//end of switch
}
```

方法UpWhole()的switch语句有3个case子句,此时,需要5个测试用例才能满足判定覆盖和路径覆盖。表5.3的测试用例集可以完整地测试图5.5操纵杆状态图的状态变化。

表5.3 操纵杆位置变化的完整测试用例集

测试用例编号	powerStatus	leverPosition	预期输出	实际结果
TC1	OFF	INTERM	INTERM	
TC2	ON	STOP	INTERM	
TC3	ON	INTERM	LOW	
TC4	ON	LOW	HIGH	
TC5	ON	HIGH	HIGH	

5.5 断言

断言(Assertion)是软件开发中的一种重要技术,用于在程序中设置检查点,以验证程序在运行时是否满足某些预期条件。断言用于调试和测试阶段,但也可以保留在生产环境中,以监控程序的运行状态。断言通常表现为一种语句或函数,其中包含了一个程序员认为在程序执行到某一点时必定为真的条件。如果这个条件不满足(即断言失败),程序通常会立即停止执行,并抛出异常或显示错误信息,这样程序员就能迅速定位并修复问题。使用断言可以提高程序的健壮性和可维护性,因为它允许开发者在编写代码时就明确表达出自己的预期,并在后续的开发和维护过程中持续验证这些预期是否得到满足。

Eclipse在默认情况下禁用断言,要启用Java程序的断言,需要修改运行配置来包含启用断言的JVM参数。在Eclipse中单击“Run”菜单,选择“Run Configurations”。在出现的对话框中,找到“Arguments”标签。在“VM Arguments”的文本框中,加入“-ea” 或者“-enableassertions”,这样,Eclipse就启用了断言检查。

启用断言后,我们就可以在代码中使用断言语句来进行测试了。使用断言测试例5.1时,在代码的第17行和18行之间添加断言语句。当执行测试用例时,直接启动程序的运行即可,再观察程序会否抛出异常,如果未抛出检查点的异常,则测试用例通过,否则测试用例失败。如下代码为表5.3测试用例TC4的相应断言。

```
assert LeverPosition.LOW == leverPosition;
```

断言语句允许复合的条件表达式,例如:

```
int[] numbers = {10, 20, 30};
int index = 5;
assert index >= 0 && index < numbers.length : "无效的数组索引";
```

上述代码执行后,会抛出异常,并输出提示信息"无效的数组索引"。

断言语句还允许调用其他方法,下列代码的assertWork()方法会抛出异常。

```
private static boolean validateComplexCondition(boolean cond1, boolean cond2,
                                                 boolean cond3) {
    return cond1 && cond2 && cond3;
}

public void assertWork()
{
    boolean condition1 = true;
    boolean condition2 = false;
    boolean condition3 = true;
    assert validateComplexCondition(condition1, condition2, condition3);
}
```

在软件开发和测试中，断点、程序插桩和断言是3种常用的技术，各自有不同的应用场景和优缺点。断点不需要修改源代码，只需在调试器中设置即可，而程序插桩和断言需要在源代码中添加额外的代码，增加了开发和维护的复杂度。断点允许精确控制程序的执行流程，开发人员能够逐步跟踪代码并定位问题，程序插桩和断言较难做到这点。断点只能用于开发阶段的测试，不适合在生产环境中使用，而且测试过程的操作非常麻烦。相比而言，程序插桩和断言则操作方便，并且可用于开发阶段和生产环境，不过程序插桩会少许增加程序的执行时间和资源消耗，断言更会增加程序的开销，如果程序有性能要求，则在生产环境要谨慎使用程序插桩和断言，特别是嵌入式软件这样的系统，不太方便采用断言技术。在分布式系统中，断点可能无法有效地设置，而程序插桩和断言则不存在这个困扰。程序插桩和断言可以在代码的任意位置插入额外的语句或函数，前者可以收集各种灵活的运行时信息，后者所收集的信息则受到诸多限制，而断点所获得的信息最为贫乏。断言可以作为代码的一种文档形式，帮助其他开发人员理解代码的预期行为和边界条件，而断点和程序插桩提供不了帮助。一旦不符合预期，断言能够及时中断程序的运行，避免后续运行的时间开销和资源浪费，断点则需要人为干预，而程序插桩需要额外代码才能终止程序。

5.6　自动执行白盒方法设计的测试用例

断点、程序插桩和断言这些手工方法不仅有效，并且测试者可以根据实际情况灵活调整测试步骤和测试策略，但是，手工方法一次操作只能执行一个测试用例。为提高测试效率，我们可以将所有测试用例写入代码并以自动化的方式一次性运行这些测试代码。自动化测试的优势在于其高效性、可重复性和准确性。测试脚本可以自动执行，无须人工干预，因此可以在短时间内完成大量测试用例的执行。自动化测试具有良好的可重复性，开发者可以随时重新运行测试脚本，以确保修复问题或添加新功能后软件的持续稳定性。自动化测试还可以提高测试的准确性，由于测试代码是根据预设的测试数据和预期结果编写的，因此可以减少人为错误和遗漏的可能性。

表5.2为Up方法设计了4个测试用例，我们将这4个测试用例封装到TestMyUp()方法。若TestMyUp()的返回值为0，说明所有测试用例执行结果符合预期，如果TestMyUp()返回*n*（*n*为1，2，3或4），则表示第*n*个测试用例未通过。

```
public int TestMyUp()
{
    //第一个测试用例，断电后不能改变状态
    SetPowerStatus(PowerStatus.OFF);
    SetLeverPosition(LeverPosition.LOW);
    Up();  //被测实体
    //起始状态为LOW，抬起操纵杆后状态仍为LOW
    if( LeverPosition.LOW!  = GetLeverPosition() )
        return 1;
    //第二个测试用例，加电和抬起操纵杆后状态从STOP－＞INTERM
    SetPowerStatus(PowerStatus.ON);
```

```
        SetLeverPosition(LeverPosition.STOP);
        Up();
        if( LeverPosition.INTERM! =GetLeverPosition() )
                return 2;
        //第三个测试用例,加电和抬起操纵杆后状态从 INTERM->LOW
        SetPowerStatus(PowerStatus.ON);
        SetLeverPosition(LeverPosition.INTERM);
        Up();
        if( LeverPosition.LOW! =GetLeverPosition() )
                return 3;
        //第四个测试用例,加电和抬起操纵杆后状态从 LOW->HIGH
        SetPowerStatus(PowerStatus.ON);  //重复设置电源状态,隔离故障源。
        SetLeverPosition(LeverPosition.LOW);
        Up();
        if( LeverPosition.HIGH! =GetLeverPosition() )
                return 4;
        return 0;
}
```

封装测试代码的 TestMyUp()由 OOTestCase 的下述驱动代码来调用执行,运行驱动代码后,可获得测试用例集的测试结果。

```
System.out.println("LeverSense 的自测试开始……");
int nErr = leverSense.TestMyUp();
if( nErr>0 )
{
    System.out.print(nErr);
    System.out.println("开始出错。");
}
else
    System.out.println("所有测试用例成功。");
```

汽车挡风玻璃雨刷代码

5.7 作业与思考题

1. 安装 SpotBugs,然后从 GitHub 或者 Gitee 下载一个 Java 项目,使用 SpotBugs 分析该项目的代码问题。

2. 类 DialSense 实现了刻度盘的位置变化，其方法 Increment()实现了增加刻度盘的功能。请用条件覆盖为该方法设计测试用例，并分别使用断点、程序插桩和断言执行所设计的测试用例。

```
//增加刻度盘，只有带电才起作用
public void Increment()
{
    if( PowerStatus.OFF == powerStatus )
        return;
    if( 1 == dialPosition )
        dialPosition = 2;
    else if( 2 == dialPosition )
        dialPosition = 3;
    else
        dialPosition = 3;
}
```

3. 类 DialSense 实现了刻度盘的位置变化，其方法 Decrement()实现了减小刻度盘的功能。请用路径覆盖为 Decrement()设计测试用例，并将所设计的测试用例全部封装到一个类似 TestMyUp()的测试方法中。另外，要求编写调用该测试方法的驱动代码。

```
//调小刻度盘，只有带电才起作用
public void Decrement()
{
    if( PowerStatus.OFF == powerStatus )
        return;
    if( 3 == dialPosition )
        dialPosition = 2;
    else if( 2 == dialPosition )
        dialPosition = 1;
    else
        dialPosition = 1;
}
```

4. 类 WindshieldWiper 计算挡风玻璃雨刷对应操纵杆和刻度盘的每分钟摇摆次数，它有 3 个属性：操纵杆、刻度盘和电源状态。只有电源在开启状态，操纵杆和刻度盘的位置才会发生变化；电源处于关闭状态时，雨刷的速度为 0。表 5.1 挡风玻璃雨刷工作速度有具体的雨刷速度计算规则，GetSpeed()方法据此获得雨刷的速度。

分别使用条件覆盖和路径覆盖为 GetSpeed()方法设计测试用例，并使用断点执行所设计的测试用例。

```
public int GetSpeed()
{
```

```
    int nSpeed = 0;
    if( PowerStatus.OFF == powerStatus ) {
        nSpeed = 0; //断电的状态,速度为零
        return nSpeed;
    }
    switch(leverSense.GetLeverPosition()) {
        case STOP:
            nSpeed = 0;
            break;
        case INTERM:
            int ndp = dialSense.GetDialPosition();
            if(1 == ndp)
                nSpeed = 4;
            else if(2 == ndp)
                nSpeed = 6;
            else
                nSpeed = 12;
            break;
        case LOW:
            nSpeed = 30;
            break;
        case HIGH:
            nSpeed = 60;
            break;
    }
    return nSpeed;
}
```

第6章 白盒测试技术的实践

第3章实现了一个名为“航班管理模块”的教学程序，它有文件操作、航班信息的增删改以及查询统计等功能，能够简单地管理航班信息。本章基于逻辑覆盖、路径覆盖和循环测试等白盒测试技术设计测试用例，用以测试“航班管理模块”的代码，最后布置作业与思考题。思考题都是关于白盒测试技术的实践，借助这些习题，读者能够强化学习效果，更好地掌握白盒测试技术。

6.1 航班管理模块的代码

航班管理模块简单地管理航班信息，它具有3项功能，分别是文件操作、航班信息的增加、删除和修改，以及查询统计。航班信息包括：航班号、航班名称、航空公司名称、出发地、目的地、机票价格、座位数目和是否直达。工程 FlightInfoManage_WhiteBox① 是航班管理模块的白盒测试版本，用 Java 语言实现，界面基于轻量级组件 Javax Swing② 完成，图6.1是工程的类图。

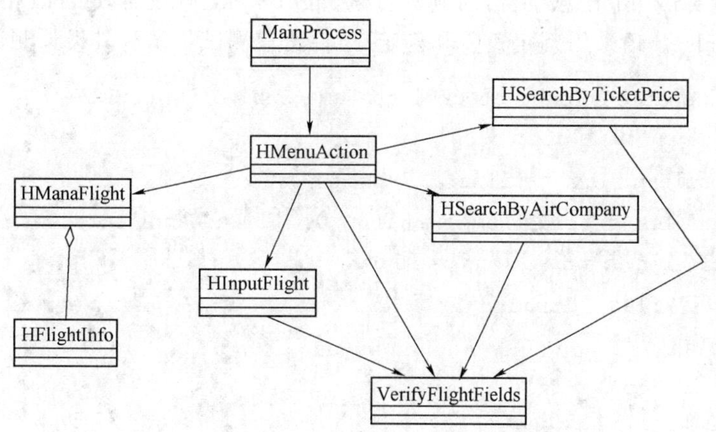

图 6.1 FlightInfoManage_WhiteBox 的类图

① https://gitee.com/softwaretestingpractice/flight-info-manage-white-box

② https://docs.oracle.com/javase/8/docs/api/javax/swing/package-summary.html

整个工程包括 8 个类,类与类之间都是单向关联关系,并且除 HMenuAction 外,其他类都只与一个类有依赖关联。软件的整个架构比较简单,容易维护,大大减少了类与类之间的耦合性。下面简要介绍这 8 个类:

MainProcess,启动程序的类,它显示主窗口,创建程序的菜单。

HFlightInfo,记录单个航班信息的类。

HManaFlight,航班管理类,里面维护了一个数组,所有航班记录都在数组中。它是其他类和 HFlightInfo 打交道的中介。

HInputFlight,添加航班类,提供了一个对话框,当要添加航班时,此对话框提示输入航班的各项信息。对话框由 Javax.Swing 技术实现。

HMenuAction,菜单处理类,所有菜单的响应都位于此类。它是整个工程的中枢,大部分类都和它产生关联,这样做减少了类之间的耦合。当然,HMenuAction 也可以合并到 MainProcess。之所以没有合并,是因为考虑到工程的可维护性,若与 MainProcess 合并,则合并后的类承担的东西太多,不利于将来功能的扩展。

HSearchByTicketPrice,以票价来查询航班的类。该类提供了一个对话框,用户可以输入票价的范围,单击查询后,软件显示满足查询条件的所有航班。

HSearchByAirCompany,以航空公司名称来查询航班的类。该类提供了一个对话框,用户可以输入航空公司名称,单击查询后,软件显示满足查询条件的所有航班。

VerifyFlightFields,航班信息有效性检查的类。该类检查航班信息输入是否有效。用户在界面输入航班号、航班名称、航空公司名称、出发地等信息时,需要检查这些信息是否有效。类 VerifyFlightFields 的方法被多个类共享调用,因此将这些方法设计成静态方法。

6.2 逻辑覆盖测试的实践

【例 6.1】 类 VerifyFlightFields 的静态方法 checkFlightName()用于航班名称的有效性验证。航班名称为 5~10 个任意字符,当航班名称 flightName 有效时,checkFlightName()返回 true;否则返回 false。请采用判定覆盖和判定/条件覆盖测试技术为其设计测试用例。

```
1.  public static boolean checkFlightName(String flightName)
2.  {
3.       boolean flag = false;
4.       int len = flightName == null ? 0 : flightName.length();
5.       if( len >= 5 && len <= 10 )
6.            flag = true;
7.       else
8.            flag = false;
9.       return flag;
10. }
```

这段代码的活动图如图 6.2 所示,它有两个判断语句,其中第二个判断语句有两个条件子句。依据判定覆盖的原则,要求两个判断语句的所有可能取值都至少被执行一次,因此,可定义如下的测试覆盖项。

TCI1：flightName==null 成立　　TCI2：flightName==null 不成立

TCI3：len >=5 && len<=10 成立　　TCI4：len >=5 && len<=10 不成立

要实现这 4 个测试覆盖项，表 6.1 的测试用例集满足要求。

表 6.1 基于判定覆盖的航班名称有效性验证的测试用例集

测试用例编号	flightName	实现的测试覆盖项	预期输出	实际结果
TC1	(null)	TCI1 TCI4	false	false
TC2	南方货运航班	TCI2 TCI3	true	true

从测试结果可知，两个测试用例都通过，说明判定覆盖测试技术未能检测出 checkFlightName()的问题，或者该方法不存在缺陷代码。

依据判定/条件覆盖的原则，可定义如下的测试覆盖项。

TCI1：flightName==null 成立　　TCI2：flightName==null 不成立

TCI3：len >=5 && len<=10 成立　　TCI4：len >=5 && len<=10 不成立

TCI5：len >= 5　　TCI6：len < 5

TCI7：len <= 10　　TCI8：len > 10

要实现这 8 个测试覆盖项，表 6.2 的测试用例集满足要求。

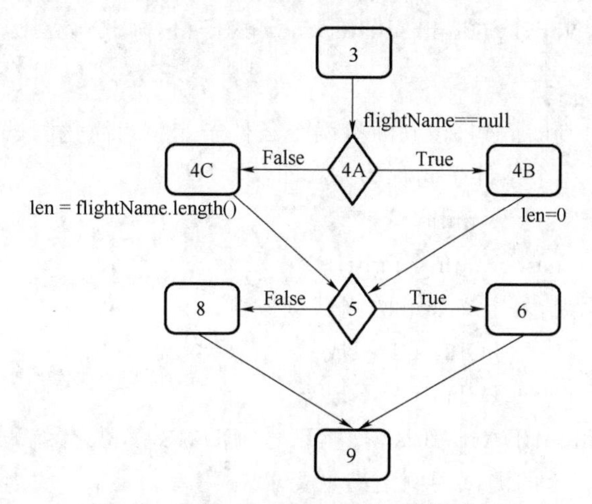

图 6.2 方法 checkFlightName 的活动图

表 6.2 基于判定/条件覆盖的航班名称有效性验证的测试用例集

测试用例编号	flightName	实现的测试覆盖项	预期输出	实际结果
TC1	(null)	TCI1 TCI4 TCI6	false	false
TC2	南方货运航班	TCI2 TCI3 TCI5 TCI7	true	true
TC3	中国福建厦门 C919 大客机	TCI2 TCI4 TCI5 TCI8	false	false

从测试结果可知，3 个测试用例都通过，说明判定/条件覆盖测试技术未能检测出 checkFlightName()的问题，或者该方法不存在缺陷代码。读者要注意，当 TCI6 成立时，程序并不会执行“&&”连接的条件子句，即不会实现 TCI7。

【例 6.2】 类 HInputFlight 的私有方法 ValidID()用于新航班号的有效性验证。航班号由 6 位字符组成，前两个字符为英文大写字母（A～Z），后接 4 位数字（0～9）。如果输入的航班号 flightID 符合规则，并且航班列表不存在 flightID，则 flightID 可作为新航班的航班号，并且方法返回 True，否则方法返回 False。请采用条件覆盖和条件组合覆盖测试技术为其设计测试用例。

```
1.  private boolean ValidID()
2.  {
3.       flightID = txtID.getText();
4.       if( flightIDArrayList! =null && flightIDArrayList.contains(flightID) )
5.       {
6.            txtID.setText(flightID + "已存在");
7.            return false;
8.       }
9.       return VerifyFlightFields.checkFlightID(flightID);
10. }
```

该段代码只有一个判断语句，该判断有两个条件子句。为简化测试覆盖项的罗列，将第一个条件子句称为 C1，后一个条件子句称为 C2，即：

C1：flightIDArrayList! =null

C2：flightIDArrayList.contains(flightID)

依据条件覆盖的原则，可定义如下的测试覆盖项。

TCI1：C1 成立　　　　TCI2：C1 不成立

TCI3：C2 成立　　　　TCI4：C2 不成立

假设航班号列表 flightIDArrayList 有航班号“CU2139”，没有航班号“MX3705”，要实现这 4 个测试覆盖项，表 6.3 的测试用例集满足要求。

表 6.3　基于条件覆盖的新航班号有效性验证的测试用例集

测试用例编号	flightIDArrayList	txtID	实现的测试覆盖项	预期输出	实际结果
TC1	（清空航班号列表）	CX5578	TCI2	true	true
TC2	CU2139，MX2048，…	CU2139	TCI1　TCI3	false	false
TC3	CU2139，MX2048，	MX3705	TCI1　TCI4	true	true

从测试结果可知，3 个测试用例都通过，说明条件覆盖测试技术未能检测出 ValidID()的问题，或者该方法不存在缺陷代码。读者要注意三点，一是 ValidID()调用了 checkFlightID()方法，因此，执行 ValidID()的测试前，必须保证 checkFlightID()没有问题；二是测试用例 TC1 不能实现测试覆盖项 TCI4，因为这里是用与 && 连接条件子句，C1 不成立的话，不会执行 C2 的计算或判断；三是若 txtID 输入“MX375”这样无效的航班号，测试用例 TC1 和 TC3 的预期输出结果为 false。

依据条件组合覆盖的原则，可定义如下的测试覆盖项。

TCI1：C1 成立　C2 成立　　　TCI2：C1 成立　C2 不成立

TCI3：C1 不成立 C2 成立　　　TCI4：C1 不成立 C2 不成立

类似地，假设航班号列表有航班号"CU2139"，没有航班号"MX3705"，要实现这 4 个测试覆盖项，表 6.4 的测试用例集满足要求。

表 6.4　基于条件组合覆盖的新航班号有效性验证的测试用例集

测试用例编号	flightIDArrayList	txtID	实现的测试覆盖项	预期输出	实际结果
TC1	CU2139，MX2048，…	CU2139	TCI1	false	false
TC2	CU2139，MX2048，…	MX3705	TCI2	true	true
TC3	（清空航班号列表）	CU2139	TCI3	/	/
TC4	（清空航班号列表）	MX3705	TCI4	/	/

从 ValidID()的代码逻辑上观察，测试覆盖项 TCI3 和 TCI4 不可能被测试到，如果航班号列表被清空，则 C1 不成立，程序不会执行 C2 的判断，因此无法执行测试用例 TC3 和 TC4。条件组合覆盖技术并不适合测试这段代码。

6.3 路径覆盖测试的实践

【例 6.3】类 VerifyFlightFields 的静态方法 checkTicketPrice()用于机票价格的有效性验证。机票价格的范围为 100～8000，允许整数和浮点数。若输入浮点数，则最多两位小数，200.5和 200.55 是有效的，200.405 是无效的。如果输入的机票价格有效，则方法 checkTicketPrice()返回票价，否则返回－1。请采用路径覆盖为其设计测试用例。

```
1.  public static float checkTicketPrice(String ticketPrice)
2.  {
3.      boolean flag = false;
4.      float price = 0.0f;
5.      try {
6.          price = Float.parseFloat(ticketPrice);
7.          if( price> = 100.0f && price< = 8000.0f )
8.          {
9.              String tpstr = Float.toString(price);
10.             int dotIndex = tpstr.indexOf('.');
11.             if (dotIndex>0 )
12.             {  //dotIndex = -1 表示:没有小数部分
13.                 int lengthAfterDot = tpstr.length() - dotIndex - 1;
14.                 if (lengthAfterDot <= 2 ) //检查小数位个数是否超过 2
15.                     flag = true;
16.             }//end of if
```

```
17.            }//end of if
18.       }//end of try
19.       catch(Exception e)
20.       {
21.          flag = false;
22.       }
23.       if( true == flag )
24.            return price;
25.       else
26.            return -1;
27. }
```

依照路径覆盖测试技术的实施步骤，首先画出上述代码片段的活动图。值得注意的是，try…catch 可以视作一个判断语句，当用户输入非数值的内容，程序会在第 6 行抛出异常，该异常被捕获后执行到 21 行。如图 6.3 所示，checkTicketPrice()有 5 个判断点，因此程序环路复杂度为 6。接着设计它的 6 条独立路径，分别对应如下的 3 个测试覆盖项：

TCI1：3-5-6-7-9-11-13-14-15-23-24

TCI2：3-5-21-23-24

TCI3：3-5-21-23-26

TCI4：3-5-6-7-23-26

TCI5：3-5-6-7-9-11-23-26

TCI6：3-5-6-7-9-11-13-14-23-26

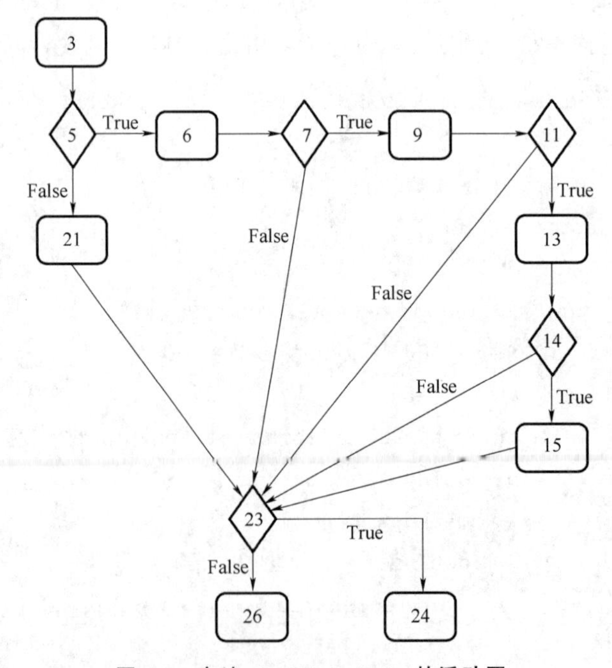

图 6.3　方法 checkTicketPrice 的活动图

选择适当的数据后，相应的测试用例如表 6.5 所示。

表 6.5　基于路径覆盖的机票价格有效性验证的测试用例集

测试用例编号	ticketPrice	实现的测试覆盖项	预期输出	实际结果
TC1	1200	TCI1	1200	
TC2	/	TCI2	/	
TC3	12e+3a	TCI3	-1	
TC4	60	TCI4	-1	
TC5	/	TCI5	/	
TC6	800.205	TCI6	-1	

行号为 21 和 24 的代码不可能同时被执行到，因此测试覆盖项 TCI2 对应的独立路径为无效路径，相关测试用例无须执行。Float. toString(price)会将整数的 price 变成浮点数，dotIndex 的值总是大于 0，因此测试覆盖项 TCI5 对应的独立路径为无效路径，相关测试用例无须执行。请读者执行测试用例后，将程序实际运行结果填入表 6.5。

6.4　循环测试技术的实践

【例 6.4】类 HManaFlight 的公有方法 searchFlightByCompany()从当前的航班列表搜索所属航空公司的全部航班。该方法的参数 airCompany 指航空公司名称，如果航班列表没有 airCompany 的航班，将返回一个空白字符串；否则将检索到的全部航班的航班信息拼接成字符串，然后把字符串返回给调用者。请采用循环测试技术为其设计测试用例。

```
1.  public String searchFlightByCompany(String airCompany)
2.  {
3.      int nSize = listFlightInfo.size();
4.      StringBuffer sbInfo = new StringBuffer();
5.      //遍历整个航班列表 listFlightInfo
6.      for(int i = 0;i<nSize;i++)
7.      {
8.           HFlightInfo hfiFlight = (HFlightInfo)listFlightInfo.get(i);
9.           String strTmp;
10.          if( hfiFlight.getAirCompany().equals(airCompany) )
11.          {
12.              strTmp = hfiFlight.getInfo();
13.              sbInfo.append(strTmp + "\r\n");
14.          }
15.      } //end of for
16.      return sbInfo.toString();
17. }
```

上述代码片段的循环体有一个判断语句，将循环测试技术和逻辑覆盖测试技术结合起来设计测试用例的做法比较适合。此节仅讲述循环测试技术的实践，我们应用一种简单的做法，在每次循环体执行时，都尽力让判断语句既取值 True 又取值 False。这里没有确定最大循环次数，我们选择 20 作为一个比较大的循环次数。依照循环测试技术，可定义如下的测试覆盖项：

TCI1：0 次循环　　TCI2：1 次循环

TCI3：2 次循环　　TCI4：10 次循环

TCI5：19 次循环　　TCI6：20 次循环

选择适当的航班列表 listFlightInfo 和航空公司名称 airCompany 后，实现 6 个测试覆盖项的测试用例集如表 6.6 所示。

表 6.6　基于循环测试的方法 searchFlightByCompany 的测试用例集

测试用例编号	listFlightInfo	airCompany	实现的测试覆盖项	预期输出	实际结果
TC1	(清空航班列表)	厦门航空	TCI1	" "	
TC2	CU2139	厦门航空	TCI2	显示 CU2139 的航班信息	
TC3	CU2139，MX2048	厦门航空	TCI3	显示 CU2139 的航班信息	
TC4	CU2139，CU6135 等 10 个航班	厦门航空	TCI4	显示 CU2139 和 CU6135 的航班信息	
TC5	CU2139，CU6135 等 19 个航班	厦门航空	TCI5	显示 CU2139 和 CU6135 的航班信息	
TC6	CU2139，CU6135 等 20 个航班	厦门航空	TCI6	显示 CU2139 和 CU6135 的航班信息	

假设厦门航空所属航班的航班号以“CU”打头。在 TC1 航班列表没有任何航班。在 TC2 航班列表只有航班号为“CU2139”的航班。在 TC3 航班列表有航班号为“CU2139”和“MX2048”的 2 个航班。在 TC4、TC5 和 TC6，航班列表里分别有 10、19 和 20 个航班，这些航班列表里面只有“CU2139”和“CU6135”属于“厦门航空”。请读者执行测试用例后，将程序实际运行结果填入表 6.6。

航班管理白盒测试版本代码

6.5　作业与思考题

1. 类 HManaFlight 的公有方法 delFlightInfoByID()将航班从当前的航班列表中删除。该方法的参数 flightID 指航班号，如果航班列表没有航班号为 flightID 的航班，将返回 false；否则将返回 true，并且删除对应航班。请采用循环测试技术为其设计测试用例，并执行所设计的测试用例。

```
1.  public boolean delFlightInfoByID(String flightID)
2.  {
3.        boolean flag = false;
4.        int nSize = listFlightInfo.size();
5.        //遍历整个航班列表 listFlightInfo
6.        for(int i = 0;i<nSize;i++)
7.        {
8.              HFlightInfo hfiFlight = (HFlightInfo)listFlightInfo.get(i);
9.              if(hfiFlight.getFlightID().equals(flightID))
10.             {
11.                   listFlightInfo.remove(i);
12.                   break;
13.             }
14.       }//end of for
15.       return flag;
16. }
```

2. 类 HManaFlight 的公有方法 searchFlightByPrice()从当前的航班列表内搜索票价在一个范围内的航班。该方法的参数 minPrice 指最低票价，maxPrice 指最高票价。如果航班列表没有符合条件的航班，将返回一个空白字符串；否则将检索到的全部航班的航班信息拼接成字符串，然后把字符串返回给调用者。请结合循环测试和条件覆盖测试技术为其设计测试用例，并执行所设计的测试用例。

```
1.  public String searchFlightByPrice(float minPrice,floatmaxPrice)
2.  {
3.        int nSize = listFlightInfo.size();
4.        StringBuffer sbInfo = new StringBuffer();
5.        //遍历整个航班列表 listFlightInfo
6.        for(int i = 0;i<nSize;i++)
7.        {
8.           HFlightInfo hfiFlight = (HFlightInfo)listFlightInfo.get(i);
9.           String strTmp;
10.          float ticketPrice = hfiFlight.getTicketPrice();
11.          if( ticketPrice>=minPrice || ticketPrice<=maxPrice )
12.          {
13.                strTmp = hfiFlight.getInfo();
14.                sbInfo.append(strTmp + "\r\n");
15.          }
16.       } //end of for
17.       return sbInfo.toString();
18. }
```

3. 类 HManaFlight 的公有方法 multiSearchFlightByCompany()从当前的航班列表搜索所属航空公司的所有航班。该方法的参数 airCompany 指航空公司名称,参数 matching 有 3 个选项,值为 1 时要求航空公司名称精确匹配 airCompany,值为 2 时要求航空公司名称以 airCompany 开头,值为 3 时要求航空公司名称包含 airCompany。如果航班列表没有符合条件的航班,将返回一个空白字符串;否则将检索到的全部航班的航班信息拼接成字符串,然后把字符串返回给调用者。请采用 Z 路径覆盖测试技术为其设计测试用例,并执行所设计的测试用例。

```
1.  public String multiSearchFlightByCompany(int matching,String company)
2.  {
3.        int nSize = listFlightInfo.size();
4.        StringBuffer sbInfo = new StringBuffer();
5.        for(int i = 0;i<nSize;i++)
6.        {
7.             HFlightInfo hfiFlight = (HFlightInfo)listFlightInfo.get(i);
8.             String strTmp;
9.             if(1 == matching)
10.            { //精确匹配
11.                    if( hfiFlight.getAirCompany().equals(company) )
12.                    {
13.                           strTmp = hfiFlight.getInfo();
14.                           sbInfo.append(strTmp + "\r\n");
15.                    }
16.            }
17.            else if(2 == matching)
18.            {//以 company 开头
19.                    if( hfiFlight.getAirCompany().startsWith(company) )
20.                    {
21.                           strTmp = hfiFlight.getInfo();
22.                           sbInfo.append(strTmp + "\r\n");
23.                    }
24.            }
25.            else if(3 == matching)
26.            {//包含 company
27.                    if( hfiFlight.getAirCompany().contains(company) )
28.                    {
29.                           strTmp = hfiFlight.getInfo();
30.                           sbInfo.append(strTmp + "\r\n");
31.                    }
32.            }
33.            else {}
```

```
34.         } //end of for
35.         return sbInfo.toString();
36. }
```

4. 类 HInputFlight 的公有方法 actionPerformed()用于航班信息录入对话框的按钮响应。假定方法 ValidFlightInfo()已经测试通过，如果录入的航班信息有效，并且用户单击了“确定”按钮，bDoOK 的值为 true，其他情况 bDoOK 的值为 false。请采用判定覆盖测试技术为其设计测试用例，并执行所设计的测试用例。

```
1.  public void actionPerformed(ActionEvent e)
2.  {
3.          if( e.getActionCommand() == "确定")
4.          {
5.                  boolean bResult = ValidFlightInfo();
6.                  if( false == bResult )
7.                          JOptionPane.showMessageDialog(this,
8.                              "录入数据无法通过验证，请重新录入，或取消此次操作。",
9.                              "警告信息",JOptionPane.PLAIN_MESSAGE);
10.                 else
11.                 {
12.                         setVisible(false);
13.                         dispose();
14.                         bDoOK = true;
15.                 }
16.         }
17.         else if( e.getActionCommand() == "取消")
18.         {
19.                 setVisible(false);
20.                 dispose();
21.                 bDoOK = false;
22.         }//end of else if
23. }
```

5. 类 VerifyFlightFields 的静态方法 checkFlightID()用于航班号的有效性验证。航班号由两个英文大写字母(A～Z)开头，后接 4 位数字(0～9)。方法的参数 flightID 指航班号，如果输入的航班号符合规则，checkFlightID()返回 true，否则返回 false。请采用条件覆盖测试技术为其设计测试用例，并执行所设计的测试用例。

```
1.  public static boolean checkFlightID(String flightID)
2.  {
3.          boolean flag = true;
4.          int len = flightID == null ? 0 : flightID.length();
```

```
5.        if( len ! = 6 )
6.             flag = false;
7.         else {
8.             char ch1 = flightID.charAt(0);
9.             char ch2 = flightID.charAt(1);
10.            if( ch1<'A' || ch1>'Z' || ch2<'A' || ch2>'Z' )
11.            {
12.                  flag = false;
13.            }
14.            else {
15.            for( int i = 2;i<len;i ++ )
16.            {
17.                  char ch = flightID.charAt(i);
18.                  if( ch<'0'|| ch>'9' )
19.                  {
20.                        flag = false;
21.                        break;
22.                  }
23.            }//end of for
24.        }//end of else
25.      }//end of else
26.      return flag;
27. }
```

6. 类 HSearchByTicketPrice 的私有方法 ValidPrice()用于航班检索的机票价格有效性验证。机票价格的范围为 100～8000，允许整数和浮点数。若输入浮点数，则最多两位小数。txtMinPrice 输入第一个机票价格，txtMaxPrice 输入第二个机票价格，第一个机票价格必须小于第二个机票价格。如果输入的机票价格满足要求，则方法 ValidPrice()返回 true，否则返回 false。请分别采用判定覆盖和路径覆盖为其设计测试用例，并执行所设计的测试用例。

```
1. private boolean ValidPrice()
2. {
3.        boolean flag = false;
4.        float minPrice = VerifyFlightFields.checkTicketPrice(txtMinPrice.getText());
5.        if( minPrice>0 )
6.        {
7.              float maxPrice = VerifyFlightFields.checkTicketPrice(
8.                                txtMaxPrice.getText());
9.              if( maxPrice>0 )
10.             {
```

```
11.                 if( minPrice<=maxPrice )
12.                 {
13.                     fMinPrice = minPrice;
14.                     fMaxPrice = maxPrice;
15.                     flag = true;
16.                 }
17.             }//end of if( maxPrice>0 )
18.     }
19.     return flag;
20. }
```

7. 请基于条件覆盖测试技术为例 6.3 设计测试用例,并执行所设计的测试用例。

8. 请基于判定覆盖测试技术为例 6.3 设计测试用例,并执行所设计的测试用例。

第7章 基于JUnit的自动化测试

JUnit是一个广泛使用的Java测试框架，它为开发者提供了一种编写和运行可重复的测试的简便方法。JUnit框架的核心概念包括测试套件、测试用例和测试方法。测试套件是一组相关测试用例的集合，它可以包含多个测试类，每个测试类又包含多个测试方法。测试套件的目的是将相关测试组织在一起，方便一次性运行。测试用例是对某个特定功能或代码片段进行测试的单元，每个测试用例通常对应一个测试方法。测试方法是JUnit的最小测试单元，每个测试方法都是一个Java方法，用于执行具体的测试操作。JUnit框架允许开发者为每个测试方法编写一个或多个断言，以验证代码的行为。

JUnit的重要性体现在测试驱动开发的发展中，它是一系列单元测试框架的一部分，这些测试框架统称为xUnit。JUnit的灵活性和易用性使其成为Java开发者的首选工具之一。JUnit还支持各种测试运行器和插件，这些工具可以帮助开发者更加高效地运行和调试测试。JUnit的另一个优点是它的可扩展性。虽然JUnit提供了许多有用的断言和方法，但开发者也可以编写自己的断言和方法来扩展JUnit的功能。此外，JUnit还支持各种测试模式，如参数化测试、异常测试、超时测试等，这些模式可以帮助开发者更加全面地测试他们的代码。

多数Java的开发环境都已经集成了JUnit作为单元测试的工具。Eclipse就内置了对JUnit的支持，允许开发者直接在开发环境中运行和调试测试。此外，还有一些工具和插件可以帮助开发者生成测试覆盖率报告，以便他们了解哪些代码已经被测试过，哪些代码还没有被测试过。

JUnit 5① 是JUnit测试框架的第五个版本，它为Java虚拟机上的开发者测试提供了现代化的基础，支持Java 8及以上版本，并允许多种不同风格的测试。本章以2023年12月发布的Eclipse②(版本号4.30.0)作为Java开发环境，介绍JUnit 5的应用实践。

7.1 自动化测试

自动化测试是将以人为驱动的测试行为转化为机器执行的一种过程。自动化测试在现代

① https://junit.org/junit5/

② https://www.eclipse.org/downloads/

软件开发中扮演着至关重要的角色,并加速产品上市时间。它不仅可以显著提高测试效率,减少人为错误,还可以持续监控软件质量,确保产品按时按质地交付。要实施自动化测试,项目需满足一定条件,如软件需求变动不频繁、项目周期足够长、自动化测试脚本可重复使用等。开发者也可以从项目划分出简单、重复性高、业务复杂度低的功能点确定为自动化测试的对象。

在实施自动化测试时,测试团队首先根据项目的特性和需求,选择适合的自动化测试框架和工具。这些框架和工具应该具备易用性、可扩展性、可维护性,以及享有良好的社区支持。接着,根据设计的测试用例,测试团队需要编写相应的自动化测试脚本,测试脚本是实现测试用例自动化的关键,他们应该契合不同的测试场景,如 Web 应用、移动应用、单元测试等。在测试过程中,测试者定期执行自动化测试脚本,检查软件的功能和性能是否符合预期。最后,测试者还要依据测试结果,进行缺陷管理、回归测试、测试报告和分析。

7.1.1 自动化测试与手工测试的比较

相比手工执行测试用例,自动化测试的优势在于其高效性、可重复性和准确性。但是,自动化测试也有明显的缺点。自动化测试的开销比较大,特别是测试脚本的编写需要专业测试人员投入大量的时间和精力才能完成。此外,自动化测试的隐性投入也不可忽视,例如对测试人员的技能培训和知识更新,以及对自动化测试工具的持续维护和升级等。看起来,手工测试和自动化测试结合的策略是合理的测试实践。

测试团队应该根据软件情况、测试场景、团队技术背景和开发框架选型等综合考虑,决定是否对软件执行自动化测试,或者对软件的哪些需求实施自动化测试。如表 7.1 所示,手工测试和自动化测试各有适合的应用场合。

表 7.1 手工测试和自动化测试的应用场合

应用场合	适合应用自动化测试	适合应用手工测试
待测软件的需求变更频率	需求相对稳定的软件更适合自动化测试	需求变动频繁,自动化测试的维护成本会超过节省的人工成本
项目周期	自动化测试需要一定时间来设计、开发和调试,适合长周期项目	项目周期较短,手工测试更划算,它不需要编写测试脚本
回归测试频率	经常发布新功能或修复的软件,对质量和稳定性要求高的软件,在业务中扮演关键角色的软件,这些回归测试频率高的软件适合自动化测试	研究和实验性软件、临时性应用程序、内部工具、低风险应用程序和高度定制化项目,这些软件很少执行回归测试,手工测试更适合
测试阶段	单元测试最适合自动化测试,但需要开发人员完成	集成测试和验收测试更适合手工测试
测试数据量	对于数据量大的软件需求验证,自动化测试可能更适合。测试数据输入量巨大或者录入频率很高,自动化测试是唯一选择	对于数据量小的功能验证,手工测试更划算,节省了测试环境搭建和脚本编写的开销
待测软件的输出媒体类型	自动化测试的核心难点是软件输出实际结果和期望结果的比较,实际结果必须是机器可识别的。文本、数据等类型的输出适合自动化测试	图形、视频、音频等媒体类型的输出难以被机器识别,随机数、验证码或随机推荐等输出无法预测,这些情形更适合手工测试

7.1.2 辅助白盒测试的自动化测试框架和工具

本书第5章5.1.2小节介绍了一些静态白盒测试的自动化工具,这里介绍执行动态白盒测试的自动化工具。除JUnit外,辅助白盒测试的自动化测试框架和工具还有很多,我们只简单介绍其中的几个代表。

TestNG是一个功能强大、灵活易用的Java测试框架,它不仅支持单元测试,还支持集成测试、端到端测试以及功能测试等多种测试类型。TestNG的主要特点包括灵活的测试配置、强大的参数化测试支持、组测试和依赖测试等。TestNG还支持多线程执行测试用例,从而加快测试速度。此外,TestNG还提供了详细的测试报告和日志输出功能,帮助测试人员快速定位问题并进行调试。测试报告可以展示每个测试用例的执行结果、耗时以及异常信息等,为测试分析和改进提供了有力的支持。

Google Test,简称GTest,是Google开发的一个功能强大的C++测试框架。它旨在帮助开发人员编写高质量、可维护的单元测试代码,以确保软件的质量和稳定性。GTest提供了一套丰富的断言库,用于验证代码的正确性。开发人员可以使用各种断言方法,来检查代码的预期输出与实际输出是否一致。除了基本的断言功能外,GTest还支持测试夹具(test fixtures)和参数化测试,前者用于设置和清理测试环境,后者使用不同的输入参数运行相同的测试用例。GTest还提供了死亡测试(death tests)功能,使测试人员能够捕获运行时错误或程序崩溃等异常情况,用于检测代码中的致命错误。

Jest是一个流行的JavaScript测试框架,由Facebook团队开发和维护。它旨在提供一种简单、完整且可靠的解决方案,用于测试JavaScript代码库和应用程序的各个层面。Jest内置了丰富的测试工具和功能,支持单元测试、集成测试、快照测试和模拟测试等多种测试类型。Jest采用了简洁明了的API设计,使得编写测试代码变得轻而易举。其中,Jest的快照测试功能备受瞩目,它可以自动捕获并比较用户界面组件在不同状态下的渲染结果,确保用户界面的一致性和稳定性。同时,Jest还提供了强大的模拟功能,可以模拟JavaScript对象和方法,以及浏览器环境中的全局函数和模块,使得测试更加独立和可靠。Jest还具备出色的性能表现,它采用了并行测试和测试缓存等技术,可以显著提高测试执行速度。此外,Jest还提供了详细的测试报告和日志输出功能,帮助开发人员快速定位问题并进行调试。

NUnit是一个功能强大的开源单元测试框架,专为.NET语言设计,包括C#、VB.NET、F#等。它提供了一套丰富的断言方法,允许开发人员验证代码的行为是否符合预期。这些断言方法包括检查值是否相等、集合是否包含特定元素、对象是否为空、等等。除了基本的断言功能外,NUnit还支持测试夹具和参数化测试。NUnit与许多持续集成和自动化工具兼容,这使得开发人员可以轻松地将NUnit集成到其开发流程中,实现自动化测试,并在代码提交时立即获得有关测试结果的反馈。

Pytest是一个非常成熟且功能齐全的Python测试框架,它简单、灵活且容易上手,同时文档也十分丰富,包含许多实用的例子。Pytest支持简单的单元测试和复杂的功能测试,可以方便地进行各种级别的测试。它的参数化功能使得测试人员可以更加细粒度地控制测试用例,使用不同的输入参数运行相同的测试逻辑,提高测试的覆盖率。此外,Pytest具有很多第三方插件,并且可以自定义扩展,这些插件可以极大地丰富Pytest的功能,满足各种测试需求。Pytest 还可以很好地和持续集成工具结合,实现自动化测试,提高软件开发效率。

7.1.3 辅助黑盒测试的自动化测试框架和工具

自动执行黑盒方法设计的测试用例有如下成熟的工具:Selenium、Appium、JMeter、LoadRunner、Rational Robot 和 HP UFT 等。

Selenium 是一个广泛使用的开源的自动化测试工具,主要用于 Web 应用程序的测试[①]。它提供了一套完整的测试框架,能够模拟用户在浏览器中的操作,如单击、输入、滚动页面、拖拽等,从而实现对 Web 页面的自动化测试和验证。它允许测试人员通过编写脚本来模拟 Web 浏览器中的用户交互行为,包括填写表单、单击链接、上传文件等。Selenium 支持多种编程语言,如 Java、Python、C# 等,并可以在多种操作系统和浏览器上运行。Selenium 支持录制和回放功能,还提供了一个可视化的测试脚本编辑环境,可以自动化地执行测试用例,验证应用程序的各项功能是否符合预期。

Appium 是一个开源的自动化测试框架,主要用于移动应用的用户界面测试。它支持 iOS 和 Android 平台上的原生、混合以及移动 Web 应用。Appium 支持 Java、Python、Ruby 等多种编程语言。通过 Appium,测试人员可以编写脚本来模拟用户在移动设备上的操作,如点击、滑动、输入文本等,从而验证应用软件的功能和性能。它特别适用于持续集成环境,可以自动运行测试用例,及时发现并修复潜在的问题。

JMeter 是 Apache 组织基于 Java 开发的压力测试工具,广泛用于对软件进行压力测试和性能分析。JMeter 支持多种协议,如 HTTP、HTTPS、JDBC、FTP 等,使得它可以用于测试各种类型的应用和服务,以评估这些系统在高负载下的性能和稳定性。通过模拟大量用户并发请求,JMeter 可以帮助测试人员发现潜在的性能瓶颈和问题。JMeter 具有良好的扩展性,用户可以通过编写自定义的插件或脚本来增强其功能,满足特定的测试需求。

LoadRunner 的核心用途是进行系统负载测试,以评估系统在高负载下的性能和稳定性。它适用于各种体系架构,能对整个企业架构进行测试,从而最大限度地缩短测试时间,优化性能,并加速应用系统的发布周期。通过模拟实际用户的操作行为和实时性能监测,LoadRunner 能帮助企业更快地查找和发现问题。LoadRunner 允许用户自定义负载测试场景,如并发用户数、负载模式等,以满足不同的测试需求。在负载测试过程中,LoadRunner 能实时监控系统的性能指标,如响应时间、吞吐量等,帮助用户及时发现性能瓶颈。

Rational Robot 是 IBM Rational 软件系列中的一款自动化测试工具,主要用于对软件应用程序进行功能测试和回归测试。它支持对各种应用程序进行自动化的功能测试和回归测试。通过录制用户在软件界面上的操作,Robot 可以生成测试脚本,并在后续的执行过程中模拟用户的操作,以验证软件的功能是否符合预期。Robot 提供了丰富的测试功能,包括基于图形用户界面的功能测试和网络应用程序的性能测试。测试人员可以根据需要创建各种类型的测试用例,以全面验证软件的功能和性能。Robot 具有直观的用户界面和简单的操作方式,使得测试人员能够快速上手并进行自动化测试。即使对于没有编程经验的测试人员来说,也能

---

① 第 9 章将详细介绍 Selenium 的用法。

够通过简单的录制和回放操作来执行测试。Robot 允许测试人员根据需要自定义测试用例和测试脚本，以满足特定的测试需求。测试人员可以灵活地调整测试参数、添加验证点等，以提高测试的准确性和效率。

HP UFT(Unified Functional Testing)从 QTP(Quick Test Professional)发展而来，它是一款强大的自动化测试工具，广泛应用于各种应用软件的功能测试和回归测试。UFT 提供了丰富的测试功能，包括创建测试、检验数据、增强数据、运行测试脚本和分析测试结果等。UFT 支持多种插件，这些插件可以帮助测试人员成功识别对应插件的测试对象控件，这使得 UFT 能够轻松应对各种复杂的应用程序测试需求。对于没有编程经验的测试人员来说，可以利用如图 7.1 所示的 UFT 脚本录制工具，将测试用例执行过程录制并保存，回放这些保存的操作相当于重复执行测试用例。UFT 使用 VBScript 作为其内置脚本语言，测试人员录制的测试用例执行过程会被自动保存为 VBScript 代码，如果待测软件有小的改动，测试人员可以轻松地修改录制代码以适用软件的新版本。

图 7.1 “录制和运行设置”对话框

7.2 JUnit 5 测试框架

JUnit 5 由 3 个不同子项目的多个模块组成，即 JUnit Platform、JUnit Jupiter 和 JUnit Vintage。JUnit Platform 在 Java 虚拟机上提供启动测试框架的基础服务，支持通过命令行、集成开发环境(如 IntelliJ IDEA、Eclipse、NetBeans 和 Visual Studio Code)以及构建工具(如 Gradle、Maven 和 Ant)等方式执行测试。该平台不仅支持 JUnit 自制的测试引擎，还可以接入其他测试引擎。JUnit Jupiter 提供 JUnit 5 的编程模型和扩展模型，并包含一个用于在 JUnit Platform 上运行的测试引擎。由于 JUnit 已经发展多年，为了兼容老项目，JUnit Vintage 提供了支持 JUnit 4.x 和 JUnit 3.x 的测试引擎。

7.2.1 JUnit 5 的安装和使用

Eclipse 内置了对 JUnit 的支持。若要在项目中使用 JUnit 5，只需将其 API 库添加到项目中。具体步骤如下：

(1) 右键单击项目名称，选择“Properties”。

(2) 在弹出的窗口中选择“Java Build Path”。

(3) 切换到“Libraries”选项卡。

(4) 单击“Add Library”按钮，选择“JUnit”。

(5) 在接下来的对话框中选择“JUnit 5”，然后单击“Finish”按钮。

(6) 确认添加成功后，关闭对话框。

图 7.2 所示为相应的对话框，并用方框标记了上述步骤的部分选择内容。

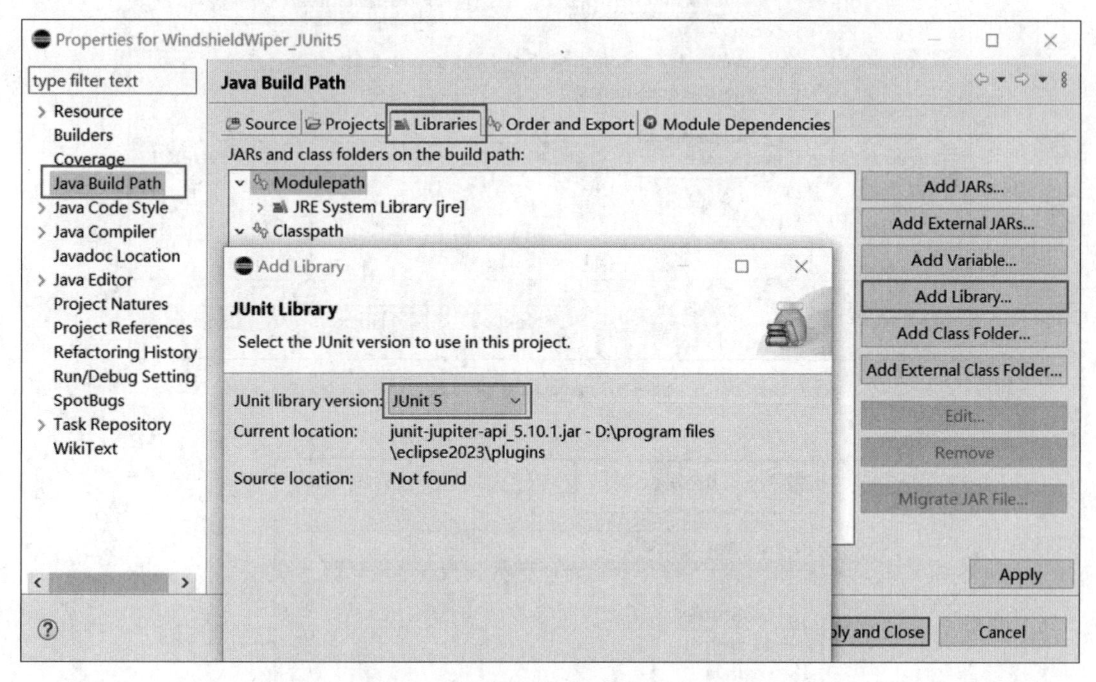

图 7.2 为项目添加 JUnit 5 的测试支持

要测试某个类，可以右键单击该类名称或项目名称，选择“New” →“JUnit Test Case”。在弹出的对话框中(如图 7.3 所示)，进行以下操作：

- 在“被测类”字段中填入要测试的类的名称。
- 在“测试类”字段中填入测试类的名称(通常会自动填充)。
- 根据需要勾选 setUp、tearDown、setUpBeforeClass 和 tearDownAfterClass 方法。

要执行测试，只需在测试类上右键选择“Run as”→“JUnit Test”。要查看测试结果，请依次选择主菜单栏的“Window”→“Show View”→“Other”。在弹出的对话框中(如图 7.4 所示)，展开“Java”文件夹，选择“JUnit”选项，然后单击“Open”按钮。Eclipse 将在视图区域中打开一个 JUnit 视图窗口，显示测试用例的运行结果，包括执行的 JUnit 测试用例总数、结果为 error 的测试用例总数以及测试用例执行失败的总数。可以单击窗口中的各个选项卡(如“Failures”选项卡)来查看失败的测试用例的详细信息，包括失败的原因和堆栈跟踪信息。

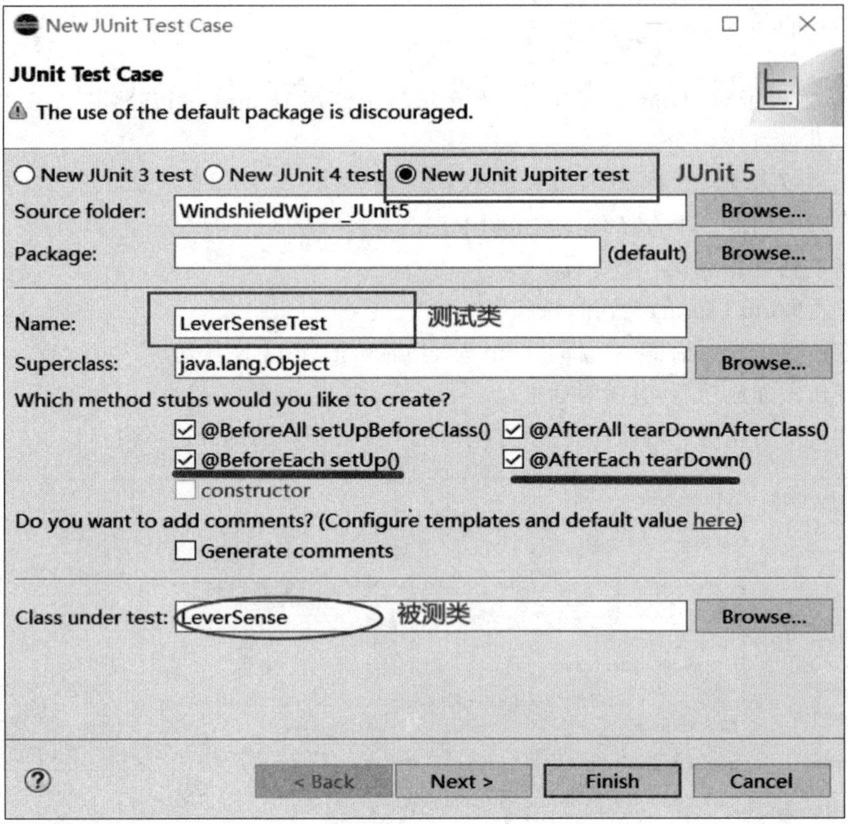

New JUnit Test Case

JUnit Test Case

The use of the default package is discouraged.

New JUnit 3 test　New JUnit 4 test　New JUnit Jupiter test　JUnit 5

Source folder: WindshieldWiper_JUnit5　Browse...

Package: (default)　Browse...

Name: LeverSenseTest　测试类

Superclass: java.lang.Object　Browse...

Which method stubs would you like to create?

@BeforeAll setUpBeforeClass()　@AfterAll tearDownAfterClass()

@BeforeEach setUp()　@AfterEach tearDown()

constructor

Do you want to add comments? (Configure templates and default value here)

Generate comments

Class under test: LeverSense　被测类　Browse...

< Back　Next >　Finish　Cancel

图 7.3　测试信息对话框

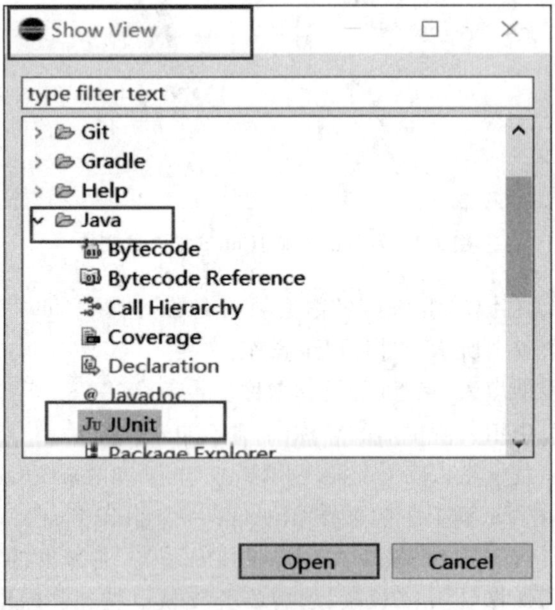

Show View

type filter text

Git

Gradle

Help

Java

Bytecode

Bytecode Reference

Call Hierarchy

Coverage

Declaration

Javadoc

JUnit

Package Explorer

Open　Cancel

图 7.4　调出 JUnit 视图

7.2.2 注解

JUnit Jupiter 提供了一组注解，用于定义测试用例、配置测试环境和执行测试。表 7.2 是 JUnit Jupiter 的部分注解。

表 7.2 JUnit Jupiter 的部分注解

注解	描述
@Test	表示 Java 类的方法是测试方法
@ParameterizedTest	表示 Java 类的方法是参数化测试方法
@RepeatedTest	表示方法可重复执行
@DisplayName	为测试类或者测试方法设置展示名称
@BeforeEach	表示在每个测试方法之前执行
@AfterEach	表示在每个测试方法之后执行
@BeforeAll	只执行一次，执行时机在所有测试方法和@BeforeEach 注解方法之前
@AfterAll	只执行一次，执行时机在所有测试方法和@AfterEach 注解方法之后
@Disabled	表示测试类或测试方法不执行
@Timeout	表示测试方法运行如果超过了指定时间将会返回错误

使用@Test 注解的方法为测试方法。使用@BeforeAll 和@AfterAll 注解的方法只会被调用一次，前者在所有测试方法执行之前，后者在所有测试方法执行之后。使用@BeforeAll 和@AfterAll 注解的方法必须是静态的，因为它们只会在整个测试类的开始和结束时执行一次。当我们需要在所有测试方法之前执行一些开销大的共同操作时，例如创建数据库连接、启动服务器和申请资源等，将它们放到@BeforeAll 所注解的方法中。当我们需要在所有测试方法之后执行一些开销大的共同操作时，例如解除数据库连接、关闭服务器和释放资源等，将它们放到@AfterAll 所注解的方法中。

使用@BeforeEach 和@AfterEach 注解的方法在当前测试类中的每个测试方法执行时都被调用一次，前者在测试方法执行之前，后者在测试方法执行之后。当我们需要在每个测试方法运行之前执行一些共同的设置或初始化操作时，例如设置测试数据、创建对象实例或执行其他准备工作等，将它们放到@BeforeEach 所注解的方法中。当我们需要在每个测试方法运行之后执行一些共同的清理操作时，例如析构对象实例、删除临时文件或执行其他清理工作等，将它们放到@AfterEach 所注解的方法中。

【例 7.1】假定我们为被测类 LeverSense 定义了测试类 LeverSenseTest，该测试类有 3 个测试方法，分别为 testA、testB 和 testC。

```
class LeverSenseTest {

    @BeforeAll
    static void setUpBeforeClass() throws Exception {
        System.out.println("BeforeAll");
    }
```

```
    @AfterAll
    static void tearDownAfterClass() throws Exception {
        System.out.println("AfterAll");
    }

    @BeforeEach
    void setUp() throws Exception {
        System.out.println("BeforeEach");
    }

    @AfterEach
    void tearDown() throws Exception {
    System.out.println("AfterEach");
    }

    @Test
    void testA() {
        System.out.println("testA");
    }

    @Test
    void testB() {
        System.out.println("testB");
    }

    @Test
    void testC() {
        System.out.println("testC");
    }
}
```

```
BeforeAll
BeforeEach
testA
AfterEach
BeforeEach
testB
AfterEach
BeforeEach
testC
AfterEach
AfterAll
```

图 7.5　注解作用展示

执行 LeverSenseTest 后，控制台输出如图 7.5 所示的结果。显然，“BeforeAll”最先显示，“AfterAll”最后显示，两者都只显示一次；而“BeforeEach”和“AfterEach”则被显示三次，且它们分别在测试方法执行之前和执行之后被显示。

测试类和测试方法可以通过@DisplayName 自定义显示名称，包括空格、特殊字符，甚至表情符号。这些名称将在测试报告、测试运行器和集成开发环境中显示。整个测试类或单个测试方法可以通过@Disabled 注解，被禁用的测试类或测试方法将不会执行。注解@RepeatedTest 用于创建可重复运行的测试模板，测试者可以指定重复次数，并在每次重复测试时执行相同的测试方法。

假定在例7.1的测试类加入下述3个测试方法，执行LeverSenseTest后，控制台输出如图7.6所示的结果。

```
@Test
@DisplayName("Test add method")
void testD() {
    System.out.println("testD");
}

@Test
@Disabled
void testE() {
    System.out.println("testE");
}

@RepeatedTest(2)
void testF() {
    System.out.println("testF");
}
```

显然，被@Disabled注解的测试方法testE没有执行，而被@RepeatedTest注解的测试方法testF重复执行了两次。被@DisplayName注解的方法testD在JUnit视图窗口不再显示为“testD”，“Test add method”取而代之。

```
BeforeEach
testA
AfterEach
BeforeEach
testB
AfterEach
BeforeEach
testC
AfterEach
BeforeEach
testD
AfterEach
BeforeEach
testF
AfterEach
BeforeEach
testF
AfterEach
AfterAll
```

图7.6　加入3个测试方法后的测试结果

7.2.3　测试方法执行顺序

默认情况下，测试类和测试方法将使用JUnit 5的内部算法进行排序，确保测试套件在后续运行中以相同的顺序执行测试类和测试方法，从而保证测试的执行顺序是可预测和一致的。虽然单元测试通常不应该依赖于它们执行的顺序，但在某些情况下，有必要以特定的顺序强制执行测试方法。为了控制测试方法的执行顺序，在测试类和测试方法上使用@TestMethodOrder注解，并指定所需的MethodOrderer。测试人员可以实现自定义的MethodOrderer，也可以使用以下内置的MethodOrderer。

（1）MethodOrderer.DisplayName，按照测试方法显示名称的字母数字顺序对它们进行排序。

（2）MethodOrderer.MethodName，按照测试方法的名称和形式参数列表的字母数字顺序对它们进行排序。先按照方法名的字母升序排序执行，如果方法名相同，则进一步根据方法的参数类型和数量进行排序。

（3）MethodOrderer.OrderAnnotation，按照通过@Order注解指定的数字对测试方法进行排序。@Order注解中的值越小越优先执行，没有标注@Order的方法使用缺省值。

(4) MethodOrderer.Random，以伪随机的方式对测试方法进行排序，并支持配置自定义种子。如果要求构建过程中测试方法的执行顺序是随机的，这种方式就很有用。

【例 7.2】 假定我们为某个被测类定义了测试类 OrderTestDemo，该测试类有 3 个测试方法，分别为 testA、testB 和 testC。例子演示了如何通过@Order 注解确保测试方法按指定的顺序执行。

```
import org.junit.jupiter.api.Test;
import org.junit.jupiter.api.TestMethodOrder;
import org.junit.jupiter.api.Order;
import org.junit.jupiter.api.MethodOrderer;

@TestMethodOrder (MethodOrderer.OrderAnnotation.class )
public class OrderTestDemo {

    @Test
    @Order(2)
    void testA() {
        System.out.println("DemoA");
    }

    @Test
    @Order(3)
    void testB() {
        System.out.println("DemoB");
    }

    @Test
    @Order(1)
    void testC() {
        System.out.println("DemoC");
    }

}
```

执行测试类后，控制台依次显示 DemoC、DemoA 和 DemoB，因为测试方法 testC 的注解@Order 中的值最小，所以 testC 最先执行。

7.2.4 测试断言

测试断言是测试方法中的核心部分，用来对测试需要满足的条件进行验证。JUnit 5 所有断言方法都是 org.junit.jupiter.api.Assertions 的静态方法，下面列出一些常用的断言方法：

(1) assertEquals(expected, actual, message),判断两个对象的值相等,若 expected 不等于 actual,则抛出带有 message 的异常。

(2) assertNotEquals(unexpected, actual, message),判断两个对象的值不相等,若 unexpected 等于 actual,则抛出带有 message 的异常。

(3) assertNull(actual, message),判断对象为空,若 actual 不为空,则抛出带有 message 的异常。

(4) assertNotNull(actual, message),判断对象不为空,若 actual 为空,则抛出带有 message 的异常。

(5) assertSame(expected, actual, message),如果 expected 和 actual 是对象,则断言判断两个对象的引用相同。不是对象的话,判断 expected 和 actual 的类型相同,且值也相等。如果比较条件不满足,则抛出带有 message 的异常。

(6) assertNotSame(unexpected, actual, message),如果 unexpected 和 actual 是对象,则断言判断两个对象的引用不相同。不是对象的话,判断 unexpected 和 actual 的类型不相同,或者值不相同。如果比较条件不满足,则抛出带有 message 的异常。

(7) assertTrue(condition, message),判断条件成立,若 condition 的值为 false,则抛出带有 message 的异常。

(8) assertFalse(condition, message),判断条件不成立,若 condition 的值为 true,则抛出带有 message 的异常。

(9) assertArrayEquals(expected, actual, message),判断数组 expected 和 actual 的元素个数相同,并且所有对应元素的值也相等,若条件不满足,则抛出带有 message 的异常。

(10) fail(message)让测试执行失败,抛出带有 message 的异常。

上述断言方法的参数 message 是可选的,如果该参数缺乏,则发生错误时并不报告 message 消息,而是 JUnit 提供的失败信息。在比较对象时,assertEquals 和 assertNotEquals 通常使用对象的 equals 方法来判断值是否相等,它们并不直接判断对象的引用是否相同;而 assertSame 和 assertNotSame 则是判断两个引用是否指向同一个对象实例。在比较值时,assertEquals 和 assertNotEquals 仅判断值是否相等,它们并不判断它们的数据类型是否相同;而 assertSame 和 assertNotSame 既判断值是否相等,还要判断数据类型是否相同。

【例 7.3】假定类 Attribute 有多个静态成员属性。

```
public class Attribute {
    public static int a = 5;
    public static float b = 2.5f;
    public static double c = 15.006;
    public static String str = "hello";
    public static boolean flag = true;
    public static int[] lst = {10,20,30};
    public static Object onu = null;
    public static Object ohv = new Object();
}
```

AttributeTest 是 Attribute 的测试类，定义了 9 个测试方法，分别测试 Attribute 的静态成员属性。

```
class AttributeTest {

    @Test
    void testA()
    {
        assertEquals(5,Attribute.a);
    }

    @Test
    void testB()
    {
        assertEquals(2.5f,Attribute.b,0.01f);
    }

    @Test
    void testC()
    {
        assertEquals(15.006,Attribute.c,0.0001);
    }

    @Test
    void testD()
    {
        assertEquals("hello",Attribute.str);
    }

    @Test
    void testE()
    {
        assertTrue(Attribute.flag);
    }

    @Test
    void testF()
    {
        assertArrayEquals(new int[] {10,20,30},Attribute.lst);
    }
```

```
    @Test
    void testG()
    {
        assertNull(Attribute.onu);
    }

    @Test
    void testH()
    {
        Object obj = Attribute.onu;
        assertSame(obj,Attribute.onu);
    }

    @Test
    void test00() {
        fail("测试用例失败!");
    }

}
```

每个测试方法应该专注于一个特定的测试场景，以保持测试的独立性和可维护性。如果一个测试方法包含多个测试用例，会导致测试结果不清晰，难以定位问题。因此，我们应该遵循 JUnit 的最佳实践，每个测试方法对应一个测试用例，以确保测试的准确性和可靠性。正是遵照这一原则，AttributeTest 的每个测试方法仅包含一条测试断言。

值得注意的是，测试方法 testB 和 testC 的第三个参数指示浮点数的比较精度。浮点数的相等比较是编程中一个常见的问题，因为计算机内部表示浮点数的方式导致它们无法精确表示所有的十进制小数，并且在进行数学运算时可能会引入微小的误差。因此，直接比较两个浮点数是否完全相等通常是不安全的。相反地，应该检查它们是否足够接近，即它们的差值是否小于某个很小的正数(称为容差)。在 JUnit 中，你可以使用 assertEquals 方法的特定版本来比较浮点数，该方法接受一个额外的参数来指定容差值。对于 float 类型和 double 类型，你可以这样做：

```
assertEquals(expected, actual, epsilon);
```

在这个断言中，epsilon 是一个很小的正浮点数，用作比较的容差。如果 expected 和 actual 之间的绝对差值小于或等于 epsilon，那么 assertEquals 方法将认为它们是相等的，测试将通过。请注意，选择适当的容差值是很重要的。太小的容差可能导致测试失败，即使两个浮点数在实际应用中可以被认为是相等的。太大的容差则可能使测试失去意义，因为它会接受过大的误差。一般来说，容差的值应该根据你的具体应用场景和所需的精度来确定。在某些情况下，可能需要通过实验来确定一个合适的容差值。

执行 AttributeTest 的所有测试方法后，JUnit 视图窗口会提示，只有 test00 未通过测试，其余测试用例(测试方法)都通过。如果按照表 7.3 将 AttributeTest 的测试方法使用新的断言，替换原始断言，则测试方法 testA、testB、testC、testD、testE、testG 和 testH 的测试结果都从通过变为失败。

表 7.3　测试断言变更

测试方法	原始断言	新的断言
testA	assertEquals	assertNotEquals
testB	assertEquals	assertNotEquals
testC	assertEquals	assertNotEquals
testD	assertEquals	assertNotEquals
testE	assertTrue	assertFalse
testG	assertNull	assertNotNull
testH	assertSame	assertNotSame

7.3　挡风玻璃雨刷的单元测试

断点、程序插桩和断言是手工执行白盒测试的方法，但是，手工方法一次操作中只能执行一个测试用例。为提高测试效率，第 5 章以操纵杆抬起方法 Up()为例，介绍了一种自动化的策略，将所有测试用例写入测试脚本 TestMyUp()，开发者可以反复运行测试脚本，不仅增加了测试的准确性，同时显著提高测试效率。不过这种方法存在两个弊端，一是测试脚本 TestMyUp()及其驱动代码修改了待测程序，导致了新的代码维护问题；二是测试脚本的所有测试用例必须同时执行，不能有选择性地执行部分测试用例。使用 JUnit 测试框架后，这些问题迎刃而解。

7.3.1　JUnit 测试操纵杆抬起方法

【例 7.4】 基于判定覆盖或者路径覆盖测试技术，第 5 章 5.4 小节“程序插桩”为 UpWhole()设计了如表 5.3 所示的 5 个测试用例，使用 JUnit 为 UpWhole()测试用例套件构建测试代码。

```
import static org.junit.jupiter.api.Assertions.*;
import org.junit.jupiter.api.BeforeEach;
import org.junit.jupiter.api.Test;

public class LeverSenseTest {
    private LeverSense leverSense;

    @BeforeEach
    void setUp() throws Exception {
        leverSense = new LeverSense();
    }
```

```
    @Test
    void testTc1() {
        leverSense.SetPowerStatus(PowerStatus.OFF);
        leverSense.SetLeverPosition(LeverPosition.LOW);
        leverSense.Up Whole();
        assertEquals(LeverPosition.LOW,leverSense.GetLeverPosition());
    }

    @Test
    void testTc2() {
        leverSense.SetPowerStatus(PowerStatus.ON);
        leverSense.SetLeverPosition(LeverPosition.STOP);
        leverSense.Up Whole();
        assertEquals(LeverPosition.INTERM,leverSense.GetLeverPosition());
    }

    @Test
    void testTc3() {
        leverSense.SetPowerStatus(PowerStatus.ON);
        leverSense.SetLeverPosition(LeverPosition.INTERM);
        leverSense.Up Whole();
        assertEquals(LeverPosition.LOW,leverSense.GetLeverPosition());
    }

    @Test
    void testTc4() {
        leverSense.SetPowerStatus(PowerStatus.ON);
        leverSense.SetLeverPosition(LeverPosition.LOW);
        leverSense.Up Whole();
        assertEquals(LeverPosition.HIGH,leverSense.GetLeverPosition());
    }

    @Test
    void testTc5() {
        leverSense.SetPowerStatus(PowerStatus.ON);
        leverSense.SetLeverPosition(LeverPosition.HIGH);
        leverSense.Up Whole();
        assertEquals(LeverPosition.HIGH,leverSense.GetLeverPosition());
    }

}
```

引入 JUnit 后，极大方便了自动化测试工作。测试人员不用修改操纵杆类，也不用添加驱动测试的代码，还可以任意执行这 5 个测试用例中的某一个或某几个。测试类 LeverSenseTest 的 setUp()为被测类的对象 leverSense 提供实例化操作，它会在每个测试方法之前执行一次，当然，leverSense 也可以在类型声明时就实施初始化，不过 setUp()提供了更为灵活的初始化形式。测试用例的断言 assertEquals 也可以替换成 assertTrue，请读者思考两者的差别。

7.3.2 参数化测试

例 7.4 的 5 个测试用例的代码非常相似，为简化代码，我们可使用 JUnit 的参数化测试。通过参数化测试，可选取不同的参数运行同一个测试方法，从而减少测试用例编写的工作量，并提高测试覆盖率。在 JUnit 5 中，@ParameterizedTest 注解用于创建参数化测试，下面是一些常见的参数类型：

@ValueSource 用于传递基本类型的参数。

@EnumSource 用于传递枚举类型的参数。

@MethodSource 用于传递一个方法返回的参数列表。

@CsvSource 用于传递逗号分隔的参数列表。

@CsvFileSource 用于传递 CSV 文件中的参数列表。

@ArgumentsSource 用于传递自定义的参数列表。

【例 7.5】请使用 JUnit 的参数化测试为 UpWhole()测试用例套件构建测试代码。

```
import static org.junit.jupiter.api.Assertions.*;
import java.util.stream.Stream;

importorg.junit.jupiter.params.ParameterizedTest;
import org.junit.jupiter.params.provider.Arguments;
import org.junit.jupiter.params.provider.CsvSource;
import org.junit.jupiter.params.provider.MethodSource;
import static org.junit.jupiter.params.provider.Arguments.arguments;

public class LeverSenseTest {
    private LeverSense leverSense = new LeverSense();

    //静态方法提供参数组合
    public static Stream<Arguments> powerStatusAndLeverPosition() {
        return Stream.of(
            arguments( PowerStatus.OFF, LeverPosition.LOW, LeverPosition.LOW ),
            arguments( PowerStatus.ON, LeverPosition.STOP, LeverPosition.INTERM ),
            arguments( PowerStatus.ON, LeverPosition.INTERM, LeverPosition.LOW ),
            arguments( PowerStatus.ON, LeverPosition.LOW, LeverPosition.HIGH ),
            arguments( PowerStatus.ON, LeverPosition.HIGH, LeverPosition.HIGH )
        );
    }
```

```
    @ParameterizedTest
    @MethodSource("powerStatusAndLeverPosition") //使用静态方法作为参数源
    void testUpA(PowerStatus powerStatus, LeverPosition prevLever,
                    LeverPosition nextLever) {
        leverSense.SetPowerStatus(powerStatus);
        leverSense.SetLeverPosition(prevLever);
        leverSense.Up Whole();
        assertEquals(nextLever,leverSense.GetLeverPosition());
    }

    @ParameterizedTest
    @CsvSource({
        "OFF, LOW, LOW", "ON, STOP, INTERM",
        "ON, INTERM, LOW", "ON,LOW, HIGH",
        "ON, HIGH, HIGH"
    })
    void testUpB(String ps, String lpPrev, String lpNext) {
        leverSense.SetPowerStatus(Enum.valueOf(PowerStatus.class, ps));
        leverSense.SetLeverPosition(Enum.valueOf(LeverPosition.class, lpPrev));
        leverSense.Up Whole();
        assertEquals(Enum.valueOf(LeverPosition.class, lpNext),leverSense.
                GetLeverPosition());
    }

}
```

上面的解决方案用两种方式实现了 UpWhole()的参数化测试，testUpA()使用参数类型@MethodSource 完成，testUpB()使用参数类型@CsvSource 完成。

除了使用 JUnit 提供的参数类型之外，测试人员还可以使用自定义的参数，只需要实现 ArgumentsProvider 接口，并在测试方法上使用@ArgumentsSource 注解即可。请读者查阅相关资料，学习自定义参数形式的参数化测试。

汽车挡风玻璃雨刷 JUnit 版本代码

7.4 作业与思考题

1. 类 DialSense 实现了刻度盘的位置变化，其方法 Increment 实现了增加刻度盘的功能。请用条件覆盖为 Increment 设计测试用例，并用 JUnit 为其构建测试用例套件。

2. 类 DialSense 实现了刻度盘的位置变化，其方法 Decrement 实现了减小刻度盘的功能。请用路径覆盖为 Decrement 设计测试用例，并用 JUnit 为其构建测试用例套件。

3. 类 WindshieldWiper 计算挡风玻璃雨刷对应操纵杆和刻度盘的每分钟摇摆次数，它有 3 个属性：操纵杆、刻度盘和电源状态。只有电源在开启状态，操纵杆和刻度盘的位置才会发生变化；电源处于关闭状态时，雨刷的速度为 0。

分别使用条件覆盖和路径覆盖为 GetSpeed 方法设计测试用例，并用 JUnit 为其构建测试用例套件。

4. 类 LeverSense 实现了操纵杆的位置变化，其方法 Down 实现了放下操纵杆的功能。请用条件覆盖为 Down 设计测试用例，并用 JUnit 为其构建测试用例套件。

5. JUnit 能和哪些测试框架结合使用？

第8章 图形用户界面应用程序的自动化测试

挡风玻璃雨刷软件仅使用 JUnit 即可完成自动化测试，而航班管理模块这类 GUI (Graphical User Interface，图形用户界面)应用程序的自动化测试则需要结合 JUnit 和其他测试框架才能完成。本章讲述使用 AssertJ Swing 辅助 JUnit 的自动化测试。

8.1 AssertJ Swing 概述

AssertJ[①] 是一个流行的 Java 库，它为编写清晰、简洁的测试断言提供了强大的支持。与 JUnit 等测试框架相比，AssertJ 更注重于断言的表达性和可读性。它通过链式调用的方式，可以轻松地将多个断言组合在一起，形成一个完整的测试场景。此外，AssertJ 还提供了对异常处理的优雅支持，程序员可以使用专门的断言方法来验证代码是否抛出了期望的异常，而无须使用烦琐的 try-catch 语句块。

AssertJ Swing[②] 是 AssertJ 在 Swing GUI 测试领域的一个补充或扩展。AssertJ Swing 也是一个开源的 Java 库，它为 Swing GUI 应用程序提供了流畅和描述性的测试断言。AssertJ Swing 支持对 Swing 组件的各种属性进行断言，如组件的可见性、启用状态、文本内容等。AssertJ Swing 的另一个优势是它能够模拟用户与 GUI 的交互，通过它提供的模拟用户操作的方法，如单击按钮、输入文本等，开发人员可以编写模拟真实用户行为的测试脚本。这使得开发人员能够更全面地测试其 Swing 应用程序的各种功能和用户场景。

除了基本的断言和模拟用户交互外，AssertJ Swing 还提供了一些高级功能，如等待 GUI 事件完成、截图比较等。这些功能使得开发人员能够更灵活地处理 Swing 应用程序中的异步操作和复杂场景。例如，开发人员可以使用等待机制来确保某个 GUI 事件已经完成，然后再进行后续的断言或操作。截图比较功能则允许开发人员将 GUI 的实际渲染结果与预期结果进行比较，以验证 GUI 的视觉效果是否正确。

与 AssertJ Swing 相关的库有 5 个，它们的作用分别为

---

① https://github.com/assertj/assertj，https://search.maven.org/search?q=g:org.assertj

② https://github.com/assertj/assertj-swing，https://search.maven.org/artifact/org.assertj/assertj-swing-junit

(1) assertj-core 是 AssertJ 的核心库,提供了基础的断言类和方法。它为 Java 对象的测试提供了流畅的断言 API,允许开发人员以更加可读和描述性的方式进行测试。

(2) assertj-swing 是专为 Swing GUI 测试设计的库,它扩展了 assertj-core 的功能,提供了一系列针对 Swing 组件的断言方法。使用这个库,开发人员可以对 Swing 组件的属性和状态进行断言,如组件的可见性、大小、位置等。

(3) assertj-swing-javadoc 是 AssertJ Swing 的 Javadoc 文档,提供了关于库中类和方法的详细信息。Javadoc 是 Java 代码的文档注释的 HTML 呈现形式,对于理解和使用库中的类和方法非常有帮助。

(4) assertj-swing-source 是 AssertJ Swing 的源代码,允许开发人员查看库的实现细节和内部工作方式。通过查看源代码,开发人员可以更好地理解断言是如何工作的,以及在需要时可以进行自定义或修改。

(5) assertj-swing-junit 是 AssertJ Swing 的 JUnit 库,用于集成 AssertJ Swing 断言到 JUnit 测试中。

要使用 AssertJ Swing,必须将这些库加入到项目,其中 assertj-core 和 assertj-swing 是必不可少的,另外 3 个库则视开发者的需要可自由选择。对于使用 Maven① 的项目,集成 AssertJ Swing 非常简单。首先,需要在项目的 pom.xml 文件中添加相应的依赖,下面的 XML 代码就包括了 AssertJ 核心库和 AssertJ Swing 库的依赖,读者可以修改这些库的版本号。添加依赖后,Maven 会自动下载并管理这些库,确保它们在项目的构建路径中可用。

```
<dependencies>
    <!-- AssertJ core -->
    <dependency>
        <groupId>org.assertj</groupId>
        <artifactId>assertj-core</artifactId>
        <version>3.17.1</version>
        <scope>test</scope>
    </dependency>
    <!-- AssertJ Swing -->
    <dependency>
        <groupId>org.assertj</groupId>
        <artifactId>assertj-swing</artifactId>
        <version>3.17.1</version>
    <scope>test</scope>
  </dependency>
</dependencies>
```

① https://maven.apache.org/

如果不使用 Maven 或其他构建工具,也可以手工添加 AssertJ Swing 库到项目中。这通常涉及下载 AssertJ Swing 的 JAR 文件,并将其添加到项目的类路径中。这种方法相对烦琐,因为需要手动管理库的版本和依赖关系。Eclipse 手工添加库的具体步骤如下:

(1) 右键单击项目名称,选择“Properties”。

(2) 在弹出的窗口中选择“Java Build Path”。

(3) 切换到“Libraries”选项卡,并选中“Classpath”。

(4) 单击“Add External JARs…”按钮,找到 AssertJ Swing 库所在文件夹。

(5) 在接下来的对话框中选择想要添加的 JAR 文件,然后单击“打开”按钮。

(6) 确认添加成功后,单击“Apply and Close”按钮,关闭对话框。

图 8.1 所示为相应的对话框,并用红色方框标记了上述步骤的部分选择内容。

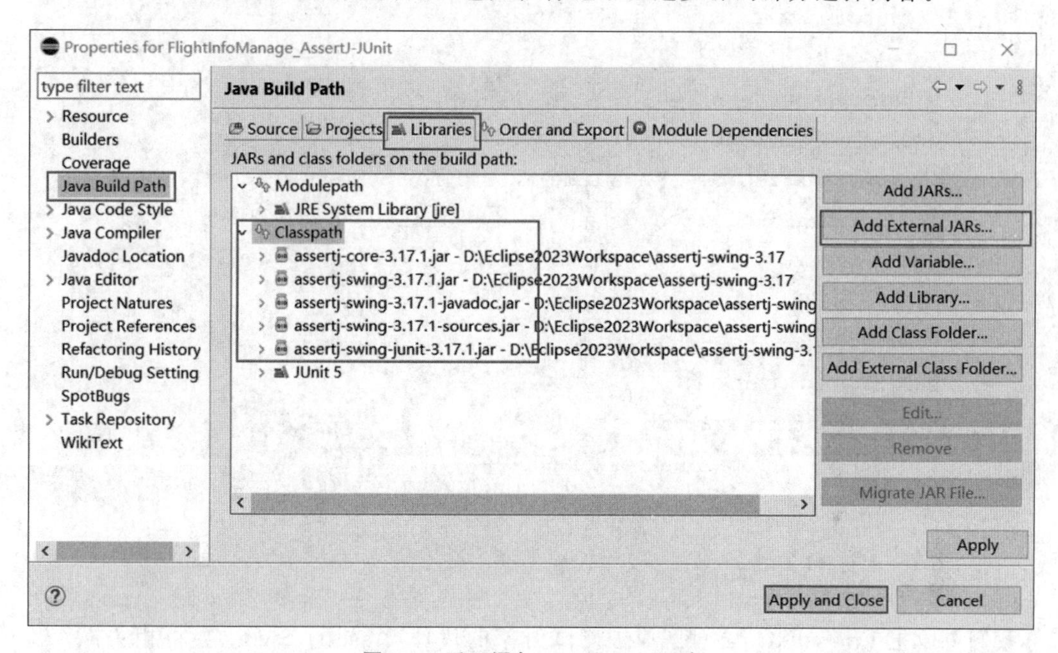

图 8.1 手工添加 AssertJ Swing 库

8.2 AssertJ Swing 测试 GUI 组件

在使用 AssertJ Swing 进行 Swing GUI 测试时,确保测试代码与 GUI 组件之间建立联系是至关重要的。以下是一些方法来实现这种联系:

(1) 标识 GUI 组件。在 Swing 应用程序中,可以通过设置组件的名称或其他属性来标识它们。例如,有 JTextArea 对象 textArea,添加代码:

```
textArea.setName("Center-Area");
```

就为 textArea 设置了名称,“Center-Area”将在测试中唯一标识组件 textArea。

(2) 使用 AssertJ Swing 断言。AssertJ Swing 提供了丰富的断言方法,用于验证 GUI 组件的状态和行为。开发者可以使用这些断言来检查组件是否可见、是否启用、文本内容是否正确等。例如,可以使用以下代码来测试 northButton 是否可见、是否启用,并单击它:

```
northButtonFixture.requireVisible().requireEnabled().click();
```

(3) 使用匹配器。AssertJ Swing 提供了多种匹配器，用于查找和操作 GUI 组件。例如，可以使用 JButtonMatcher.withText("North")来查找具有文本"North"的按钮。然后，开发者可以使用 button()方法获取按钮的 JButtonFixture 实例。

(4) 编写自定义匹配器。如果需要更复杂的匹配逻辑，开发者可以编写自定义匹配器。

【例 8.1】 假定有 GUI 组件 MyFrame，测试代码首先与 MyFrame 建立联系，再定义一个测试夹具 FrameFixture。如下代码分别在@BeforeEach 和@AfterEach 标注的方法中对其进行实例化和资源释放。

```
class ClassTest {
    private FrameFixture frameFixture;

    @BeforeEach
    public void setUp() {
        frameFixture = new FrameFixture(new MyFrame());
        frameFixture.show();   //将 MyFrame 的实例显示出来
    }

    @AfterEach
    public void tearDown() {
        if(frameFixture! = null)
            frameFixture.cleanUp();
    }

}
```

我们可以把 FrameFixture 理解成被测试对象的代理，AssertJ Swing 会将相关操作传递给 MyFrame。在 AssertJ Swing 中，这些夹具类与 Swing 组件类型的名称大体一致，只是后面多了一个 Fixture。例如，JButton 对应的夹具类就是 JButtonFixture，JOptionPane 对应的夹具类就是 JOptionPaneFixture。

这些工作完成后，就可以编写测试代码了。根据测试实践的需要，实例化和资源释放的代码也可以放在@BeforeAll 和@AfterAll 注解的方法中。

8.3 航班管理模块的自动化测试

工程 FlightJUnitFestSwing_AssertJ-JUnit[①] 是航班管理的自动化测试版本，其测试代码结合了 JUnit 和 AssertJ Swing 两个测试框架，该版本也人工注入了故障。我们以添加航班功能为例讲解 JUnit 和 AssertJ Swing 用于 GUI 应用程序的自动化测试。

当用户启动航班管理模块后，选择菜单"航班维护"→"增加一个航班"，出现如图 8.2 所示

① https://gitee.com/softwaretestingpractice/flight-info-manage_-assertj-junit

的航班信息录入对话框。用户按照要求填入航班号、航班名称、出发地等航班信息，再单击“确定”按钮，将进入航班信息验证步骤。如果这些信息全部有效，将为航班列表新增一个航班，如果存在无效信息，则出现如图 8.3 所示的提示对话框。项目中的类 HInputFlight 继承自 JDialog，用于完成这些工作。图 8.3 的对话框是 JOptionPane 类型的模态对话框。

输入航班的相关数据

航班号：（两个英文大写字母（A-Z）开头，后接4位数字（0-9））CZ3969

航班名称：（长度为5-10的任意字符串）哈尔滨大客机

航空公司名称：（长度为4-12的字符串，不得包括空格" "和下划线"_"）南方航空有限公司

出发地：（2到5个英文小写字母（a-z））cs

目的地：（2到5个英文小写字母（a-z））bedm

机票价格（元）：（100-8000，最多两位小数）1280.0

座位数目：（120-200,整数）160

航班是否直达：航班直达　航班中转

确定　取消

图 8.2　航班信息录入界面

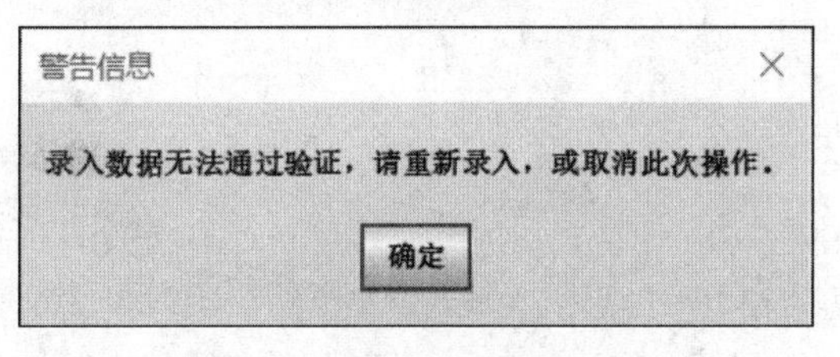

图 8.3　录入信息无效的提示

类 HInputFlightTest 用于 HInputFlight 的测试，为了建立两者的联系，在 HInputFlight 的构造函数添加了 Swing 组件名称的设置代码。

```
txtID.setName("txtIDFest");                              //航班号
txtFname.setName("txtFnameFest");                        //航班名称
txtCompany.setName("txtCompanyFest");                    //航空公司名称
txtDeparture.setName("txtDepartureFest");                //出发地
txtDestination.setName("txtDestinationFest");            //目的地
txtPrice.setName("txtPriceFest");                        //机票价格
txtSeat.setName("txtSeatFest");                          //座位数目
```

```
radioButtonDirect.setName("radioButtonDirectFest");     //航班直达
radioButtonTransit.setName("radioButtonTransitFest");  //航班中转
btnOK.setName("btnOKFest");                             //确定按钮
btnCancel = new JButton("取消");                        //取消按钮
```

【例 8.2】为测试添加航班功能，我们设计了 4 个测试用例，将这些测试用例写入测试类 HInputFlightTest 的测试方法，如下内容为测试类的完整代码。

```
import static org.junit.jupiter.api.Assertions.*;

import static org.assertj.swing.timing.Pause.pause;

import org.assertj.swing.core.Robot;
import org.assertj.swing.finder.JOptionPaneFinder;
import org.assertj.swing.fixture.DialogFixture;
import org.assertj.swing.fixture.JOptionPaneFixture;

import org.junit.jupiter.api.BeforeEach;
import org.junit.jupiter.api.AfterEach;
import org.junit.jupiter.api.Test;
import org.junit.jupiter.params.ParameterizedTest;
import org.junit.jupiter.params.provider.CsvSource;

import source_code.HInputFlight;

class HInputFlightTest {
    private DialogFixture dlgFixture;      //对应对话框的测试夹具
    private HInputFlight hiFlight;         //被测对象,能够获取该对象的值
    private static int SleepPeriod = 20;  //为演示测试程序,延时时间,单位毫秒

    @BeforeEach
    void setUp() {
        hiFlight = new HInputFlight(null,"输入航班的相关数据");
        dlgFixture = new DialogFixture(hiFlight);
        dlgFixture.show();
    }

    @AfterEach
    void tearDown() {
        hiFlight.dispose();
        if (dlgFixture != null)
```

```
        dlgFixture.cleanUp();
    }

    @Test
    void testTabel36A(){
        dlgFixture.textBox("txtIDFest").setText("ct3969");
        dlgFixture.textBox("txtFnameFest").setText("C919 大飞机");
        dlgFixture.textBox("txtCompanyFest").setText("厦门航空公司");
        dlgFixture.textBox("txtDepartureFest").setText("cs");
        dlgFixture.textBox("txtDestinationFest").setText("ls");
        dlgFixture.textBox("txtPriceFest").setText("2600");
        dlgFixture.textBox("txtSeatFest").setText("126");
        dlgFixture.radioButton("radioButtonDirectFest").check(true);
        pause(SleepPeriod);
        dlgFixture.button("btnOKFest").click();

        Robot robot = dlgFixture.robot();
        JOptionPaneFixture optionPane = JOptionPaneFinder.findOptionPane().
                                        withTimeout(1000).using(robot);
        pause(SleepPeriod);
        optionPane.okButton().click();
        optionPane.requirePlainMessage();

        assertEquals(false,hiFlight.GetValidFlight());
    }

    @Test
    void testTabel38C(){
        dlgFixture.textBox("txtIDFest").setText("MU2127");
        dlgFixture.textBox("txtFnameFest").setText("C919 大飞机");
        dlgFixture.textBox("txtCompanyFest").setText("厦门航空公司");
        dlgFixture.textBox("txtDepartureFest").setText("cs");
        dlgFixture.textBox("txtDestinationFest").setText("ls");
        dlgFixture.textBox("txtPriceFest").setText("2600");
        dlgFixture.textBox("txtSeatFest").setText("160");
        dlgFixture.radioButton("radioButtonDirectFest").check(true);
        pause(SleepPeriod);
        dlgFixture.button("btnOKFest").click();

        assertEquals(true,hiFlight.GetValidFlight());
    }
```

```
    @Test
    void testTabel39D(){
        dlgFixture.textBox("txtIDFest").setText("MU2127");
        dlgFixture.textBox("txtFnameFest").setText("C919 大飞机");
        dlgFixture.textBox("txtCompanyFest").setText("厦门航空公司");
        dlgFixture.textBox("txtDepartureFest").setText("cs");
        dlgFixture.textBox("txtDestinationFest").setText("zggslz");
        dlgFixture.textBox("txtPriceFest").setText("2800");
        dlgFixture.textBox("txtSeatFest").setText("200");
        dlgFixture.radioButton("radioButtonTransitFest").check(true);
        pause(SleepPeriod);
        dlgFixture.button("btnOKFest").click();

        Robot robot = dlgFixture.robot();
        JOptionPaneFixture optionPane = JOptionPaneFinder.findOptionPane().
                                        withTimeout(1000).using(robot);
        pause(SleepPeriod);
        optionPane.okButton().click();
        optionPane.requirePlainMessage();

        assertEquals(false,hiFlight.GetValidFlight());
    }

    @Test
    void testTabel310E(){
        dlgFixture.textBox("txtIDFest").setText("MU2127");
        dlgFixture.textBox("txtFnameFest").setText("C919 大飞机");
        dlgFixture.textBox("txtCompanyFest").setText("厦门航空公司");
        dlgFixture.textBox("txtDepartureFest").setText("cs");
        dlgFixture.textBox("txtDestinationFest").setText("ls");
        dlgFixture.textBox("txtPriceFest").setText("2600");
        dlgFixture.textBox("txtSeatFest").setText("160");
        dlgFixture.radioButton("radioButtonDirectFest").check(true);
        pause(SleepPeriod);
        dlgFixture.button("btnCancelFest").click();
        dlgFixture.requireNotVisible();  //要求对话框 HInputFlight 不可见。
        assertEquals(false,hiFlight.GetValidFlight());
    }

}
```

代码中 source_code 是 Java 包名；pause() 用于观察测试效果，实践过程中 SleepPeriod 值可设为 0；测试方法 testTabel36A、testTabel38C、testTabel39D、testTabel310E 的测试用例分别来自第 3 章的表 3.6、表 3.8、表 3.9、表 3.10；在测试方法 testTabel38C 运行前，必须保证航班号列表不存在航班号为“MU2127”的航班，只有新的航班号才允许被添加。对 testTabel36A 和 testTabel39D 来说，用户输入的航班信息有不符合规则的数据，按照程序逻辑，将弹出如图 8.3 所示的提示框，因此，我们使用夹具 JOptionPaneFixture 获取该提示框，并断言该对话框不显示任何特殊图标，只显示提供的文本信息。当然，还可以进一步断言显示的文本信息为“录入数据无法通过验证，请重新录入，或取消此次操作。”。

在 Eclipse 中有两种典型方式运行 JUnit 的测试方法。①只需在测试类上右键选择“Run as”→“JUnit Test”，这将执行全部测试方法。②在 JUnit 视图窗口选择要执行的测试方法，右键单击，在菜单中选择“Run”，这将执行单个测试方法。

【例 8.3】 对 testTabel36A、testTabel38C 和 testTabel39D 来说，它们的测试代码很相似，这使得测试类看上去有较多冗余代码，我们可以通过 JUnit 的参数化测试来简化代码。请使用测试方法 testInputFlight 合并这 3 个测试方法。

```
@ParameterizedTest
@CsvSource({
    "ct3969,C919 大飞机,厦门航空公司,cs,ls, 2600, 126, true, true, false",
    "MU2127,C919 大飞机,厦门航空公司,cs,ls, 2600, 160, true, false, true",
    "MU2127,C919 大飞机,厦门航空公司,cs,zggslz, 2800, 200, false, true, false",
    })
void testInputFlight(String flightID, String flightName, String airCompany,
                     String placeDeparture, String placeDestination, float ticketPrice,
                     int numberOfSeats,boolean nonStop,
                     boolean showOptionPane, boolean expectResult){
    dlgFixture.textBox("txtIDFest").setText(flightID);
    dlgFixture.textBox("txtFnameFest").setText(flightName);
    dlgFixture.textBox("txtCompanyFest").setText(airCompany);
    dlgFixture.textBox("txtDepartureFest").setText(placeDeparture);
    dlgFixture.textBox("txtDestinationFest").setText(placeDestination);
    dlgFixture.textBox("txtPriceFest").setText(String.valueOf(ticketPrice));
    dlgFixture.textBox("txtSeatFest").setText(String.valueOf(numberOfSeats));
    if(nonStop)
          dlgFixture.radioButton("radioButtonDirectFest").check(true);
    else
          dlgFixture.radioButton("radioButtonTransitFest").check(true);
    pause(SleepPeroid);
    dlgFixture.button("btnOKFest").click();

    if(showOptionPane) {
          Robot robot = dlgFixture.robot();
```

```
        JOptionPaneFixture optionPane = JOptionPaneFinder.findOptionPane().
                                withTimeout(1000).using(robot);
        pause(SleepPeroid);
        optionPane.okButton().click();
        optionPane.requirePlainMessage();
    }
    assertEquals(expectResult,hiFlight.GetValidFlight());
}
```

航班管理 JUnit 版本代码

8.4 作业与思考题

1. 使用条件覆盖技术,编写代码测试 HInputFlight 类的方法 ValidPrice。要求用 JUnit 和 AssertJ Swing 完成自动化测试。

2. HMenuAction 类的方法 SearchFlightByPrice 用于菜单"查询统计"→"以票价为条件检索航班"的响应。要求使用路径覆盖技术设计测试用例,用 JUnit 和 AssertJ Swing 完成自动化测试。

```
private void SearchFlightByPrice()
{
    HSearchByTicketPrice hsp = new HSearchByTicketPrice(null);
    hsp.setVisible(true);
    boolean bResult = hsp.GetValidSearch();
    if( true == bResult )
    {
            float fMin = hsp.GetMinPrice();
            float fMax = hsp.GetMaxPrice();
            String strInfo =   m hmfDmana.searchFlightByPrice(fMin, fMax);
            if( strInfo.length()<2 ) //航班信息的长度不会少于 30 个字符长度。
                JOptionPane.showMessageDialog(null,
              "<html><body><h1>没有找到符合条件的航班！</h1>
                    </body></html>",
                    "查询结果",JOptionPane.PLAIN_MESSAGE);
            else
            JOptionPane.showMessageDialog(null, strInfo,
```

```
                    "查询结果",JOptionPane.PLAIN_MESSAGE);
        }
    }
```

3. 使用合适的白盒测试技术设计测试用例,用以测试 HSearchByTicketPrice 类的方法 ValidPrice。要求用 JUnit 和 AssertJ Swing 完成自动化测试。

4. 使用合适的白盒测试技术设计测试用例,用以测试 HSearchByAirCompany 类的方法 actionPerformed。要求用 JUnit 和 AssertJ Swing 完成自动化测试。

5. 使用合适的白盒测试技术设计测试用例,用以测试 VerifyFlightFields 类的方法 checkFlightID。要求用 JUnit 和 AssertJ Swing 完成自动化测试。

6. 使用合适的白盒测试技术设计测试用例,用以测试 HMenuAction 类的方法 flightStatisticsByDeparture(基于出发地统计航班数)。要求用 JUnit 和 AssertJ Swing 完成自动化测试。

7. 查阅资料,了解能用于 GUI 应用程序的 Java 自动化测试框架。

8. 查阅资料,了解能用 Python 编程的自动化测试框架。

9. 使用 AssertJ 的 assertThat 断言改写例 8.3 的断言。

第9章 Web应用程序的自动化测试

Web应用程序的测试需要考虑的因素有很多。首先，应该测试Web应用程序的所有功能是否按照设计要求正常工作，包括链接、表单提交、数据库连接等。其次，应该测试Web应用程序的用户界面是否友好，是否易于导航和使用。这包括测试页面的布局、颜色、字体、按钮等是否符合用户的使用习惯，以及是否提供了足够的帮助文档和错误提示信息。除了功能性和可用性外，Web应用程序还要进行兼容性、安全性、性能和稳定性等方面的测试。

在进行Web应用程序测试时，测试人员需要注意测试环境的搭建、测试数据的准备、测试计划的制定和测试结果的记录与分析等方面。同时，测试人员需要与开发团队紧密合作，及时反馈问题和提供改进建议，以确保Web应用程序的质量和用户满意度。

手动测试Web应用程序是一项耗时且容易出错的任务，因此，不少开发团队选择自动化的方式测试Web应用程序。自动化测试可以在短时间内运行大量测试用例，从而缩短测试周期，有助于加快产品的上市时间。自动化测试还可以执行一些手动测试难以覆盖的场景，如并发用户测试、压力测试和性能测试等。Web应用程序的测试有许多成熟的自动化测试框架和工具可供选择，本章将选用Selenium作为示例来介绍这方面的工作。

9.1 Selenium概述

Selenium[①]是一个开源的自动化测试工具，主要用于Web应用程序的测试。它支持多种主流浏览器，包括Chrome、Firefox、Edge、IE等，并且可以在多种操作系统上运行，如Windows、macOS和Linux。Selenium提供了丰富的API和扩展库，使得开发人员可以根据项目需求编写定制化的测试脚本。Selenium支持多种编程语言，如Java、Python、C#等，开发人员可以选择自己熟悉的编程语言来编写测试脚本。

Selenium的特点之一是它的灵活性。Selenium提供了一套丰富的API，用于模拟用户的各种操作，如元素定位、输入文本、单击按钮等。这种模拟操作能力使得Selenium可以非常真实地测试Web应用程序的功能和性能。此外，Selenium还支持并行测试，可以同时运行多个测试用例，从而提高测试效率。

---

① https://www.selenium.dev/

Selenium 的另一个显著特点是它的可扩展性。由于 Selenium 是一个开源项目，它拥有庞大的开发者社区和丰富的插件库，开发人员可以根据自己的需求选择适合的插件或扩展库来增强 Selenium 的功能。例如，可以开发自定义的定位器、操作或断言方法，以满足特定的测试需求。这种可扩展性使得 Selenium 能够适应各种不同的测试场景和需求。

除了自动化测试，Selenium 还可以用于网页爬虫的开发。例如，可以编写脚本定期检查 Web 页面的可访问性、链接的有效性等，及时发现并解决问题。Selenium 能够模拟真实用户的浏览行为，抓取动态加载的内容，这对于一些使用 JavaScript 等客户端技术动态生成内容的网站特别有用。

Selenium 由 Selenium IDE、Selenium WebDriver 和 Selenium Grid 三部分构成，共同实现 Selenium 强大的自动化测试能力。Selenium IDE 是一个浏览器插件，支持 Chrome、Firefox 等浏览器，用于记录和回放用户的操作，从而生成自动化测试脚本。Selenium WebDriver 提供了与浏览器交互的 API 接口。测试人员可以通过调用这些接口来操作浏览器，执行各种测试任务。后文将讲述如何使用 Selenium WebDriver 测试 Web 应用程序。Selenium Grid 是 Selenium 的分布式测试解决方案，允许测试人员在多台计算机上并行执行测试用例，从而加快测试速度。通过 Selenium Grid，测试人员可以轻松地在不同的浏览器、操作系统和硬件配置上运行测试，提高测试的覆盖率和可靠性。

9.2 Selenium WebDriver 的安装与使用

Selenium WebDriver(后文简称为 WebDriver)使得测试脚本能够真实地模拟用户与 Web 应用程序的交互过程。通过 WebDriver，测试人员可以编写代码来执行各种浏览器操作，如页面导航、元素定位、输入文本、单击按钮等。除了基本的浏览器操作外，WebDriver 还支持处理复杂的 Web 页面元素，如 JavaScript 生成的内容、AJAX 请求等。它提供了一套丰富的定位策略，如 ID、名称、类名、XPath[①](XML Path Language，XML 路径语言)等，以帮助测试人员精确地定位页面元素。此外，WebDriver 还支持自定义等待条件，确保在执行下一步操作之前页面已完全加载。

要使用 Selenium WebDriver(简称为 WebDriver)，必须将 selenium-java 库加入到项目。对于使用 Maven 的项目，集成 WebDriver 非常简单，只需要在项目 pom.xml 文件中添加相应的依赖，下面的 XML 代码就包括了 selenium-java 库的依赖，库的版本号可以修改。添加依赖后，Maven 会自动下载并管理这些库，确保它们在项目的构建路径中可用。

```
<dependencies>
    <dependency>
        <groupId>org.seleniumhq.selenium</groupId>
        <artifactId>selenium-java</artifactId>
        <version>4.17.0</version>
    </dependency>
</dependencies>
```

① https://extendsclass.com/xpath-tester.html

如果不使用 Maven 或其他构建工具，也可以手工添加 selenium-java 库到项目中。读者可以从 selenium 官方 https://www.selenium.dev/downloads/下载 WebDriver 的开发包，例如 selenium-java-4.17.0.zip，解压开发包，并将相关 JAR 文件添加到项目的类路径中。这种方法相对烦琐，因为需要手动管理库的版本和依赖关系。Eclipse 手工添加库的具体步骤如下：

(1) 右键单击项目名称，选择"Properties"。

(2) 在弹出的窗口中选择"Java Build Path"。

(3) 切换到"Libraries"选项卡，并选中"Classpath"。

(4) 单击"Add External JARs…"按钮，找到 selenium-java 库所在文件夹。

(5) 在接下来的对话框中选择想要添加的 JAR 文件，然后单击"打开"按钮。WebDriver 的 JAR 文件众多，为简便操作起见，可以将解压后的根文件夹及子文件夹 lib 的所有 JAR 文件都添加进去。

(6) 确认添加成功后，单击"Apply and Close"按钮，关闭对话框。

Selenium WebDriver 并不直接与浏览器交互，而是通过浏览器驱动与浏览器进行通信和控制。ChromeDriver 就是这样的浏览器驱动，它专门用于控制和操作 Google Chrome 浏览器。ChromeDriver 是一个独立的可执行程序，它实现了 WebDriver 的协议，充当了 WebDriver 与 Chrome 浏览器之间的桥梁。当测试脚本通过 WebDriver 发送指令时，这些指令会被转发给 ChromeDriver，然后由 ChromeDriver 解析并执行相应的浏览器操作。这样，测试脚本就可以通过 WebDriver 和 ChromeDriver 来控制 Chrome 浏览器，完成各种自动化测试任务。

需要注意的是，ChromeDriver 的版本需要与 Chrome 浏览器的版本相匹配，否则可能会导致通信失败或操作异常。因此，在使用 WebDriver 进行 Chrome 浏览器的自动化测试时，需要确保已经正确安装了与 Chrome 浏览器版本相匹配的 ChromeDriver[①]。查看 Chrome 浏览器版本的方法有多种，其中最典型的方法包括以下操作步骤：

(1) 打开 Chrome 浏览器。

(2) 单击浏览器右上角的 3 个点，选择"帮助"。

(3) 在下拉菜单中选择"关于 Google Chrome"。

(4) 在弹出的窗口中，即可看到当前 Chrome 浏览器的版本号。

如图 9.1 所示，当前机器的 Chrome 版本号为"121.0.6167.185"。接下来，我们可以从页面 https://googlechromelabs.github.io/chrome-for-testing/找到最新可用的跨平台 Chrome 测试版和测试资源。如图 9.2 所示，当前时间的 ChromeDriver 最新稳定版的版本号为"121.0.6167.184"。该页面指示了浏览器驱动程序的下载地址：

https://storage.googleapis.com/chrome-for-testing-public/121.0.6167.184/win64/chromedriver-win64.zip

下载 ChromeDriver 包后，解压后出现驱动程序"chromedriver.exe"，将该文件置入 Chrome 浏览器程序"chrome.exe"所在的文件夹，该文件夹在当前机器为

C:\Program Files (x86)\Google\Chrome\Application

关于 Chrome

① https://github.com/GoogleChromeLabs/chrome-for-testing#json-api-endpoints

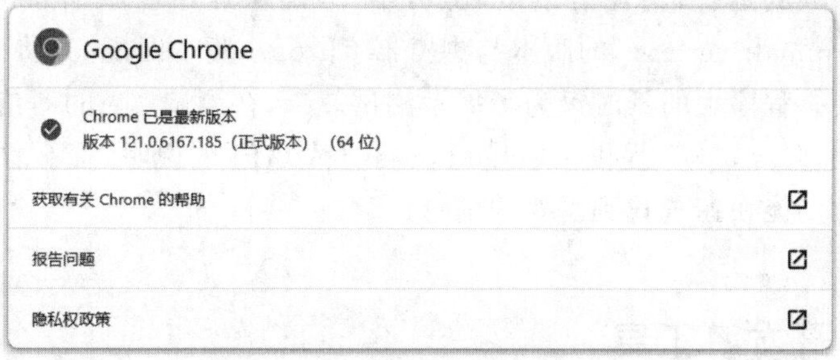

Google Chrome

Chrome 已是最新版本
版本 121.0.6167.185（正式版本）（64 位）

获取有关 Chrome 的帮助

报告问题

隐私权政策

图 9.1　Chrome 浏览器的版本号

Channel	Version	Revision	Status
Stable	121.0.6167.184	r1233107	✓

chromedriver	win64	https://storage.googleapis.com/chrome-for-testing-public/121.0.6167.184/win64/chromedriver-win64.zip

图 9.2　ChromeDriver 的版本号及下载地址

【例 9.1】采用 Selenium WebDriver 技术编写程序实现百度网页搜索功能的简单测试。

```
import java.util.concurrent.TimeUnit;

import org.openqa.selenium.WebDriver;
import org.openqa.selenium.chrome.ChromeDriver;
import org.openqa.selenium.By;

public class WebDriverExample {

    public static void main(String[] args) {
    System.setProperty("webdriver.chrome.driver",
           "C:\\Program Files (x86)\\Google\\Chrome\\Application\\chromedriver.exe");
    System.out.println("start selenium");
    WebDriver driver = (WebDriver) new ChromeDriver();
    driver.get("http://www.baidu.com/");
    driver.findElement(By.id("kw")).sendKeys("selenium java");
    driver.findElement(By.id("su")).click();
    try {
        TimeUnit.SECONDS.sleep(10); //10 秒
    } catch (InterruptedException ie) {
        Thread.currentThread().interrupt();
    }
    driver.close();
    }

}
```

为了确保程序顺利运行，请注意以下两点：第一，确保程序已添加 selenium-java 库的依赖；第二，确保“chromedriver.exe”的版本与浏览器 Chrome 版本匹配，并将该文件与浏览器程序置于同一文件夹。程序中的延时仅为了展示测试效果，在测试实践过程应该删除此段代码。

Selenium 官方 Java 文档[①]提供了 selenium-java 库 API 的说明，有不清楚的 API 调用，读者可通过它的搜索功能快速查找到需要的信息。

9.3 Chrome 开发者工具

Chrome 开发者工具是 Chrome 浏览器内置的一套强大的网页开发和调试工具。它集成了多种功能，包括网页元素定位、元素检查、代码编辑、网络分析、性能监控等，为开发者提供了一个全方位的开发环境。通过 Chrome 开发者工具，开发人员可以轻松地查看和修改网页的 HTML 结构和 CSS 样式，实时预览修改后的效果。它还提供了 JavaScript 调试功能，可以帮助开发人员定位和解决代码中的错误。此外，开发者工具还能监控网页的网络请求和响应，分析网页的加载性能和资源消耗情况。

Chrome 开发者工具的使用非常简便，只需按下 F12 键或右键单击页面元素选择“检查”即可打开。它的界面清晰直观，各种功能分类明确，使得开发人员能够迅速上手并高效地进行开发工作。我们可以借助开发者工具，快速找到网页元素的属性。以下是具体步骤：

(1) 打开 Chrome 浏览器，并访问需要定位元素的网页。

(2) 按下键盘上的 F12 键，或者右键单击页面元素选择“检查”，或者单击浏览器右上角的 3 个点图标，选择“更多工具”中的“开发者工具”，打开开发者工具面板。

(3) 在开发者工具面板中，选择“Elements”(元素)选项卡。这个选项卡会显示当前网页的 HTML 结构。

(4) 定位元素的方法有多种，以下是两种常用的方法：

方法一：使用鼠标在 Elements 选项卡中的 HTML 结构上直接单击。开发人员可以通过展开和折叠 HTML 节点来找到需要的元素。当单击某个元素时，它会在右侧的面板中显示该元素的详细信息，同时在网页中高亮显示该元素的位置。

方法二：使用“选择元素”工具。在开发者工具面板的左上角，有一个箭头图标(或者按下快捷键 Ctrl+Shift+C)，单击它可以启用“选择元素”工具。然后，在网页上单击想要定位的元素，开发者工具会自动在 Elements 选项卡中定位到该元素的 HTML 代码位置。

如图 9.3 所示，标记 1 为元素选项卡，标记 2 为开发者工具面板左上角的箭头图标，标记 3 为开发人员想要定位的网页元素，标记 4 为定位元素的 HTML 代码。图中网页的定位元素是“百度一下”的提交按钮。

(5) 一旦定位到了元素，开发人员可以对其进行各种操作，如编辑 HTML 代码、查看和修改元素的 CSS 样式、监听元素的事件等。这些操作都可以在开发者工具的右侧面板中找到相应的选项。

以上是使用 Chrome 的开发者工具定位网页元素的基本步骤。需要注意的是，网页的 HTML 结构可能比较复杂，有时候需要耐心和仔细地寻找才能找到需要的元素。同时，对于

---

① https://www.selenium.dev/selenium/docs/api/java/index.html

一些动态生成的元素或者使用 JavaScript 等脚本生成的元素，可能需要使用更高级的技术来进行定位和操作。

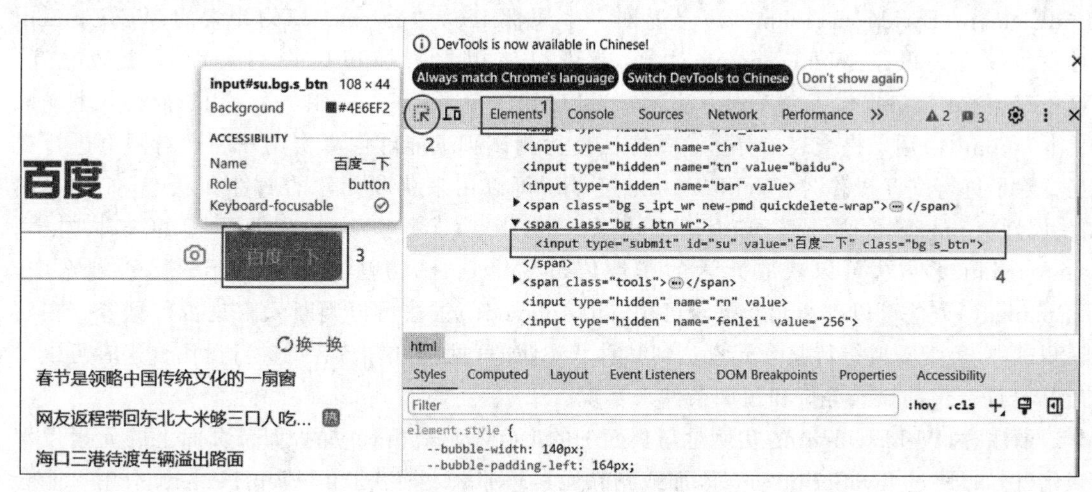

图 9.3 Chrome 的开发者工具

9.4 网页元素的定位及交互

网页元素定位是使用 Selenium WebDriver 进行测试的关键步骤。通过定位网页上的元素，测试人员可以与这些元素进行交互，例如单击按钮、填写表单、获取文本等。常用的网页元素定位策略有 ID 定位、名称定位、XPath 定位、链接文本定位、部分链接文本定位、类名定位和 CSS 选择器定位，本节介绍除 XPath 定位外的其余 6 种策略。

https://demoqa.com 是一个用于演示自动化测试技术和工具的网站。该网站提供了各种网页元素和交互场景，旨在帮助测试人员学习和实践自动化测试。通过在这个网站上进行测试，测试人员可以熟悉各种网页元素的定位策略、交互操作以及验证技术，从而提升他们的自动化测试能力。这个网站包含了表单、按钮、链接、图片等各种常见的网页元素，以及登录、注册、购物车等常见的交互场景，方便测试人员进行学习和实践。测试技术学习网站 https://ultimateqa.com/simple-html-elements-for-automation 也提供了帮助测试人员实践自动化测试的网页元素。本章将测试这两个网站的部分功能，用以介绍网页元素定位策略和 Web 交互技术。

9.4.1 WebDriver 的 WebElement 接口

DOM(Document Object Model，文档对象模型)是 W3C 组织推荐的处理可扩展标记语言的标准编程接口。它将整个 HTML 或 XML 文档看作一个树形结构，每个节点都是一个对象，通过操作这些节点对象，可以实现对文档内容的修改和交互。

Selenium 的 WebElement 接口表示 HTML 页面上的一个 DOM 元素，它是 WebDriver 与网页交互的基础，提供了许多方法和属性来获取元素的信息或与元素进行交互。WebElement 接口的主要作用包括代表页面上的 DOM 元素、获取元素属性、与元素交互、获取元素状态和获取元素的文本。

WebElement 接口通常是通过 WebDriver 的 findElement 或 findElements 方法获得的。这些方法可以根据元素的名称、XPath 或 CSS 选择器等属性来定位页面上的元素。例如，findElement(By.id("username"))会返回一个属性 ID 为“username”的元素的 WebElement 对象。一旦获得了 WebElement 对象，就可以使用它来模拟用户与页面元素的交互。WebElement 接口提供了一系列方法，如 click()用于单击元素，sendKeys()用于向输入框输入文本，submit()用于提交表单等。这些方法使得测试脚本能够像真实用户一样与网页进行交互。除了进行交互操作外，WebElement 接口还可以用来获取元素的属性和状态，如文本内容、属性值、是否可见、是否启用等。例如，getText()方法可以获取元素的文本内容，getAttribute()方法可以获取元素的属性值，isSelected()方法可以判断元素是否被选中，isEnabled()方法可以判断元素是否可用，isDisplayed()方法可以判断元素是否可见等。在实际测试中，经常需要等待某个元素达到某种状态(如可见、可单击)后再进行操作。这时可以结合 WebDriver 的显式等待和预期条件来实现。

请注意，WebElement 的实例是与页面上的 DOM 元素相对应的，如果页面上的元素发生变化(例如，通过 JavaScript 动态添加或删除元素)，那么之前获取的 WebElement 引用可能会变得无效或过时。在这种情况下，需要重新获取元素的引用以进行后续操作。

9.4.2 显式等待和隐式等待

由于一些原因，导致网站响应慢，这时候我们的程序需要等待 WebElement 实例的某个状态成立，WebDriver 提供显式等待和隐式等待两种机制完成等待。使用 WebDriverWait 进行显式等待时，WebDriver 会等待直到指定的条件满足或达到超时时间，然后继续执行后续代码。而隐式等待是告诉 WebDriver 在尝试查找一个元素或者与元素交互之前，轮询指定时间长度来等待元素被加载到 DOM 中。如果在设置的隐式等待时间内，元素被成功加载，则 WebDriver 将继续执行后续的操作；如果在设置的隐式等待时间结束后，元素仍未被加载，则 WebDriver 会抛出一个找不到元素的异常。需要注意的是，隐式等待是全局设置，一旦设置了隐式等待时间，它将应用于 WebDriver 实例的整个生命周期，直到被修改或取消。而且，隐式等待对 WebDriver 的所有元素查找都有效，而不仅仅是设置之后的那个元素查找。需要注意的是，隐式等待设置的时间是一个最大等待时间，WebDriver 可能会在此时间内的任何时刻进行查找或交互。因此，在设置隐式等待时间时，需要根据实际的页面加载情况和元素加载时间来合理设置，以避免过长或过短的等待时间对测试结果的影响。

隐式等待和显式等待是两种不同的等待策略，如表 9.1 所示，它们有各自的应用场景和优缺点。

表 9.1　隐式等待和显式等待的应用场景和优缺点

	显式等待	隐式等待
作用域与灵活性	作用于特定的元素或条件，为特定的元素查找或交互操作提供等待机制。它更加灵活，因为可以为不同的元素或条件设置不同的等待时间和策略	作用于整个 WebDriver 实例的生命周期，对所有的元素查找都有效。一旦设置，它将应用于后续的所有元素查找操作，直到被更改或取消

续表

	显式等待	隐式等待
等待条件	允许用户定义等待的条件,如元素可见、元素可单击等。只有当这些特定的条件满足时,才会继续执行后续的代码	只是简单地等待元素出现在 DOM 中,并不针对特定的条件。如果元素在设定的时间内出现,则继续执行;否则,抛出异常
超时处理	如果在指定的超时时间内条件仍未满足,将抛出超时异常	如果在设置的隐式等待时间内元素未被找到,也会抛出找不到元素的异常
性能与效率	由于它只针对特定的元素或条件进行等待,因此通常更加高效,不会浪费时间在不必要的等待上	可能导致不必要的等待,因为它会对所有的元素查找操作都应用相同的等待时间,即使某些元素很快就加载完成了
代码可读性与维护性	通常被认为更加可读和易于维护,因为它清晰地指出了等待的条件和超时时间	可能在代码中不太明显,因为它是在 WebDriver 实例创建时设置的,而不是在每次元素查找时明确指出的

总的来说,显式等待提供了更精细的控制和更高的灵活性,适用于需要等待特定条件满足的场景;而隐式等待则适用于对整个会话期间的所有元素查找操作应用相同的等待策略的场景。在实际应用中,根据具体的需求和情况来选择合适的等待策略是很重要的。

9.4.3 ID 定位及单击按钮

每个 HTML 元素都可以拥有一个唯一的 ID 属性,这使得 ID 定位非常精确和可靠。使用 ID 定位时,测试人员只需知道目标元素的 ID 值,然后通过 Selenium 提供的 API 即可快速定位到该元素。与其他定位策略相比,ID 定位具有速度快、准确性高的优点。但是,需要注意的是,并非所有网页元素都有 ID 属性,有些元素的 ID 属性可能是动态生成的,这会增加定位的难度。因此,在使用 ID 定位时,测试人员需要确保目标元素具有唯一且稳定的 ID 值,以保证测试的准确性和可靠性。

【例 9.2】网页 https://demoqa.com/buttons 有 3 个按钮:

```
<button id = "doubleClickBtn" type = "button" class = "btn btn-primary">Double Click Me
</button>
<button id = "rightClickBtn" type = "button" class = "btn btn-primary">Right Click Me
</button>
<button id = "LKkQ5" type = "button" class = "btn btn-primary">Click Me</button>
```

采用 Selenium WebDriver 技术编写程序实现该网页的简单测试,模拟 3 种鼠标单击事件依次单击这 3 个按钮。

```
1.  WebDriver driver = (WebDriver) new ChromeDriver();
2.  driver.manage().window().maximize();              //使得网页最大化
3.  driver.get("https://demoqa.com/buttons");
4.  WebElement button1 = driver.findElement(By.id("doubleClickBtn"));
5.  Actions actions = new Actions(driver);            //创建 Actions 对象
6.  actions.doubleClick(button1).perform();           //模拟双击操作
7.  By by = By.id("rightClickBtn");
8.  WebElement button2 = driver.findElement(by);
9.  actions.contextClick(button2).perform();          //模拟右键操作
10. //driver.findElement(By.id("LKkQ5")).click();     //模拟单击操作
```

要运行这段代码，请确保已经安装了 selenium-java 库，并且 ChromeDriver 与 Chrome 浏览器版本兼容。另外，我们还省略了部分代码：导入必要的 Selenium 类，设置 ChromeDriver 的路径，添加等待时间以便观察程序运行效果，关闭浏览器。本章其余例子的运行，也必须满足相关条件，并且省略了相关代码，后文不再赘述。

在 Selenium 中，By 是一个非常重要的接口，它提供了多种定位元素的策略。By.id()通过元素的 ID 属性来定位。例 9.2 的 3 个按钮均有 ID 属性，皆可使用 ID 定位策略，不过注释掉的第 10 行代码无法运行，因为第三个按钮的 ID 属性是动态生成的，需要采用其他定位策略找到它。

虽然 WebElement 接口本身不直接提供定位网页元素的方法，但它可以通过 WebDriver 的 findElement()或 findElements()方法结合 By 接口来定位并获取页面元素。本例就使用 findElement()方法通过结合 By 接口定位后返回的结果得到网页元素。第 7 行和第 8 行的代码可合并成类似第 4 行的语句。第 7、8 和 9 行也可以合并成如下语句：

```
actions.contextClick(driver.findElement(By.id("rightClickBtn"))).perform();
```

在例 9.2 中，创建了一个 ChromeDriver 实例，并导航到目标网页。接下来，使用 findElement()方法定位到需要双击和右键单击的按钮。之后，我们创建了一个 Actions 对象，并使用 doubleClick()方法模拟双击操作，使用 contextClick()方法模拟右键单击操作。最后，调用 perform()方法来执行这些鼠标动作。在按钮上执行鼠标单击操作则比较简单，直接调用 click()方法即可，无须 Actions 对象的参与。

9.4.4 名称定位及单选按钮操作

HTML 元素的名称(name)属性主要在<input>、<form>、<button>、<select>等标签中使用，但这个属性的用途和行为因元素类型而异。如果元素具有名称属性，可以使用 By.name()方法定位。

【例 9.3】 网页 https://ultimateqa.com/simple-html-elements-for-automation 有一个 form，它包含了 3 个单选按钮：

```
<form action = "">
    <input type = "radio" name = "gender" value = "male"> Male<br>
    <input type = "radio" name = "gender" value = "female"> Female<br>
    <input type = "radio" name = "gender" value = "other"> Other<br>
</form>
```

采用 Selenium WebDriver 技术编写程序选中 form 的"Female"。

```
1.  WebDriver driver = (WebDriver) new ChromeDriver();
2.  driver.get("https://ultimateqa.com/simple-html-elements-for-automation/");
3.  //使用显式等待,等待 10 秒。
4.  WebDriverWait wait = new WebDriverWait(driver, Duration.ofSeconds(10));
5.  wait.until(ExpectedConditions.visibilityOfElementLocated(By.name("gender")));
6.  //driver.manage().timeouts().implicitlyWait(Duration.ofSeconds(10));
    //隐式等待 10 秒
7.  List<WebElement> radios = driver.findElements(By.name("gender"));
8.  WebElement female = radios.get(1);
9.  female.click();
```

程序第 4、5 行定义了一个 10 秒的显式等待,10 秒内一旦属性 name 为"gender"的 HTML 元素出现,程序将立即运行到第 7 行,不会等待剩余的时间,10 秒内可见性条件不成立将会抛出一个超时异常。程序第 6 行定义了一个 10 秒的隐式等待,在特定的应用程序,它可以代替前面的显式等待。

WebDriver 的 findElements()方法用于在 Web 页面中查找多个元素,它返回一个元素列表,这些元素与指定的搜索条件相匹配。当页面上有多个符合条件的元素时,该方法将返回所有这些元素的列表。如果没有找到任何匹配的元素,findElements 不会抛出异常,而是返回一个空列表。由于该方法返回的是一个元素列表,因此需要使用循环或其他迭代方法来处理每个找到的元素。列表的索引是从 0 开始的,因此 radios.get(0)是第一个元素(即"Male"),而程序第 8 行 radios.get(1)是第二个元素(即"Female")。获取"Female"后,程序的第 9 行代码单击它,表示选中该选项。如果 HTML 元素的 name 唯一,我们可以使用 findElement()方法定位到它。findElement()方法用于定位页面上的元素,如果页面上有多个符合条件的元素,它只返回第一个。使用 getAttribute()方法获取单选按钮的 value 属性,使用 isSelected()方法检查单选按钮是否被用户选中。

```
String radioButtonValue =  radios.get(0).getAttribute("value"); //"male"
boolean isSelected = radios.get(2).isSelected();                //"other"
```

9.4.5 CSS 选择器定位及文本框操作

CSS(Cascading Style Sheets,级联样式表)是一种用来为结构化文档添加样式的计算机语言。CSS 描述了如何在屏幕、纸质、音频等媒体中渲染元素。CSS 有丰富的样式与布局,可以定义文本字体、颜色、大小、间距,以及元素的位置、大小、边框、背景等各种样式,让网页呈现出丰富多彩的视觉效果。CSS 样式表中的样式可以应用于多个页面,并且可以通过层级关系来覆盖或继承样式,这使得样式的管理和维护更加便捷。CSS 将网页的内容与表现分离,使得网页的结构更加清晰,易于维护和修改。同时,这也提高了网页的加载速度,因为样式表可以被缓存和重用。

WebDriver 的 By.cssSelector()方法,可以定位到页面上的几乎任何元素。通过 CSS 选择器,测试人员可以根据元素的标签名、类名、ID 等属性来定位元素。CSS 选择器提供了一些伪类选择器,如:hover、:active、:visited 等,以及属性选择器、子代选择器等,这些都可以帮助测试人员更精确地定位元素。

需要注意的是,在使用 CSS 选择器定位元素时,应确保选择器表达式的唯一性,以避免定位到错误的元素。此外,CSS 选择器的性能通常比 XPath 选择器更好,因为浏览器解析 CSS 的速度比解析 XPath 更快。

【例 9.4】 假定某网页有以下元素:

```
<div id = "cssSelector">
    <input placeholder = "Name" type = "text" id = "fullName" >
    <textarea rows = "5" cols = "20" id = "adddress" class = "form-control"
                    name = "tps">
    </textarea>
</div>
```

WebDriver 的 CSS 选择器可以通过以下的多种形式定位到 input 元素和 textarea 元素。

```
1.  By byID = By.cssSelector("#fullName");
2.  By byClass = By.cssSelector(".form-control");
3.  By byTagName = By.cssSelector("textarea");
4.  By byName = By.cssSelector("textarea[name = 'tps']");
5.  By byParent = By.cssSelector("#cssSelector > #fullName");
```

代码的第 1 行通过 ID 选择器定位到 input 元素,这是最直接和最常用的方法,特别是当元素有唯一的 ID 时。代码的第 2 行通过类选择器定位到 textarea 元素,如果元素有一个或多个类,并且这些类在页面中足够独特,可以使用类选择器来定位元素。如果页面中有多个元素使用相同的类,将定位到第一个匹配的元素。如果需要定位到这个特定的 textarea,最好结合其他属性,比如属性 type 或 id。代码的第 3 行通过标签名选择器定位到 textarea 元素,因为 HTML 文档中可能有多个相同类型的元素,所以并不推荐使用元素的标签名来定位的策略。如果仅使用标签名定位,CSS 选择器将定位到页面的第一个 textarea 元素。代码的第 4 行通过属性选择器定位到 textarea 元素,同样的道理,要求当前网页只有该元素拥有 name="temps"的属性。代码的第 5 行通过子代或后代选择器定位到 input 元素。

子代选择器用于选择直接子元素,符号">"将父元素和子元素分隔开。后代选择器用于选择多层嵌套的元素,不仅限于直接子元素,使用空格' '将父元素和后代元素分隔开。例如,"#container > #layer1 > .inner1 > #span1"选择 ID 为"span1"的元素,它是类名为"inner1"的直接子元素,同时也是 ID 为"container"的后代元素。"div p #span1"选择 ID 为"span1"的元素,它是标签类型为 p 的后代元素,同时 p 的元素又是标签类型为 div 的后代元素。

【例 9.5】 网页 https://demoqa.com/text-box 有一个表单需要填写,填写内容有 Full Name、Email、Current Address 和 PermanentAddress,单击提交按钮后,页面将输出用户所填写的内容。为便于读者理解代码,删除了原始代码中 div 标签的部分内容。

```
<div id = "userName-wrapper" class = "mt-2 row">
    <input autocomplete = "off" placeholder = "Full Name" type = "text" id = "
        userName" class = "mr-sm-2 form-control">
```

```
</div>
<div id = "userEmail-wrapper" class = "mt-2 row">
    <input autocomplete = "off" placeholder = "name@example.com" type =
        "email" id = "userEmail" class = "mr-sm-2 form-control">
</div>
<div id = "currentAddress-wrapper"class = "mt-2 row">
    <textarea placeholder = "Current Address" rows = "5" cols = "20" id =
        "currentAddress" class = "form-control"></textarea>
</div>
<div id = "permanentAddress-wrapper" class = "mt-2 row">
    <div class = "col-md-9 col-sm-12">
        <textarea rows = "5" cols = "20" id = "permanentAddress" class =
            "form-control">
        </textarea>
    </div>
</div>
<div class = "mt-2 justify-content-end row">
    <button id = "submit" type = "button" class = "btn btn-primary">Submit</
        button>
</div>
```

采用 Selenium WebDriver 技术编写程序实现表单的填写及提交。

```
1. WebDriver driver = (WebDriver) new ChromeDriver();
2. driver.get("https://demoqa.com/text-box");
3. By byUserName = By.cssSelector(".form-control");
4. driver.findElement(byUserName).sendKeys("zhang3");
5. By byUserEmail = By.cssSelector("#userEmail-wrapper input");
6. driver.findElement(byUserEmail).sendKeys("zhang3@qq.com");
7. By byAddress = By.cssSelector("textarea[placeholder = 'Current Address']");
8. driver.findElement(byAddress).sendKeys("Hunan changsha.");
9. By byPermanent = By.cssSelector("#permanentAddress-wrapper
       [class = 'col-md-9 col-sm-12'] textarea");
10. driver.findElement(byPermanent).sendKeys("changsha university.");
11. WebElement submitButton = driver.findElement(By.cssSelector(
       "[class = 'mt-2 justify-content-end row'] #submit"));
12. submitButton.click();
```

页面共有 4 个元素属于类“form-control”,代码的第 3 行获得第一个,定位到 ID 为“userName”的 input 元素。代码的第 5 行使用后代选择器,定位到 ID 为“userEmail-wrapper”的 div 元素的后代的首个 input 元素。代码的第 7 行通过属性选择器,定位到属性

placeholder 取特定值的 textarea 元素。代码的第 9 行通过两层的后代选择器，定位到 ID 为“permanentAddress”的 textarea 元素。代码的第 11 行首先定位到同时属于“mt-2”“row”和“justify-content-end”的 div，再定位到该标签的后代中 ID 为“submit”的元素。

给 input 和 textarea 元素填入文本可以通过几种不同的方式实现，sendKeys()是最常用的方式，用于模拟用户输入文本到对应元素中。WebElement 的 getText()方法通常用于获取元素的可见文本内容(即页面上实际显示的文本)，而不是用户输入的内容。该方法对于获取段落、标题、链接等元素的文本非常有用。然而，对于 input 和 textarea 这样的元素，getText()方法通常不会返回用户输入的内容，因为这些内容不是作为元素的直接文本子节点存储的，而是存储在元素的 value 属性中。因此，应该使用 getAttribute("value")方法来获取用户在这些元素输入的内容。

9.4.6 类名定位及滑动条操作

在网页开发中，属性 class 为 HTML 元素分配一个或多个 CSS 类名。这些类名通常与 CSS 样式表中的类选择器相关联，以便为页面上的不同元素应用一致的样式。此外，class 属性还可以用于 JavaScript 中，通过类名来选择和操作 DOM 元素。WebDriver 的 By.className()方法根据类名来查找页面上的 HTML 元素。

滑动条提供了一种直观且交互性强的方式来控制或选择数值。例如，在调节音量、亮度、缩放级别等设置时，滑动条可以让用户通过拖动或单击以便在一个连续的范围内选择一个值，这种交互方式比传统的输入字段或下拉菜单更加直观和易用。

【例 9.6】网页 https://demoqa.com/slider 有一个滑动条。

```
<input type = "range" class = "range-slider range-slider--primary" min = "0" max
    = "100" value = "32" style = "--value: 32;">
```

采用 Selenium WebDriver 技术编写程序拖动滑动条，并显示滑动条最新的值。

```
1.  WebDriver driver = (WebDriver) new ChromeDriver();
2.  driver.get("https://demoqa.com/slider");
3.  WebElement slide = driver.findElement(By.className("range-slider--primary"));
4.  Actions actions = new Actions(driver);
5.  actions.clickAndHold(slide).moveByOffset(50, 0).release().perform();
6.  System.out.println(slide.getAttribute("value"));
```

代码的第 3 行通过类名定位到滑动条，再通过第 5、6 行的 Actions 接口模拟用户操作滑动条：先单击滑动条的滑块，再拖动滑块，最后松开鼠标释放滑块。代码的第 6 行通过读取滑动条元素的 value 属性来获得滑动条的值。

9.4.7 链接文本定位与部分链接文本定位

HTML 元素中，链接(由<a>标签创建)不仅是网页之间的桥梁，还是网络导航和信息传递的核心工具。By.linkText()方法是 Selenium WebDriver 中用于定位超链接元素的一个方法，它根据链接的可见文本内容来查找元素。By.linkText() 是区分大小写的,并且它查找的是完全匹配的文本。如果链接文本包含额外的空格或字符,或者大小写不匹配,By.linkText()可能不太适用,考虑使用 By.partialLinkText()方法或其他定位策略。By.partialLinkText()方法类似于链接文本定位,它通过超链接的部分文本内容来定位元素,链接文本较长或包含动态内容时,适合使用这种定位策略。

【例 9.7】 网页 https://demoqa.com/links 有一个超链接。

```
<a id = "simpleLink" href = "https://demoqa.com" target = "_blank">Home</a>
```

采用 Selenium WebDriver 技术编写程序点击它。

```
1.  WebDriver driver = (WebDriver) new ChromeDriver();
2.  driver.get("https://demoqa.com/links");
3.  WebElement aref  =  driver.findElement(By.linkText("Home"));
4.  aref.click();
```

代码的第 3 行调用 By.linkText()方法定位到超链接元素后,使用 click()方法即可模拟用户单击该超链接。

【例 9.8】 网页 https://ultimateqa.com/simple-html-elements-for-automation/有一个超链接。

```
<a href = "/link-success/">Clickable Icon</a>
```

采用 Selenium WebDriver 技术编写程序单击它。

```
1.WebDriver driver = (WebDriver) new ChromeDriver();
2.driver.get("https://ultimateqa.com/simple-html-elements-for-automation");
3.WebElement aref  =  driver.findElement(By.partialLinkText("Icon"));
4.aref.click();
```

显然,"Icon"只是超链接的部分文本内容,代码的第 3 行调用 By.partialLinkText()方法定位到超链接元素后,使用 click()方法即可模拟用户单击它。需要注意的是,和By.linkText()方法一样,By.partialLinkText()方法也是大小写敏感的,“icon”就会导致定位失败。

9.4.8 标签名定位及下拉列表框操作

在 Selenium WebDriver 中,By.tagName()方法用于定位 HTML 文档中具有特定标签名的元素,几乎所有 HTML 元素都可以通过其标签名来定位。这个方法接受一个字符串参数,该参数表示要查找的元素的标签名。By.tagName()方法通常返回页面上所有具有指定标签名的元素。如果只想定位到第一个匹配的元素,可以使用 findElement()方法,它会返回一个 WebElement 对象,代表页面上第一个与指定标签名匹配的元素。如果想定位到所有匹配的元素,可以使用 findElements()方法,它会返回一个 List<WebElement>对象,包含页面上所有与指定标签名匹配的元素。

由于 HTML 文档可能包含大量的具有相同标签名的元素,因此通常不建议单独使用 By.tagName()方法进行定位,因为它可能不够精确。在实际应用中,需要结合其他定位策略来精确地定位到想要的元素。

下拉列表框 select 元素在 HTML 中的主要作用是创建一个选择列表或下拉列表,供用户从中选择一个或多个选项。它是一种表单控件,通常用于在表单中接收用户的输入。具体来说,select 元素内部可以包含多个 option 元素,每个 option 元素代表一个可选项。用户可以通过单击下拉箭头来展开选项列表,并选择他们想要的选项。一旦用户选择了一个选项,该选项就会成为当前选中的选项,并且在提交表单时,该选项的值会被发送到服务器进行处理。此外,select 元素还可以设置为单选或多选模式,具体取决于它的属性设置。在单选模式下,用户只能从列表中选择一个选项;而在多选模式下,用户可以选择多个选项。

【例 9.9】 网页 https://ultimateqa.com/simple-html-elements-for-automation/有一个下拉列表框。

```
<select>
      <option value = "volvo">Volvo</option>
      <option value = "saab">Saab</option>
      <option value = "opel">Opel</option>
      <option value = "audi">Audi</option>
</select>
```

采用 Selenium WebDriver 技术编写程序获取它当前的选项,并给它赋新的值。

```
1.  WebDriver driver = (WebDriver) new ChromeDriver();
2.  driver.get("https://ultimateqa.com/simple-html-elements-for-automation/");
3.  WebElement selectElement  =  driver.findElement(By.tagName("select"));
4.  Select select  =  new Select(selectElement);
5.  String selectedOptionText  =  select.getFirstSelectedOption().getText();
6.  System.out.println(selectedOptionText);
7.  String selectedOptionValue  =  select. getFirstSelectedOption ( ). getAttribute
                                  ("value");
8.  System.out.println(selectedOptionValue);
9.  select.selectByVisibleText("Volvo");      //option value  = "volvo"
10. select.selectByValue("saab");
11. select.selectByIndex(2);
```

代码在第 3 行通过标签名定位方式获得 select 元素,再在第 4 行将它绑定到 Select 实例。下拉列表框当前选中的选项有两个典型取值,一为通过 getText()方法获取的文本,在代码第 5 行实现,二为通过 getAttribute()方法获取的 option 元素的 value 属性,在代码第 7 行实现。请注意,getFirstSelectedOption()方法返回的是第一个被选中的 option 元素。对于单选 select 元素,这通常是足够的,但对于多选 select 元素,需要使用其他方法来处理多个选中的选项。对于标准的单选 select 元素,selectByVisibleText()方法设置文本对应的选项,selectByValue()方法设置 option 元素对应的选项,而 selectByIndex()方法设置索引号对应的选项,这些方法分别在代码的第 9、10 和 11 行展示。

9.4.9 Frame 元素与 iFrame 元素切换

Frame(框架,或模块)元素和 iFrame(内联框架)元素允许在一个 HTML 文档中嵌入另一个 HTML 文档,它们在 Web 页面中起着重要作用。内联框架是 HTML5 中的标签,在现代的网页开发中更为常见。Frame 则是 HTML4 中的标签,由于其存在的一些问题,例如搜索引擎索引和链接处理等,它已经不再推荐使用。

通过将页面内容拆分成多个独立的 Frame 或 iFrame,每个模块可以独立加载和更新。这种模块化设计使得网页制作更加灵活,便于维护和更新。例如,如果有一个模块需要更新,只需修改该模块对应的网页,而不需要对整个页面进行修改。iFrame 常用于嵌入来自其他来源的内容,如广告、地图、视频等。这样可以将第三方内容与主页面隔离开来,提高页面的安全性和稳定性。同时,由于 iFrame 具有独立的滚动条(如果设置),因此可以方便地控制嵌入内容的显示区域和滚动行为。尽管浏览器的同源策略限制了不同域名下的网页之间的直接通信,但 iFrame 和某些技术可以用于实现跨域通信,这使得来自不同域的网页能够安全地交换信息。如果多个页面需要共享相同的头部、底部或侧边栏等内容,可以将这些内容放在一个单独的 HTML 文件中,并使用 iFrame 来嵌入到各个页面中。这样做可以提高代码的重用性,并确保各个页面的风格保持一致。在某些情况下,使用 iFrame 可以优化页面的加载性能。例如,当嵌入的内容较大或加载较慢时,可以将其放在 iFrame 中异步加载,从而避免阻塞主页面的渲染。

【例 9.10】 假定 driver 是 Selenium WebDriver 实例,采用 WebDriver 技术编写程序,实现 Web 页面 iFrame 和 Frame 元素之间的切换。

```
1.  driver.switchTo().frame(index);            //index 是 iFrame 或 Frame 的索引
2.  driver.switchTo().frame("frameNameOrId"); //使用 name 或 ID 属性值
3.  WebElement iFrameElement = driver.findElement(By.tagName("iFrame"));
4.  driver.switchTo().frame(iFrameElement);
5.  driver.switchTo().defaultContent();   //从任意层框架回到主文档
6.  driver.switchTo().defaultContent();   //先回到主文档
7.  driver.switchTo().frame("parentFrameNameOrId");
                                          //再切换到父级 iFrame 或 Frame
```

在 Selenium WebDriver 中,如果网页包含多个 iFrame 或 Frame 元素,需要先切换到目标 iFrame 或 Frame 才能与其内部的元素进行交互。以下是在这些 iFrame 或 Frame 元素之间切换的方法:

(1) 通过索引切换。如果 iFrame 或 Frame 是按照一定顺序嵌套的,可以使用索引来切换,索引是从 0 开始的整数。例 9.10 第 1 行代码实现了基于索引的切换。

(2) 通过名称或 ID 切换。如果 iFrame 或 Frame 具有 name 或 ID 属性,可以使用这些属性值来切换。例 9.10 第 2 行代码实现了基于名称或 ID 的切换。

(3) 通过 WebElement 切换。可以先定位到 iFrame 或 Frame 元素,然后使用这个 WebElement 对象来切换。例 9.10 第 3、4 行代码实现了基于 WebElement 实例的切换。

(4) 要从嵌套的 iFrame 或 Frame 切换回主文档(即最外层的文档),可以使用 defaultContent()方法。例 9.10 第 5 行代码切换到主文档,让网页展示默认内容。

（5）如果想从当前 iFrame 或 Frame 切换到它的直接父级 iFrame 或 Frame（如果存在的话），可以使用 parentFrame()方法。相比直接切换到父级，下述做法更简明，先切换到主文档，然后再切换到目标的父级 iFrame 或 Frame。例 9.10 第 6、7 行代码实现了这种做法，先回到主文档，然后再切换到当前模块或框架的父级 iFrame 或 Frame。

切换过程在处理 iFrame 或 Frame 时，确保在切换之前等待目标 iFrame 或 Frame 完全加载，以避免出现定位不到元素的问题。你可以使用 WebDriver 的等待机制，例如 WebDriverWait，来实现这一点。

【例 9.11】 网页 https://demoqa.com/frames/有 3 个 h1 元素，这 3 个 h1 元素分别处于主文档、frame1 模块（ID 值为"frame1" ）和 frame2 模块（ID 值为"frame2" ）内。为便于读者阅读代码，删除了 body 元素和 iframe 元素的部分内容。

```
<body>
    <h1 class = "text-center">Frames</h1>    <! -- 第一个 h1 -->
    <iframe src = "/sample" id = "frame1" width = "500px" height = "350px">
        <h1 id = "sampleHeading">This is a sample page</h1> <! -- 第二
                                              个 h1 -->
    </iframe>
    <iframe src = "/sample" id = "frame2" width = "100px" height = "100px">
        <h1 id = "sampleHeading">This is a sample page</h1> <! -- 第三
                                              个 h1 -->
    </iframe>
</body>
```

采用 Selenium WebDriver 技术编写程序实现 iframe 元素的切换，并输出部分元素的内容。

```
1.  WebDriver driver = (WebDriver) new ChromeDriver();
2.  driver.get("https://demoqa.com/frames");
3.  WebElement h1Outter  =  driver.findElement(By.tagName("h1"));
4.  String content  =  h1Outter.getText();//第一个 h1 的文本。
5.  System.out.println(h1Outter.getAttribute("class") + "," + content);
6.  WebElement iFrame1  =  driver.findElement(By.id("frame1"));
7.  String strWidth  =  iFrame1.getAttribute("width");
                                          //切换前才能获取 frame1 的属性值
8.  driver.switchTo().frame(iFrame1);
9.  WebElement h1Frame1  =  driver.findElement(By.tagName("h1"));
10. content =  h1Frame1.getText();          //第二个 h1 的文本
11. System.out.println(strWidth  + "," + content);
12. driver.switchTo().defaultContent(); //必须先切换到 frame2 的父 Frame
13. WebElement iFrame2  =  driver.findElement(By.id("frame2"));
14. strWidth  =  iFrame2.getAttribute("width");
```

```
15. driver.switchTo().frame(iFrame2);
16. WebElement h1Frame2 = driver.findElement(By.tagName("h1"));
17. content = h1Frame2.getText();     //第三个 h1 的文本
18. System.out.println(strWidth + "," + content);
```

如图 9.4 所示为上述代码的输出结果。程序启动后，WebDriver 实例先进入主文档，代码第 3 行通过标签名定位策略获取的 h1 元素为页面的第一个 h1，也只有它才有 class 属性。此时，frame1 和 frame2 都是主文档的子元素，第 8 行代码可顺利切换到 frame1 模块。切换到 frame1 模块后，我们只能和 frame1 的子元素交互，代码第 9 行再通过标签名定位策略获取的 h1 元素只能是页面的第二个 h1。而且，要获取 frame1 所在 iFrame 标签的属性值和文本，必须在切换前调用相关 WebDriver API，也就是相关的 API 调用（如第 7 行代码）必须在切换之前就进行。由于 frame1 和 frame2 处于同一层，当我们从 frame1 切换到 frame2 时，必须先切换到 frame2 的父模块，再切换到 frame2。因此，程序先执行第 12 行代码切换到主文档，再在第 15 行从主文档切换到 frame2。此时，程序再执行第 16 代码获取 h1 元素时，得到的结果就变成页面的第三个 h1 了。

```
text-center,Frames
500px,This is a sample page
100px,This is a sample page
```

图 9.4 例 9.11 程序的输出

【例 9.12】网页 https://demoqa.com/nestedframes/有两层嵌套的模块。为便于读者阅读代码，删除了 body 元素和 iframe 元素的部分内容。

```
<body>
    <h1 class = "text-center">Nested Frames</h1>
    <iframe src = "/sampleiframe" id = "frame1" width = "500px" height = "350px">
        <body>
            Parent frame
            <iframe srcdoc = "<p>Child Iframe</p>"></iframe>
                <p>Child Iframe</p>
            </iframe>
        </body>
    </iframe>
</body>
```

采用 Selenium WebDriver 技术编写程序实现嵌套模块之间的切换，并输出部分元素的内容。

```
1.  WebDriver driver = (WebDriver) new ChromeDriver();
2.  driver.get("https://demoqa.com/nestedframes");
3.  WebElement h1 = driver.findElement(By.tagName("h1"));
4.  System.out.println(h1.getAttribute("class") + "," + h1.getText());
```

```
5.  WebElement iFrame1 = driver.findElement(By.id("frame1"));
6.  System.out.println(iFrame1.getAttribute("src"));
7.  driver.switchTo().frame(iFrame1);
8.  WebElement iChildFrame = driver.findElement(By.tagName("iframe"));
9.  driver.switchTo().frame(iChildFrame);
10. String content = driver.findElement(By.tagName("p")).getText();
11. System.out.println(content);
12. driver.switchTo().parentFrame();      //切换到父级模块 frame1
13. System.out.println(driver.findElement(By.tagName("body")).getText());
```

如图 9.5 所示为上述代码的输出结果。程序启动后,WebDriver 实例初始时关注的是主文档,代码第 3 行通过标签名定位策略获取到主文档的 h1 元素。此时,只有 frame1(id = "frame1")是主文档的子元素,而 frame2(id = "frame2")是 frame1 的子元素,因此,程序运行到代码的 5 行时,不能直接定位到 frame2。第 7 行代码顺利定位到模块 frame1。切换到 frame1 模块后,现在可以和 frame1 的所有子元素交互,代码第 9 行直接从 frame1 切换到 frame2。在代码的第 12 行,我们可以从 frame2 切换到它的父级模块 frame1,于是第 13 行代码可打印 frame1 的内容。

```
text-center,Nested Frames
https://demoqa.com/sampleiframe
Child Iframe
Parent frame
```

图 9.5　例 9.12 程序的输出

9.4.10　JavaScript 代码的执行

WebDriver 的 executeScript()方法提供了在浏览器当前页面执行 JavaScript 代码的能力,这使得在 WebDriver 的 API 无法满足需求时,可以通过执行 JavaScript 代码来完成更复杂的操作。以下是它适用的几种场景:

(1) 与页面进行交互。当需要与页面进行交互,但 WebDriver 的 API 无法满足需求时,可以使用 executeScript()方法执行 JavaScript 代码。例如,可以修改元素属性、触发特定事件或调用 JavaScript 函数。

(2) 操作隐藏元素和特殊控件。有时页面上的某些元素可能由于某种原因被隐藏,或者页面的某些元素属于特殊控件。在这种情况下,WebDriver 可能无法直接操作这些元素。但是,使用 executeScript()方法执行 JavaScript 代码,可以绕过元素的可见性限制和操作限制,对隐藏元素和特殊控件进行操作。

(3) 处理 AJAX 加载内容。当页面使用 AJAX 技术动态加载内容时,可能需要等待异步请求完成后才能获取到所需的数据。使用 executeScript()方法可以执行 JavaScript 代码来等待并获取异步加载的内容。

(4) 执行特定的 JavaScript 脚本。有些测试场景需要执行特定的 JavaScript 脚本,例如检查页面上的某个函数是否已正确定义或执行某些复杂的计算。在这种情况下,可以使用 executeScript()方法来执行这些脚本。

【例 9.13】网页 https://demoqa.com/droppable 实现了动态内容显示，它有 4 个 div 块，其中一个 div 块的链接代码如下。为便于读者阅读代码，删除了该元素的部分内容。

```
<a id = "droppableExample-tab-preventPropagation" href = "#">Prevent
            Propagation</a>
```

点击它以后，新显示页面包含如下内容。

```
<div class = "pp-drop-container" id = "ppDropContainer">
    <div id = "dragBox" class = "drag-box mt-4 ui-draggable ui-draggable-
                    handle"style = "position: relative;">Drag Me
    </div>
    <div>
        <div id = "notGreedyDropBox" class = "drop-box-outer mt-4 ui-droppable">
            <p>Outer droppable</p>
            <div id = "notGreedyInnerDropBox" class = "drop-box ui-droppable">
                <p>Inner droppable (not greedy)</p>
            </div>
        </div>
        <div id = "greedyDropBox" class = "drop-box-outer mt-4 ui-droppable">
            <p>Outer droppable</p>
            <div id = "greedyDropBoxInner" class = "drop-box ui-droppable">
                <p>Inner droppable (greedy)</p>
            </div>
        </div>
    </div>
</div>
```

采用 Selenium WebDriver 技术编写程序模拟用户操作，拖动 div 块 dragBox，置入 div 块 greedyDropBoxInner 内。

```
1.  WebDriver driver = (WebDriver) new ChromeDriver();
2.  driver.get("https://demoqa.com/droppable");
3.  WebElement prop = driver.findElement(By.id(
4.                  "droppableExample-tab-preventPropogation"));
5.  prop.click();
6.  JavascriptExecutor js = (JavascriptExecutor) driver;
7.  js.executeScript("window.scrollBy(0, 400);");
8.  WebElement dragBox = driver.findElement(By.id("dragBox"));
9.  WebElement greedyDBInner = driver.findElement(By.id("greedyDropBoxInner"));
10. js.executeScript("arguments[0].style.transform = 'translate(200px, 200px)
                ';", dragBox);
```

```
11. js.executeScript("arguments[0].appendChild(arguments[1]);", greedyDBInner,
                    dragBox);
```

程序先执行第3、4、5行代码切换到“Prevent Propogation”的内容区域，再调用executeScript()方法将页面往下滚动400像素。第8行代码获取拖拽元素，第9行代码获取目标元素。第10行代码将div块dragBox向下200像素、向右200像素拖动，直到置入div块greedyDropBoxInner内，第11行代码将dragBox变更为greedyDropBoxInner的子元素。最后两行代码都是使用executeScript()方法执行JavaScript代码，完成更复杂的Web交互。

9.5 XPath定位

XPath(XML Path Language)是一种用于在XML文档 中定位和选择节点的语言，通过路径表达式来导航和查询XML数据。它提供了超过100个内建函数，这些函数可用于字符串值、数值、日期和时间比较、节点处理、序列处理、逻辑比较等等。XPath在Web开发、数据抽取、测试和数据分析等领域中得到广泛应用。XPath目前已经发展到了3.1版本，它允许处理更复杂的数据结构，本书基于XPath 1.0讲解。

网址 https://www.lddgo.net/string/xml-xpath 和 https://extendsclass.com/xpath-tester.html都提供了在线XPath测试工具，读者可以利用这些工具学习XPath语言。

9.5.1 XPath节点

XPath有7种类型的节点：元素、属性、基本值、命名空间、处理指令、注释以及文档节点。XML文档被作为节点树来对待，树的根被称为文档节点或者根节点。

【例9.14】有XML文档描述了书店的两本书。

```
<? xml version = "1.0" encoding = "ISO-8859-1"? >
<bookstore>
    <book>
        <title lang = "en">Harry Potter</title>
        <author>J K. Rowling</author>
        <year>2005</year>
        <price>29.99</price>
    </book>
    <book>
        <title lang = "eng">Learning XML</title>
        <price>39.95</price>
        <! --部分信息有待补充 -->
    </book>
</bookstore>
```

在例 9.14 的 XML 文档,文档节点为 bookstore,元素节点有 book、title、author、year 和 price,属性节点有 lang="en"和 lang="eng",注释节点为"<! --"和"-->"之间的部分。XML 文档的基本值或者文本节点是无子节点的独立节点,它们用于表示具体的数据内容,如字符串、整数值、布尔值等。本例的基本值有 J K. Rowling、"en"、2005、39.95 等。条目(Item)可以表示一个节点或基本值。

XPath 定义了多种节点关系:父(Parent)、子(Children)、同胞(Sibling)、先辈(Ancestor)和后代(Descendant)。除了根元素外,每个元素都有一个父,例如 book 元素是 title、author、year 以及 price 的父节点。元素节点可有零个或多个子节点,例如 title、author、year 以及 price 元素都没有子元素节点,第 1 个 book 元素有 4 个子元素节点,而第 2 个 book 元素有 3 个子节点,两个元素节点和一个注释节点。同胞是拥有相同的父的节点,在第 1 个 book 元素内,title、author、year 以及 price 元素都是同胞。先辈指某节点的父、父的父,等等。后代指某个节点的子,子的子,等等。节点 bookstore 是 book、title、author、year 以及 price 元素的先辈,而这些节点又被称为 bookstore 的后代。

9.5.2 XPath 语法

XPath 有 3 个重要组件:轴、节点项和谓语。我们定义步为"轴::节点项[谓语]",从语法上来看,路径表达式通常为多个步的重叠。路径表达式是轴、节点项和谓语等组件的组合,用来选取 XML 文档中的节点或节点集。我们先介绍最简单的路径表达式,也就是节点项,表 9.2 是常用的节点项。

表 9.2 最简单的路径表达式

节点项	描述
nodename	选取此节点的所有子节点
/	从根节点选取
//	从匹配选择的当前节点选择文档中的节点,而不考虑它们的位置
.	选取当前节点
..	选取当前节点的父节点
@	选取属性

XPath 使用两种不同类型的路径来定位 XML 文档中的节点:绝对位置路径和相对位置路径。绝对位置路径从根节点开始,一直到目标节点,它以斜杠"/"开头。这种路径不受当前节点的影响,总是从文档的根开始。因此可以准确找到目标节点,不受当前节点位置的影响。例如/bookstore/book/title 表示选择文档中所有 bookstore 元素下的 book 元素的 title 子元素。相对位置路径从当前节点开始,根据当前节点的上下文来定位目标节点。它不以斜杠"/"开头。因为考虑了当前节点的位置,这种路径更灵活,它适用于在特定上下文中查找节点。例如,title 表示选择当前节点的所有 title 子元素,../author 表示选择当前节点的父节点的 author 子元素,//author 表示当前文档的所有 author 元素。

针对例 9.14 的 XML 文档,表 9.3 给出了一些 XPath 路径表达式及其结果。请注意,假设 XPath 定位器位于 year 元素,则表中的表达式"../../author"有问题。因为它会尝试从 year 元素的父元素(book 元素)再导航到父元素(bookstore 元素),但 author 元素并非 bookstore 的子节点，而是它的后代，这不是我们想要的结果。如果将“../../author”修改为“../..//author”，则能顺利导航到 author 元素。

表 9.3　路径表达式及其结果

路径表达式	结果
bookstore	选取 bookstore 元素及其所有子节点
/bookstore	选取根的 bookstore 元素，与 bookstore 的结果相同
bookstore/book	选取属于 bookstore 的子元素的所有 book 元素。注释：假如路径起始于正斜杠（ / ），则此路径始终代表到某元素的绝对路径
../../book/year	假设当前位于 author 元素，此表达式先导航到当前节点的父节点的父节点，即 bookstore，再选取它所有 book 元素的 year 元素
../../author	假设当前位于 year 元素，这个表达式有问题
//book	选取所有 book 子元素，而不管它们在文档中的位置
//book//year	选择属于 book 元素的后代的所有 year 元素，即“＜year＞2005＜/year＞”
bookstore//book	选择属于 bookstore 元素的后代的所有 book 元素，而不管它们位于 bookstore 之下的什么位置
//@lang	选取名为 lang 的所有属性

XPath 谓语用来查找某个特定的节点或者包含某个指定值的节点，谓语被嵌在方括号中。XPath 谓语的常见用法有 4 类：位置谓语使用数字索引来选择特定位置的节点；属性谓语使用属性来选择具有特定属性值的节点；文本谓语使用文本内容来选择包含特定文本的节点；函数谓语使用内置函数来选择满足特定条件的节点。XPath 表达式的执行顺序是从左到右的，因此谓语的计算也是按照它们在表达式中出现的顺序进行的。如果多个谓语被应用于同一个节点集，那么它们将按照顺序逐个过滤节点集，直到得出最终的结果。

XPath 谓语非常灵活，可以组合使用以实现更复杂的节点选择逻辑。无论是基于位置、值、属性还是函数，XPath 谓语都能帮助准确地定位到所需要的节点。针对例 9.14 的 XML 文档，表 9.4 所示为带有谓语的一些路径表达式，以及表达式的结果。

表 9.4　带谓语的路径表达式及其结果

路径表达式	结果
/bookstore/book[1]	选取属于 bookstore 子元素的第 1 个 book 元素。索引值并非 0
/bookstore/book[last()]	选取属于 bookstore 子元素的最后一个 book 元素
/bookstore/ book[last()−1]	选取属于 bookstore 子元素的倒数第 2 个 book 元素 该路径表达式在例 9.14 等于/bookstore/book[1]
/bookstore/ book[position()＜3]	选取最前面的两个属于 bookstore 元素的子元素的 book 元素 该路径表达式等于/bookstore/book
//title[@lang]	选取所有拥有 lang 属性的 title 元素。有两个 title 元素合乎要求
//title[@lang='eng']	选取所有 title 元素，且这些元素拥有值为'eng'的 lang 属性
/bookstore/book[price＞35.00]	选取 bookstore 元素的所有 book 元素，且其中的 price 元素的值须大于 35.00。表达式结果为第 2 个 book 元素
/bookstore/book [price＞35.00]/title	选取 bookstore 元素中的 book 元素的所有 title 元素，且其中的 price 元素的值须大于 35.00。表达式结果为 ＜title lang="eng"＞Learning XML＜/title＞

如表 9.5 所示,XPath 通配符可用来选取未知的 XML 元素,从而增加了查询的灵活性和便利性。

针对例 9.14 的 XML 文档,表 9.6 所示为一些带通配符的路径表达式,以及这些表达式的结果。

表 9.5 XPath 通配符

通配符	描述
*	匹配任何元素节点
@*	匹配任何属性节点
node()	匹配任何类型的节点

表 9.6 带通配符的路径表达式及其结果

路径表达式	结果
/bookstore/*	选取 bookstore 元素的所有子元素
//author/*	选取 author 元素的所有子元素
//*	选取文档中的所有元素
//title[@*]	选取所有带有属性的 title 元素

通过在路径表达式中使用"|"运算符,可以选取若干条路径。针对例 9.14 的 XML 文档,表 9.7 所示为一些带运算符"|"的路径表达式,以及这些表达式的结果。

表 9.7 带运算符"|"的路径表达式及其结果

路径表达式	结果
//book/title | //book/price	选取 book 元素的所有 title 和 price 元素
//title | //price	选取文档中的所有 title 和 price 元素
/bookstore/book/title | //price	选取属于 bookstore 元素的 book 元素的所有 title 元素,以及文档中所有的 price 元素

9.5.3 XPath 轴

XPath 提供了不同的轴,可定义相对于当前节点的节点集,也可用于节点之间的导航。XPath 轴可以看作是对当前节点定位的一个"方向指示器",它指定了在路径表达式中应从哪个方向或角度来查找或选择节点,从而允许在 XML 文档的树形结构中沿着特定的节点关系进行导航和查询。每个轴都代表了一种特定的节点关系,如父节点、子节点、兄弟节点等。通过使用轴,可以精确地定位到 XML 文档中的任何节点,无论它们位于当前节点的哪个位置或层级。

此外,XPath 轴还可以与其他 XPath 组件结合使用,以进一步限制或筛选所选节点的范围。这使得 XPath 表达式具有极大的灵活性和准确性,能够满足各种复杂的 XML 文档查询和处理需求。表 9.8 所示为 XPath 轴的名称及其结果。

表 9.8 轴名称及其结果

轴名称	结果
ancestor	选取当前节点的所有先辈节点
ancestor-or-self	选取当前节点的所有先辈以及当前节点本身
attribute	选取当前节点的所有属性
child	选取当前节点的所有子元素
descendant	选取当前节点的所有后代元素

续表

轴名称	结果
descendant-or-self	选取当前节点的所有后代元素以及当前节点本身
following	选取文档中当前节点的结束标签之后的所有节点
namespace	选取当前节点的所有命名空间节点
parent	选取当前节点的父节点
preceding	选取文档中当前节点的开始标签之前的所有节点
preceding－sibling	选取当前节点之前的所有同级节点
self	选取当前节点

XPath 的轴、节点项、谓语和其他组件共同构成了其强大的查询能力。通过使用这些组件，我们可以灵活地遍历 XML 文档、定位目标节点并提取所需的信息。针对例 9.14 的 XML 文档，表 9.9 所示为一些结合轴和节点项的路径表达式，以及这些表达式的结果。

表 9.9　轴::节点项形式的实例

例子	结果
child::book	选取所有属于当前节点的子元素的 book 节点
attribute::lang	选取当前节点的 lang 属性
child::*	选取当前节点的所有子元素
attribute::*	选取当前节点的所有属性
child::text()	选取当前节点的所有文本子节点
child::node()	选取当前节点的所有子节点
descendant::book	选取当前节点的所有 book 后代
ancestor::book	选择当前节点的所有 book 先辈
ancestor-or-self::book	选取当前节点的所有 book 先辈以及当前节点(如果此节点是 book 节点)
child::*/child::price	选取当前节点的所有 price 孙节点

XPath 表达式还支持算术运算、比较运算和逻辑运算。算术运算符有加法(＋)、减法(－)、乘法(*)、除法(div)和取余(mod)。比较运算符有等于(＝)、不等于(!＝)、小于(＜)、小于或等于(＜＝)、大于(＞)、大于或等于(＞＝)。逻辑运算符有或(or)、与(and)。

9.5.4　XPath 表达式实例

【例 9.15】有 XML 文档描述了书店的 5 本书。

```
<? xml version = "1.0" encoding = "ISO-8859-1"? >
<bookstore>
    <book category = "COOKING">
        <title lang = "en">Everyday Italian</title>
        <author>Giada De Laurentiis</author>
        <year>2005</year>
```

```
        <price>30.00</price>
    </book>
    <book category = "CHILDREN">
        <title lang = "en">Harry Potter</title>
        <author>J K. Rowling</author>
        <year>2005</year>
        <price>29.99</price>
    </book>
    <book category = "WEB">
        <title lang = "en">XQuery Kick Start</title>
        <author>James McGovern</author>
        <author>Per Bothner</author>
        <author>Kurt Cagle</author>
        <author>James Linn</author>
        <author>Vaidyanathan Nagarajan</author>
        <year>2003</year>
        <price>49.99</price>
    </book>
    <book category = "WEB">
        <title lang = "en">Learning XML</title>
        <author>Erik T. Ray</author>
        <year>2003</year>
        <price>39.95</price>
    </book>
    <book category = "WEB">
        <title lang = "chn">Web Development with Java</title>
        <author>Zhang yong</author>
        <year>2023</year>
        <price>68.5</price>
    </book>
</bookstore>
```

我们将针对此段代码提出6个问题,要求使用XPath表达式回答问题。问题1,选取2020年以后出版的书的title。下面是解决问题1的XPath表达式及其输出结果。

```
//book[year >= 2020]/title
<title lang = "chn">Web Development with Java</title>
```

问题2,获取所有属于“WEB”类别的书籍的标题和价格。下面是解决问题2的XPath表达式及其输出结果。

```
//book[@category="WEB"]//title/text() | //book[@category="WEB"]//price/
                                    text()
XQuery Kick Start
49.99
Learning XML
39.95
Web Development with Java
68.5
```

问题3,查询价格不低于50的书籍的作者,并且这些书籍属于"WEB"类别。下面是解决问题3的XPath表达式及其输出结果。

```
/bookstore/book[price >= 50 and @category="WEB"]/author/text()
Zhang yong
```

问题4,查询不属于"COOKING"类别的所有书籍的价格。下面是解决问题4的XPath表达式及其输出结果。

```
/bookstore/book[@category != "COOKING"]/price/text()
29.99
49.99
39.95
68.5
```

问题5,查询所有书籍的第一作者。下面是解决问题5的XPath表达式及其输出结果。

```
//book/author[1]/text()
Giada De Laurentiis
J K. Rowling
James McGovern
Erik T. Ray
Zhang yong
```

问题6,获取倒数第二本书的标题和作者。下面是解决问题6的XPath表达式及其输出结果,其中第二个表达式得到更多XPath解析软件支持。

```
//book[last()-1]//title/text() | //book[last()-1]//author/text()
```

或者:(//book)[last()-1]//title/text() | (//book)[last()-1]//author/text()

```
Learning XML
Erik T. Ray
```

9.5.5 使用XPath定位网页元素

XPath提供了非常灵活的方式来定位页面上的元素,而且XPath几乎可以定位到页面上的任何元素,无论它们在DOM树中的位置多深,或者没有唯一的ID或name属性。XPath是

W3C 标准的一部分，被大多数现代浏览器所支持。因此，使用 XPath 编写的 Selenium 测试程序可以在多个浏览器上运行，无须进行太多修改。XPath 还可以与 Selenium 的等待机制结合使用，等待页面上的动态内容加载完成后再进行定位，这对于测试那些包含异步加载或动态生成内容的页面非常有用。然而，过度依赖 XPath 可能会导致测试代码变得脆弱和难以维护。此外，由于 XPath 的性能可能不如其他定位策略(如 ID 或 CSS 选择器)，因此在处理大型页面时可能需要考虑性能问题。

【例 9.16】网页 https://demoqa.com/selectable/有一个可单击的列表。为便于读者理解代码，删除了 div 标签的部分内容。

```
<div>
  <ul id = "verticalListContainer" class = "vertical-list-container mt-4 list-
        group">
      <li class = "mt-2 list-group-item list-group-item-action">Cras justo
        odio</li>
      <li class = "mt-2 list-group-item active list-group-item-action">
        Dapibus ac facilisis in</li>
      <li class = "mt-2 list-group-item active list-group-item-action">
        Morbi leo risus</li>
      <li class = "mt-2 list-group-item list-group-item-action">Porta ac
        consectetur ac</li>
  </ul>
</div>
```

采用 Selenium WebDriver 技术编写程序单击 ul 元素 4 个列表项的第二个和第三个。要求使用 XPath 定位策略。

```
1.  WebDriver driver = (WebDriver) new ChromeDriver();
2.  driver.get("https://demoqa.com/selectable");
3.  driver.switchTo().defaultContent();
4.  WebElement second =
5.        driver.findElement(By.xpath("//*[@id='verticalListContainer']/li[2]"));
6.  second.click();
7.  WebElement third =
8.        driver.findElement(By.xpath("//*[@id=\"verticalListContainer\"]/li[3]"));
9.  third.click();
```

代码在第 5 行和第 8 行通过 XPath 定位策略获得要求点击的 li 元素，XPath 表达式先由 ID 属性获得 ul 元素，再用谓语形式定位到 ul 元素的第 2 和第 3 个 li 元素。

虽然 XPath 的语法相对简单，易于学习和使用，但是要快速且准确地编写出能够定位到指定元素的 XPath 表达式，有时候也颇费周折。这里提供一个简便的 XPath 表达式获取方法，打开 Chrome 浏览器的开发者工具后，找到要定位的页面元素，鼠标右键单击它，出现如图 9.6 所示的菜单，再选择“Copy”中的“Copy XPath”，即可快速获得希望得到的 XPath 表达式。

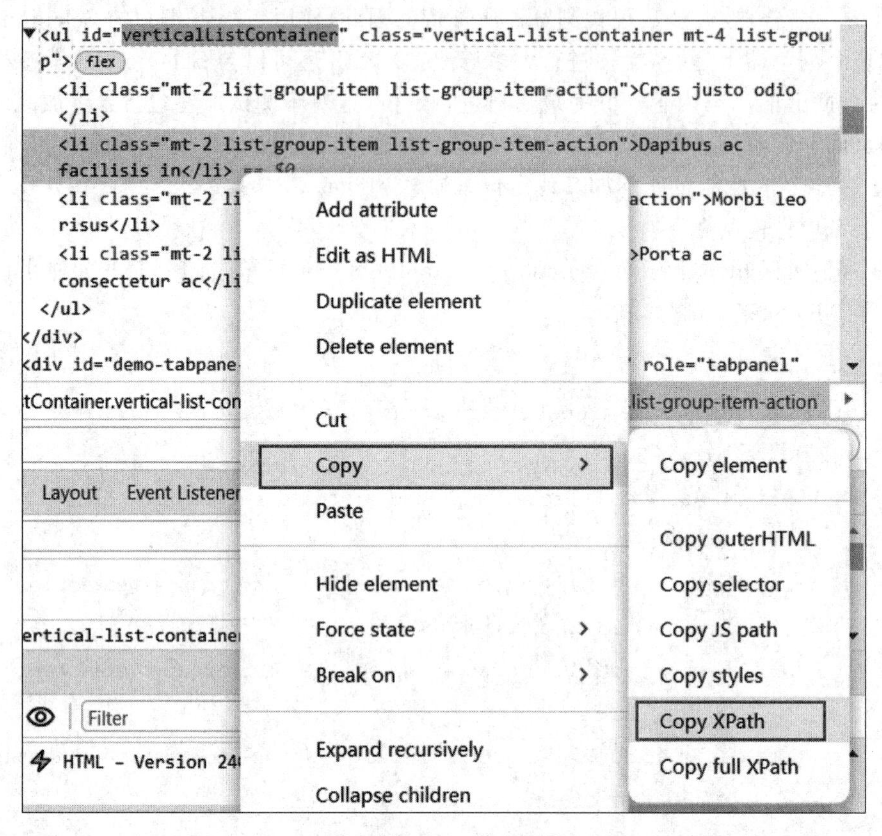

图 9.6 简便的 XPath 表达式获取方法

图 9.6 菜单"Copy"有"Copy XPath"和"Copy full XPath"两个子菜单项,前者获取 XPath 的相对路径表达式,后者获取 XPath 的绝对路径表达式。相对路径通常更简洁且更具可移植性,但它们可能需要更多的处理时间来查找元素。绝对路径更直接地指向元素,但如果页面结构发生变化,它们可能会变得无效。因此,在选择使用相对路径还是绝对路径时,应根据具体情况进行权衡。读者可能还注意到,CSS 选择器定位策略的表达式也可以通过"Copy"菜单方式获得。

9.6 Web 应用程序自动化测试实例

Chrome 浏览器中的小恐龙游戏是一个有趣的彩蛋。打开 Chrome 后,在地址栏输入 chrome://dino/,我们就会看到一只像素化的小恐龙。按一下空格键或者向上键,小恐龙就会开始奔跑。持续按住向上键的时间越长,小恐龙就跳得越高。坚持玩的时间越长,小恐龙就跑得越快。如果小恐龙撞上障碍物(比如仙人掌),游戏就结束了,需要开启下一轮游戏,分数也会重置。

【例 9.17】采用 Selenium WebDriver 技术编写 Python 程序,在小恐龙游戏中自动化跨过关卡。

Python 是一种非常友好且易于入门的编程语言,其简洁明了的语法和丰富的库使得编写自动化测试脚本变得相对简单。Python 拥有许多用于自动化测试的库和框架,这些库和框架可以与 Selenium WebDriver 很好地集成,为编写复杂的测试提供了丰富的功能。在应用 Selenium

WebDriver 编写自动化的 Python 测试程序时，不仅要正确安装关于 Python 的 Selenium 库，还需要确保与 Chrome 浏览器匹配的 WebDriver 版本。项目 PlayChromeDinosaur① 提供了例 9.17 的解决方案，它由 CanvasSeleniumAPI.py 和 playChromeDinosaur_end.py 两个文件组成，下面我们详细解释这些文件的代码。

文件 CanvasSeleniumAPI.py 主要有 3 个方法：

```
1.  def get_size_of_game(driver):
2.      page_width = driver.execute_script("return document.documentElement.scrollWidth;")
3.      page_height = driver.execute_script("return document.documentElement.scrollHeight;")
4.      print(f"Dino 游戏页面大小为：{page_width}x{page_height}")
5.      window_size = driver.get_window_size()
6.      print('Window size: ', window_size)
7.
8.  def get_width_height_of_canvas(canvas):
9.      s_width = canvas.get_attribute('width')
10.     s_height = canvas.get_attribute('height')
11.     width = int(s_width)
12.     height = int(s_height)
13.     return width, height
14.
15. def get_pixels_value(driver, canvas_element, x, y, width, height):
16.     pixel_value = driver.execute_script("""
17.                 var canvas = arguments[0];
18.                 var ctx = canvas.getContext('2d');
19.                 var pixel = ctx.getImageData(arguments[1], arguments[2],
20.                                 arguments[3], arguments[4]).data;
21.                 return Array.from(pixel);
22.                 """, canvas_element, x, y, width, height)
23.     for j in range(height):
24.         for i in range(width):
25.             start_pos = (j * width + i) * 4
26.                 pixel_value[start_pos] = 255 - pixel_value[start_pos]
27.                 pixel_value[start_pos + 1] = 255 - pixel_value[start_pos
                        + 1]
28.                 pixel_value[start_pos + 2] = 255 - pixel_value[start_pos
                        + 2]
29.                 pixel_value[start_pos + 3] = 255 - pixel_value[start_pos
                        + 3]
```

① https://gitee.com/softwaretestingpractice/play-chrome-dinosaur

```
30.     return pixel_value
31.
32. def optimize_collision_detection(pixels, row, col):
33.     collision = False
34.     for h in range(0, col):
35.         pix_one_line = h * row
36.         for w in range(0, row):
37.             start_pos = (pix_one_line + w) * 4
38.             if pixels[start_pos] ! = 255:
39.                 collision = True
40.                 break
41.             if collision:
42.                 break
43.     return collision
```

方法 get_size_of_game()获取浏览器窗口的大小，以及游戏页面的宽度和高度，这些变量值用于调整障碍物碰撞优化算法所使用的参数。方法 get_width_height_of_canvas()获取画布的宽度和高度，后续步骤需要截取画布矩形区域的全部像素点，由于运行 JavaScript 脚本，这个过程非常耗时，为加快像素点获取速度，在参考画布的大小后，尽力使得这个区域的面积最小。方法 get_pixels_value()就是为截取画布矩形区域的全部像素点而定义的函数，其参数(x,y)是矩形区域的左上角坐标，参数 width 和 height 分别是矩形区域的宽和高。这个方法调用 JavaScript 代码截取画布矩形区域的图像，由于游戏用到了画布渲染技术，截图后游戏背景从白色变为黑色，为恢复原始像素值，通过用 255 减去当前的像素值来实现像素值的反转。注意，小恐龙游戏的图像是黑白的，其像素值处于[0,255]，因此能够使用上述方式使得像素值取反。方法 optimize_collision_detection()用于检测障物，其参数 pixels 为截取到的画布矩形区域，再以(0,0)为起始位置，从 pixels 划分出宽为 row 高为 col 的子区域，若该子区域存在非背景色(游戏背景色的像素值为 255)的像素点，就认为小恐龙的前方遇到了障碍物，例如仙人掌、云或飞鸟等。

文件 playChromeDinosaur_end.py 初始化 WebDriver，输入网址，获取画布大小，并驱动小恐龙游戏，其代码为

```
1.  chrome_options = Options()
2.  chrome_options.page_load_strategy = 'eager'
3.  web_driver = webdriver.Chrome(options = chrome_options)
4.  web_driver.maximize_window()  #最大化窗口
5.  try:
6.      web_driver.get("chrome://dino/")
7.  except WebDriverException as e:
8.      if "net::ERR_INTERNET_DISCONNECTED" in str(e):
9.          print("Internet connection seems to be down!")
10.     else:
```

```
11.             print("An unexpected WebDriver exception occurred:", e)
12.
13. runner_canvas = web_driver.find_element(By.CLASS_NAME, "runner-canvas")
14. s_width, s_height = get_width_height_of_canvas(runner_canvas)
15. runner_container = web_driver.find_element(By.CLASS_NAME, "runner-container")
16. runner_canvas.click()
17. runner_container.send_keys(Keys.SPACE)
18. collision = False
19. get_size_of_game(web_driver)  #获取游戏页面的大小,便于后续参数的调整
20.
21. start_y = 100  # Dino 头顶最上边的 Y 位置为 94
22. end_y = 120    #水平线的 Y 位置在 131
23. start_x = 90   # Dino 嘴巴最右边的 X 位置为 66
24. end_x = 130    #与 start_x 一起定义检测区域的宽度
25.
26. while not collision:
27.     pixels = get_pixels_value(web_driver, runner_canvas, start_x, start_y,
28.                               end_x - start_x, end_y - start_y)
29.     is_ready_collision = optimize_collision_detection(pixels, end_x - start_x,
30.                               end_y - start_y)
31.     if is_ready_collision:
32.         runner_container.send_keys(Keys.SPACE)
33. web_driver.quit()
```

小恐龙游戏有一个选项,快速模式或者慢速模式,代码的第 2 行将游戏设置为快速模式。该游戏在联网和断网时都可以玩,程序用 try...except 检测网络问题或者 WebDriver 是否存在问题。代码的第 13 行使用类名定位策略获得画布元素,进而获得画布的宽度和高度。第 17 行代码模拟用户按空格键,启动游戏。第 19 行代码获取游戏页面大小,相关参数的调整仅在显示器分辨率变更后才执行,因此游戏过程无须运行此行代码。第 21、22、23、24 代码用于方法 get_pixels_value 截取屏幕矩形区域,这些参数都是参考画布大小而得的经验值。这个矩形区域不能太小,否则不能检测到所有障碍物。它也不能太大,矩形区域大则截取时间变长,导致来不及检测障碍物,矩形区域大也会导致过早发现障碍物,小恐龙在离障碍物很远的地方就起跳。第 27 行代码截取小恐龙前方某个矩形区域的图像,第 29 行代码则判断这个区域是否存在障碍物。第 32 行代码指发现前方有障碍物,按空格键让小恐龙起跳避过障碍物。

许多 Web 应用程序需要严格测试,测试能够验证网站是否按照预期工作,包括页面链接、表单提交、购物车功能等。通过测试,开发人员可以发现并修复网站中的错误和缺陷,如响应速度慢、页面加载失败等。这些问题的解决有助于提升用户体验,增强用户对网站的满意度和忠诚度。一个功能完善、运行稳定的网站有助于树立企业的专业形象,增强用户对企业的信任。反之,如果网站存在大量功能缺陷,可能会损害企业的品牌形象和声誉。

某些应用场景,我们需要执行自动化的 Web 应用程序测试,下面就以 Java 为编程语言,Selenium WebDriver 为自动化测试框架,XPath 定位、ID 定位、链接文本定位等为定位策略,开发一网站的某项功能测试。通过使用 Selenium WebDriver,测试程序模拟了真实用户的操作,如单击、输入、滚动页面、拖拽元素等,这使得测试人员能够更准确地测试网站的功能和用户体验。

【例 9.18】 某在线教育平台提供了学生在线提交作业的功能,要求采用 Selenium WebDriver 技术编写 Java 程序,测试该功能。

项目 XueXiTongSelenium① 提供了例 9.18 的解决方案,它由 SeleniumChromeDriver 和 MainProcess 两个类组成。类 SeleniumChromeDriver 封装了调用 WebDriver API 执行 Web 交互行为的功能,这里列举其有代表性的一些方法,后面再详细解释这些代码。

```
1.  public void pagePullDown()
2.  {
3.         JavascriptExecutor jsExecutor = (JavascriptExecutor) chromeDriver;
4.         jsExecutor.executeScript("window.scrollTo(0,document.body.scrollHeight)");
5.         delay(2 * delayMultiply);  //延时,观察测试程序运行效果
6.  }
7.
8.  private String getLastHandle()
9.  {
10.        Set<String> allhandles = chromeDriver.getWindowHandles();
11.        ArrayList<String> lst = new ArrayList<String>(allhandles);
12.        return lst.get(lst.size() - 1);
13. }
14.
15. public void goLastPage()
16. {
17.        String lastHandle = getLastHandle();
18.        chromeDriver.switchTo().window(lastHandle);
19. }
20.
21. public String switchToWindowTitle(String strTitle)
22. {
23.        String curHandle = null; //记录包含 strTitle 的窗口句柄
24.        for(String winHandle : chromeDriver.getWindowHandles())
25.        {
26.               chromeDriver.switchTo().window(winHandle);
```

① https://gitee.com/softwaretestingpractice/xue-xi-tong-selenium

```
27.             if (chromeDriver.getTitle().contains(strTitle))
28.             {
29.                 curHandle = winHandle;
30.                 break;
31.             } //end of if…
32.         } //end of for…
33.         return curHandle;
34. }
35.
36. public void clickLinkText(String strLinkText,int ntimes)
37. {
38.         By orgnLocation = By.linkText(strLinkText);
39.         wait10Secs.until(ExpectedConditions.visibilityOfElementLocated(orgnLocation));
40.         WebElement elemOrgn = chromeDriver.findElement(orgnLocation);
41.         elemOrgn.click();
42.         delay(ntimes * delayMultiply);  //延时,观察测试程序运行效果
43. }
44.
45. public void loginToInfoPortal()
46. {
47.         By userLocation = By.xpath("//input[@id = 'username']");
48.         chromeDriver.findElement(userLocation).sendKeys("XXX");
49.         By passwordLocation = By.xpath("//input[@id = 'password']");
50.         chromeDriver.findElement(passwordLocation).sendKeys("xxx");
51.         delay(20);  //延时,等待人工输入密码或者验证码
52.         By loginLocation = By.xpath("// * [@id = 'casLoginForm']/p[4]/button");
53.         chromeDriver.findElement(loginLocation).click();
54.         delay(2 * delayMultiply);  //延时,观察测试程序运行效果
55. }
56.
57. public void switchToFrameByCSS(String strSelector)
58. {
59.         By frameLocation = By.cssSelector(strSelector);
60.         WebElement element = chromeDriver.findElement(frameLocation);
61.         chromeDriver.switchTo().frame(element);
62. }
63.
64. public void switchToFrameByIndex(int index)
65. {
66.         chromeDriver.switchTo().frame(index);
67. }
```

```
68.
69. public void optionSelect(String strXPath,int index)
70. {
71.       By location = By.xpath(strXPath);
72.       WebElement element = chromeDriver.findElement(location);
73.       Select select = new Select(element);
74.       select.selectByIndex(index);
75.       delay(2 * delayMultiply);  //延时,观察测试程序运行效果
76. }
77.
78. public void jsInputHTMLByXPath(String strXPath,String htmlText)
79. {
80.       By location = By.xpath(strXPath);
81.       WebElement element = chromeDriver.findElement(location);
82.       JavascriptExecutor jsExecutor = (JavascriptExecutor) chromeDriver;
83.       String strJS = "arguments[0].innerHTML = '" + htmlText + "'";
84.       jsExecutor.executeScript(strJS,element);
85.       delay(2 * delayMultiply); //延时,观察测试程序运行效果
86. }
```

方法 pagePullDown()运行 JavaScript 脚本,下拉滚动条到页面底部。测试作业提交功能时,同时打开了多个窗口,测试程序需要在窗口之间切换。切换窗口有两种方法,一是通过句柄切换,二是通过窗口的标题来切换,类 SeleniumChromeDriver 提供了多个方法实现这些切换操作。方法 getLastHandle()在当前打开的多个窗口中,获取最后打开窗口的句柄,而方法 goLastPage()则切换到最后打开的窗口。方法 switchToWindowTitle() 切换到指定标题对应的窗口。方法 clickLinkText()基于链接文本定位策略,单击包含指定文本的超链接。方法 loginToInfoPortal()基于 XPath 定位策略,定位到用户名和密码输入框,输入相应的信息后单击登录按钮,实现页面登录功能的测试。该方法有延时代码,延时期间可以人工输入密码或者验证码,不会干扰测试程序的运行。方法 switchToFrameByCSS()基于 CSS 选择器定位策略,切换到指定的 Frame 元素,而方法 switchToFrameByIndex()则根据索引号切换到指定的 Frame 元素。方法 optionSelect()基于 XPath 定位策略定位到下拉列表框后,给其赋以指定内容。方法 jsInputHTMLByXPath()基于 XPath 定位策略定位到文本框后,执行 JavaScript 脚本将指定内容填充到文本框。

类 MainProcess 是主程序,它调用了类 SeleniumChromeDriver 的方法完成测试。读者可从 Gitee 网站下载类它的具体代码,通过阅读代码及其注释,能够理解在线提交作业功能的测试过程。

小恐龙游戏代码

项目 XueXiTongSelenium 代码

9.7 作业与思考题

1. 任意选择一种邮箱，采用 Selenium WebDriver 技术编写程序，自动发送一封带附件的邮件。

2. 任意选择一个购物平台，采用 Selenium WebDriver 技术编写程序，自动化添加一件商品到购物车。

3. 任意选择一款网页小游戏，采用 Selenium WebDriver 技术编写程序，自动化完成游戏过关。

4. 例 9.18 的相关网站布置了作业，作业题型有选择题、判断题和论述题。要求采用 Selenium WebDriver 技术编写程序，自动化完成一项作业。

5. 网页 https://demoqa.com/upload-download 能够实现上传、下载，上传时可在本地挑选文件，编写程序测试这些功能。

6. 网页 https://demoqa.com/automation-practice-form 有一个表单，包括姓名、邮箱、出生日期、爱好等信息，编写程序自动填写表单并提交。

7. 网页 https://demoqa.com/books 提供书籍搜索功能，编写程序自动登录该网站，接着在搜索框输入检索词，再单击搜索按钮，最后在测试程序输出检索结果。

8. 网页 https://ultimateqa.com/simple-html-elements-for-automation 有如下的链接和 div：

```
<a href = "#">Tab 1</a>
<a href = "#">Tab 2</a>
<div class = "et_pb_tab_content">Tab 2 content</div>
```

编写程序先单击“Tab 2”，再单击“Tab 1”，最后获取 div 块的内容。

9. 针对例 9.15 的 XML 文档，编写 XPath 表达式完成以下查询功能：

① 选取语言为英语(lang="en")的书籍的标题。

② 查询所有书籍的年份和价格。

③ 查询第一个价格低于 50 的书籍的作者。

10. 针对例 9.15 的 XML 文档，编写 XPath 表达式完成以下查询功能：

① 选取所有“COOKING”类别书籍的作者。

② 查询价格大于 30 且小于 50 的英文(lang="en")书籍的标题。

③ 查询所有 year 元素。

④ 查询不是由“James McGovern”撰写的所有书籍的标题。

⑤ 查询包含“Italian”子字符串的书籍标题。

第10章 持续的软件测试过程

本书的讲授重点是单元测试和功能测试的实践。要提高软件质量，除了功能测试外，还应该进行软件的性能、安全性、兼容性和可靠性等的测试，本章简要介绍这些测试内容。除了单元测试，软件测试还包括集成测试、系统测试和验收测试等其他阶段。本章简要介绍集成测试的策略。另外，本章还介绍了两个与软件测试密切相关的软件开发实践内容，一是软件调试，二是软件错误定位。

10.1 软件质量属性的全面评测

性能测试旨在对响应时间、事务处理速率、吞吐量(每秒事务数)、CPU 利用率和其他与时间、资源相关的需求进行评测和评估。它模拟各种正常、峰值和异常负载条件下的用户行为，以识别和消除性能瓶颈。与其他类型的测试不同，性能测试的主要目的不是验证功能是否正常工作，而是评估系统在高负载或高压力条件下的性能表现。通过这种测试，我们可以了解系统的性能、稳定性和可靠性，以及在面对不同负载条件时的表现。性能测试不仅有助于识别软件中的性能问题，还可以提供优化建议，确保应用程序在发布时能够提供良好的用户体验。此外，它还帮助开发团队了解在不同配置和环境下应用程序的行为，为系统部署和扩展提供指导。进行性能测试需要使用专门的工具和技术，市场上有多种性能测试工具，这些工具可以模拟数千个用户对应用程序执行特定操作的场景。

负载测试就是一种典型的性能测试。在这种测试中，让测试对象在不同的负载条件下运行，以评测和评估它们在不同负载条件下的性能行为，以及持续正常运行的能力。执行此类测试的目的是找出因资源不足或资源争用而导致的错误。例如，内存或磁盘空间不足，服务器上几乎没有可用的内存，此时测试对象就可能会表现出一些在正常条件下并不明显的缺陷；数据库锁或网络带宽受到限制，可能导致进程争用这些共享资源时出现问题。负载测试的最重要目标是确定并确保系统在超出最大预期负载的情况下仍能正常运行。

容量测试也是一种典型的性能测试，它使测试对象处理大量的数据，以确定是否达到了将使软件发生故障的极限。容量测试核实测试对象在以下高容量条件下能否正常运行：连接或模拟最大允许数量的客户机；所有客户机在长时间内执行相同的、并且情况最坏的业务功能；

已达到数据库的最大容量，并且同时执行多个查询或报表事务。例如，如果测试对象正在为生成一份报表而处理一组数据库记录，那么容量测试就会使用一个大型的测试数据库，检验该软件是否正常运行并生成正确的报表。

安全性测试是识别潜在安全漏洞的过程，旨在保护数据免受未授权访问。这包括测试应用程序对各种恶意攻击的防御能力，如 SQL 注入、跨站脚本攻击、密码破解和拒绝服务攻击等。安全性测试侧重于两个方面：应用程序级别的安全性，包括对数据或业务功能的访问；系统级别的安全性，包括系统的登录或远程访问。应用程序级别的安全性可确保：在预期的安全性情况下，登录角色只能访问其所属用户类型已被授权访问的那些功能或数据。例如，可能会允许所有人输入数据、创建新账户，但只有管理员才能删除这些数据或账户。系统级别的安全性可确保只有具备系统访问权限的用户才能访问应用程序，而且只能通过相应的网关来访问。有效的安全性测试策略应包括自动化扫描、手工渗透测试、API 安全测试和代码审查。除此之外，还可以模拟外部攻击者的行为，这种测试策略帮助识别和修复安全缺陷，增强系统的防御能力，对于保护用户数据、维护客户信任并符合法规要求至关重要。

配置测试用来验证测试对象在不同的软件和硬件配置中的运行情况。在大多数生产环境中，客户端、网络连接、应用程序服务器和数据库服务器的具体硬件规格会有所不同。客户端可能会安装不同的软件，例如，多媒体软件、浏览器、办公软件、驱动程序等，而且在任何时候，都可能运行许多不同的软件组合，从而占用不同的资源。在配置测试开始之前或进行过程中，打开各种与非测试对象相关的软件，然后将其关闭。这期间，运行功能测试脚本或者执行所选的事务，以模拟用于测试对象软件和其他软件之间的交互，重复上述步骤，检查测试对象的运行情况。在进行配置测试时，测试人员应该关注以下问题。需要、可以使用并可以通过桌面访问哪些非测试对象软件？通常使用的是哪些应用程序？应用程序正在运行什么数据？

安装测试有两个目的，第一个目的是确保该软件在正常情况和异常情况的不同条件下都能进行安装。例如，进行首次安装、升级、完整的或自定义的安装。异常情况包括磁盘空间不足、缺少目录创建权限等。第二个目标是验证软件安装后能否立即正常运行，这通常是指为运行大量功能测试制定的测试。测试人员可以编写自动安装脚本，以验证目标计算机在不同情况的安装状况。测试对象从未安装过，测试对象安装过相同或较早的版本，这两种情况都要执行安装测试所设计的测试用例。

数据库和数据库进程应作为测试对象的一个子系统来进行测试。在测试这些子系统时，不应将测试对象的用户界面用做数据的接口。测试人员需要确保数据库访问方法和进程正常运行，数据不会损坏。调用各个数据库访问方法和进程时，在其中填充有效的和无效的数据，再检查数据库，确保数据已按预期的方式填充，并且所有的数据库事件已正常发生，或者检查所返回的数据，确保检索到了正确的数据。

兼容性测试主要验证软件在不同的硬件平台、操作系统、浏览器、网络环境以及与其他软件的交互中是否能够正常工作。兼容性测试旨在确保软件在各种不同的硬件、操作系统、浏览器和网络环境下都能提供一致且良好的用户体验，避免因兼容性问题而导致的软件故障或性能下降。在进行兼容性测试时，测试人员会使用多种不同的设备和配置来运行软件，以模拟真实用户的使用环境。例如，他们可能会在不同的操作系统版本上测试软件，或者使用不同的浏览器来访问 Web 应用程序。通过这种方式，测试人员可以发现那些仅在特定环境下出现的问题，并及时向开发团队报告。兼容性测试对于软件的成功至关重要。如果软件在某些环境下无法正常工作，那么这可能会影响到大量的用户，导致客户满意度下降，甚至损害公司的声誉。

通过进行充分的兼容性测试,开发团队可以在软件发布之前发现并修复这些问题,从而确保软件在各种环境下都能提供稳定、可靠的性能。

可靠性测试旨在评估系统或应用程序在不同环境和使用条件下的稳定性和可靠性。可靠性测试关注软件在长时间运行、高负载以及异常情况下是否能够维持其预期的功能和性能表现,而不出现崩溃、数据丢失或性能下降等问题。在可靠性测试中,测试人员会模拟各种可能的使用场景和负载条件,以观察软件系统的反应;会验证系统对故障和异常的处理能力;会测试系统从故障中恢复的能力;还会长时间运行测试,检查系统是否存在内存泄漏等问题。例如,他们可能会让软件连续运行数小时或数天,或者突然增加系统的负载,以测试其承受压力的能力。通过这种方式,测试人员可以发现那些仅在长时间运行或高负载条件下才会出现的问题。

接口测试专注于验证系统组件之间交互接口的功能、性能和可靠性。接口在软件系统中扮演着不同组件之间传递信息和交互的桥梁角色,因此其稳定性和正确性对于整个系统的运行至关重要。接口牵涉范围广泛,包括 Web API、数据库接口、远程过程调用、消息队列接口等多个方面。在进行接口测试时,测试人员会设计一系列测试用例,使用自动化测试工具或编写脚本来模拟接口的请求和响应,以验证接口在不同条件下的行为。这包括接口的输入参数、输出结果、异常处理、性能表现等方面。

易用性测试,也称为可用性测试,其核心目的是评估软件、网站、应用或产品对用户的友好程度和使用便捷性。易用性不仅涉及界面设计的美观性,更在于功能布局的合理、帮助文档的有效、操作流程的简便以及信息架构的清晰。在进行易用性测试时,测试人员通常会模拟真实用户的使用场景和行为,从用户的角度出发,去体验产品的各项功能。比如,测试软件的安装流程是否顺畅,新用户注册流程是否简洁明了,以及在使用过程中是否能够得到及时有效的帮助等。

10.2 集成测试

集成测试又称组装测试或联合测试,将多个模块按照设计要求组合起来进行测试。它旨在检测模块间的接口是否存在问题,以及模块组合后的功能是否达到预期。

单元测试针对软件中的最小可测试单元进行检查和验证,通常关注函数、方法或类的正确性。而集成测试则关注多个单元组合后的整体行为,验证它们之间的接口和交互是否按预期工作。单元测试是集成测试的基础,只有每个单元都经过严格测试并确认无误,集成测试才能更有信心地验证系统整体功能。反过来,集成测试能发现单元测试可能遗漏的问题,如单元间的依赖关系、接口匹配等。在实际开发中,应先进行单元测试,确保每个单元的正确性,再进行集成测试,以验证系统的整体性能和稳定性。

集成测试的依据主要包括软件设计文档、需求规格说明书以及模块间的接口描述等。测试人员需要根据这些文档了解模块间的交互方式和预期行为,从而编写相应的测试用例。集成测试主要采用黑盒测试和白盒测试相结合的方法。黑盒测试关注模块组合后的输入输出是否符合预期,而白盒测试则关注模块内部的逻辑结构和处理过程是否正确。在集成测试过程,开发人员会根据项目的具体情况选用不同的集成策略,常见的集成策略有一次性集成、自底向上集成、自顶向下集成等。

10.2.1 驱动单元和桩单元

在单元测试过程中，被测单元(模块)并非一个可单独执行的程序，因此，它需要一些辅助单元，例如驱动模块(单元)、桩模块(单元)、测试数据、测试工具和其他支持设施。这些辅助单元组合成为单元测试的环境，一般而言，单元测试的环境构成如图 10.1 所示。

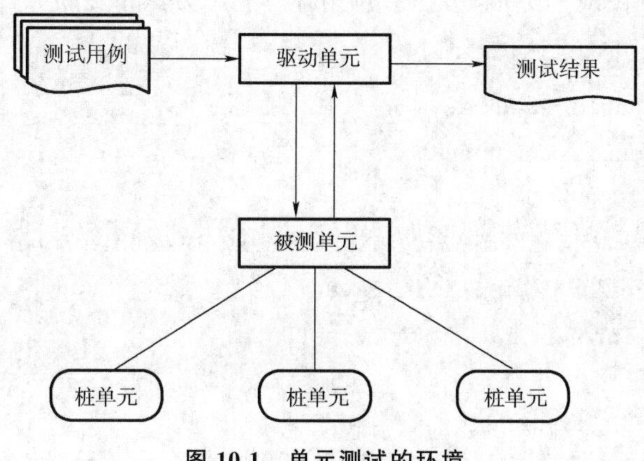

图 10.1 单元测试的环境

1. 驱动单元

驱动单元用来模拟被测单元的上层单元，它的设计通常围绕特定的被测试单元展开，确保测试能够精准地覆盖到被测试单元的所有功能和行为。

首先，驱动单元负责接受测试数据。这些数据是根据测试用例设计的，旨在全面覆盖被测单元的各种功能和行为。其次，驱动单元确保测试用例的输入能够准确无误地传递给被测单元。驱动单元需要与被测单元建立正确的接口连接，并按照预定的格式和协议传递数据。接下来，驱动单元驱动被测单元执行，使其按照预期的方式工作。驱动单元需要密切关注被测单元的执行状态，确保其正常运行并产生输出。然后，驱动单元将被测单元的实际数据与预期数据进行比较。这是测试过程中最关键的一步，因为只有通过比较才能判断被测单元是否按照预期工作。驱动单元需要确保比较过程的准确性、公正性，且不受任何外部因素的干扰。最后，驱动单元将测试结果输出到指定位置，这些结果可能包括测试通过与否、性能数据、错误日志等。

测试人员可以手工编写驱动单元，第 5 章就有相关的内容。相比手工方法，利用 JUnit 这样的测试工具来编写驱动单元显然效率高得多。

2. 桩单元

被测单元需要调用其他模块时，测试人员有必要编写桩单元来模拟被调用的模块。桩单元的功能是从测试角度模拟被调用的单元，而不进行实际数据处理。桩单元根据不同的输入返回不同的期望值，模拟所替代单元的不同功能。在测试中，返回的期望值并非随意生成，而是严格依据被模拟单元的详细设计来设定。这意味着，某些情形下，桩单元不仅要能模拟功能，还要能模拟出与被替代单元相一致的行为和逻辑。

桩单元能够隔离缺陷，在用桩单元代替被测单元调用的模块后，如果测试过程发现问题，则故障或者在被测单元内部，或者在被测单元与桩单元的数据传递。桩单元还能够模拟一些被调用模块时间资源消耗大的情况，例如数量很大的网络连接，或者长时间的数据库操作，使用桩单元能够降低测试费用、加快测试速度。另外,在被测单元所调用的模块还没有完成开发时,也经常使用桩单元。

测试人员可以手工编写桩单元,也可以使用 Mock 类型的框架自动化实现桩单元。

3. 实例

【例 10.1】假设有一个模拟银行账户管理的 Java 类,其中包含两个方法:存款 deposit()和计算利息 calculateInterest()。存款方法会调用计算利息方法来更新账户余额。

```
public class BankAccount {
    private double balance;
    private double interestRate;

    public BankAccount(double initialBalance, double interestRate) {
        this.balance = initialBalance;
        this.interestRate = interestRate;
    }

    /**
     * 存款并计算新的利息
     * @param amount 要存入的金额
     * @param depositDate 存款日期,可用于更复杂的利息计算逻辑
     */
    public void deposit(double amount, LocalDate depositDate) {
        if (amount < 0) {
            throw new IllegalArgumentException("存款金额不能为负");
        }
        balance + = amount;
        balance + = calculateInterest(balance, depositDate);
    }

    /**
     * 根据余额和日期计算利息
     * @param principal 本金
     * @param date 计算利息的日期(这里简化处理,不考虑实际天数,仅作为演示)
     * @return 计算的利息金额
     */
    public double calculateInterest(double principal, LocalDate date) {
        //可以加入更复杂的算法,这里简化处理,直接根据设定的利率计算利息
        double interest = principal * interestRate / 100;
        //假设每月第一天存款会额外获得 1% 的奖励利息
        if (date.getDayOfMonth() == 1) {
```

```
            interest + = principal * 0.01;
        }
        return interest;
    }

    public doublegetBalance()
    {
        return balance;
    }
    //省略其余的 Getter 和 Setter 方法。
    //…
}
```

我们要测试 deposit()方法，首先要确认被它调用的方法 calculateInterest()能否正确计算利息。如果 calculateInterest()已经测试通过，则无须编写桩单元，否则的话，我们应该为 deposit()编写桩单元来代替 calculateInterest()方法。当然，为 deposit()设计好测试用例后，还应该编写一个驱动单元来执行这些测试用例，再使用断点、断言和程序插桩验证 deposit()的实际输出是否符合预期结果。下面的代码分别演示了驱动单元和桩单元，驱动单元只包含一个测试用例，测试用例假定 deposit()方法调用的是桩单元而非 calculateInterest()方法，演示代码使用断言验证被测程序的输出是否符合预期。

```
1.  System.out.println("----test deposit()---");
2.  BankAccount   account = new BankAccount(100,0.0);
3.  account.deposit(10, new LocalDate() );
4.  assert account.getBalance() == 110 : "测试用例未通过!";
5.  //省略其余的测试用例
6.
7.  public double calculateInterest(double principal, LocalDate date) {
8.      return 0.0;
9.  }
```

上述代码的第 1～4 行为驱动单元，方法 calculateInterest()为 deposit()的桩单元。尽管驱动单元和桩单元在开发过程中与源代码一起管理和维护，但它们并不会被包含在项目的最终发布或可执行版本中。驱动单元和桩单元的编写和维护始终是软件开发的重要工作，它们的代码简单，则编写和维护的开销低，而且不易出错，但是过于简单的驱动单元和桩单元会导致测试不够充分。

10.2.2　一次性集成测试策略

一次性集成也称为整体拼装，首先对每个单元分别进行单元测试，然后再把所有单元集成在一起进行测试，最终得到要求的软件系统。

【例 10.2】以如图 10.2 所示的单元划分为例，按照一次性集成方式进行集成测试。

针对该实例，我们首先分别完成 A、B、C、D、E 和 F 的单元测试，再把这些测试过的单元组合成整体进行测试。在单元测试期间，视模块之间的调用情况，为每个单元编写驱动单元和桩单元。如图 10.3 所示，模块 d1、d2、d3、d4、d5 是对各个模块做单元测试时建立的驱动单元，s1、s2、s3、s4、s5 是为单元测试而建立的桩单元。

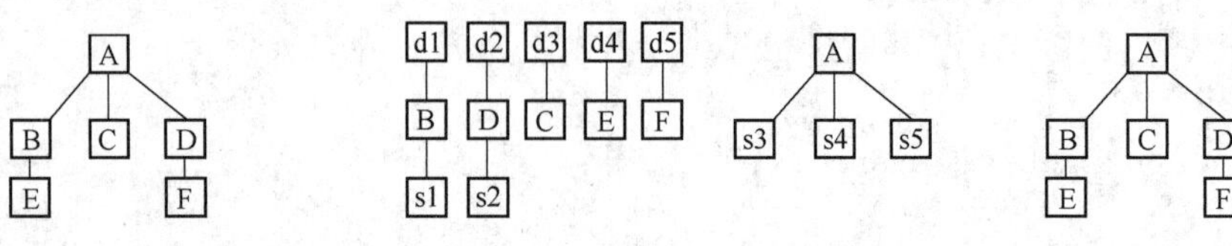

图 10.2　单元划分实例　　**图 10.3　一次性集成方式**

一次性集成测试策略通常在所有模块都已完成单元测试，并且确信各模块间接口没有重大问题时使用。一次性集成的优势在于可以迅速得到整个系统的测试结果，对于小型系统或模块间耦合度较低的系统较为适用。然而，其风险也较高，如果模块间存在接口错误或依赖问题，可能会导致整个系统测试失败，排查和修复问题的难度也相应增大。因此，在使用一次性集成策略时，需要确保各模块单元测试充分且质量较高，同时有足够的资源和时间来应对可能出现的问题。总体而言，一次性集成是一种快速但风险较高的集成测试策略，适用于特定条件下的软件开发项目。

10.2.3　自顶向下集成测试策略

自顶向下集成测试策略的核心思想是从系统的顶层模块开始，逐步向下集成并测试各个模块。这种策略首先关注主控制模块或核心功能，然后逐步添加并测试下属模块，直到整个系统被完全集成。这种集成方式的步骤为

(1) 以主单元为所测单元兼驱动单元，所有直属于主单元的下属单元全部用桩单元对主单元进行测试。

(2) 采用深度优先或宽度优先的策略，用实际单元替换相应桩单元，再用桩代替它们的直接下属单元，与已测试的模块或子系统集成为新的子系统。

(3) 进行回归测试，即重新执行以前做过的全部测试或部分测试，排除集成过程中引起错误的可能。

(4) 判断是否所有的单元都已集成到系统中，如果是，则结束测试；否则，转到步骤(2)继续执行。

针对图 10.2 的单元划分实例，如图 10.4 所示为深度优先的自顶向下集成测试策略的实施步骤，如图 10.5 所示为广度优先的自顶向下集成测试策略的实施步骤。在自顶向下集成测试过程中，不需要编写驱动单元，s1、s2、s3、s4、s5 都是为单元测试而建立的桩单元。

自顶向下的集成方法有很多优点。首先，它能够早期发现上层单元的接口错误或设计问题，这有助于及时修正设计或需求上的缺陷，减少后期返工的风险。其次，这种策略能够较早地验证系统的主要控制逻辑和业务流程，从而确保系统的核心功能能够正常工作。

然而，自顶向下集成也存在一些挑战。由于测试是从上层单元开始的，因此下层单元的测试可能会被推迟，这可能导致在集成后期才发现下层单元的问题。此外，为了进行测试，可能需要编写大量的桩单元来模拟下层单元的功能，这增加了测试的复杂性和工作量。

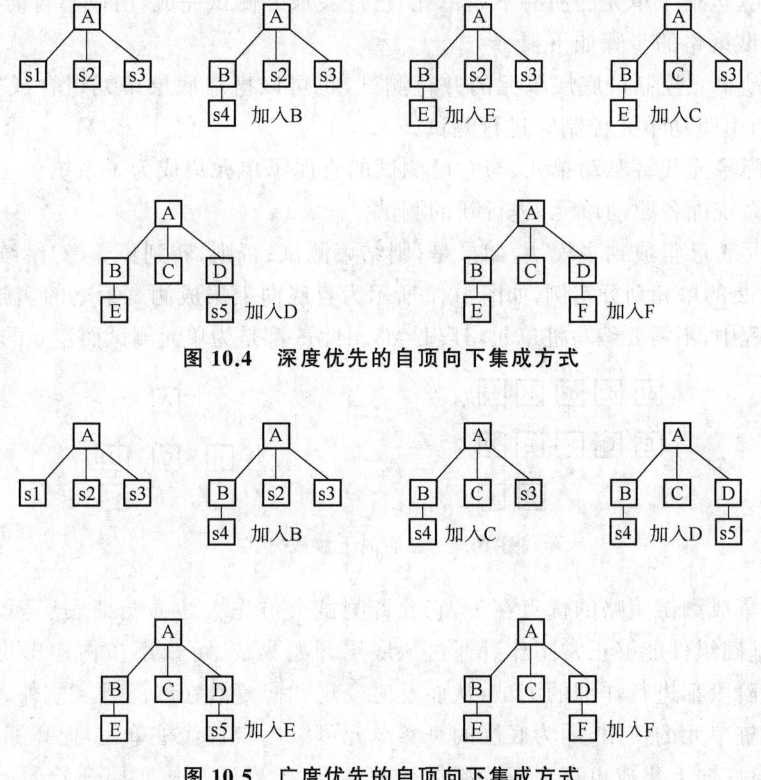

图 10.4 深度优先的自顶向下集成方式

图 10.5 广度优先的自顶向下集成方式

在自顶向下集成阶段,需要用桩单元代替较低层的单元,所以关于桩单元的编写,根据情况可能有所不同,有如图 10.6 所示的 4 种选择。

为了能够准确地实施测试,应当让桩单元正确而有效地模拟子单元的功能和合理的接口,不能是只包含返回语句或只显示该单元已调用信息、不执行任何功能的哑单元。如果不能使桩单元正确地向上传递有用的信息,可以采用以下解决办法:

(1)将很多测试推迟到桩单元用实际单元替代了之后进行;

(2)进一步开发能模拟实际模块功能的桩单元;

(3)更换集成测试策略,改用自底向上的集成方式测试软件。

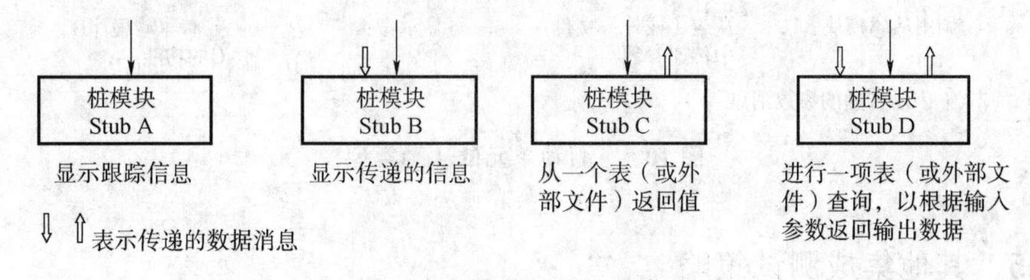

图 10.6 桩单元的 4 种类型

10.2.4 自底向上集成测试策略

自底向上集成测试策略的核心思想是从系统的底层模块或组件开始,逐步向上集成并测试,直到整个系统被完整地构建和验证。因为单元是自底向上进行集成,对于一个给定的单

元,它的子单元(包括子单元的所有下属单元)已经集成并测试完成,所以不再需要桩单元。自底向上集成测试策略的步骤如下:

(1) 由驱动单元控制最底层单元的并行测试,也可以把最底层单元组合成实现某一特定软件功能的簇,由驱动单元控制它进行测试。

(2) 用实际单元代替驱动单元,与它已测试的直属子单元集成为子系统。

(3) 为子系统配备驱动单元,进行新的测试。

(4) 判断是否已集成到主模块,如果是,则结束测试;否则,转到步骤(2)继续执行。

针对图 10.2 的单元划分实例,如图 10.7 所示为自底向上集成测试策略的实施步骤,在这种策略的测试过程中,不需要编写桩单元,d1、d2、d3、d4、d5 都是为单元测试而建立的驱动单元。

图 10.7　自底向上集成方式

自底向上集成测试策略的优点在于,它允许测试人员先关注并验证底层模块的功能和性能,确保这些基础组件能够正常工作。通过从底层开始集成,可以逐步构建出更复杂的系统,并在每个集成阶段都进行详细的测试,从而及时发现和修复潜在的问题。此外,自底向上集成还有助于减少桩单元的使用,因为底层的真实单元可以逐步替代桩单元,提高测试的准确性和效率。然而,自底向上集成也存在一些挑战。首先,由于测试是从底层开始的,测试人员可能无法早期验证系统的顶层逻辑和业务流程。这可能导致在集成后期才发现与顶层逻辑相关的问题,增加了修复的成本和风险。其次,自底向上集成需要逐步构建和验证系统,这可能需要较长的时间和资源。因此,在使用这种策略时,需要合理规划测试进度和资源分配,以确保测试能够按时完成。

自底向上进行集成测试时,需要为所测模块或子系统编制相应的驱动单元,常见的几种类型的驱动单元如图 10.8 所示。

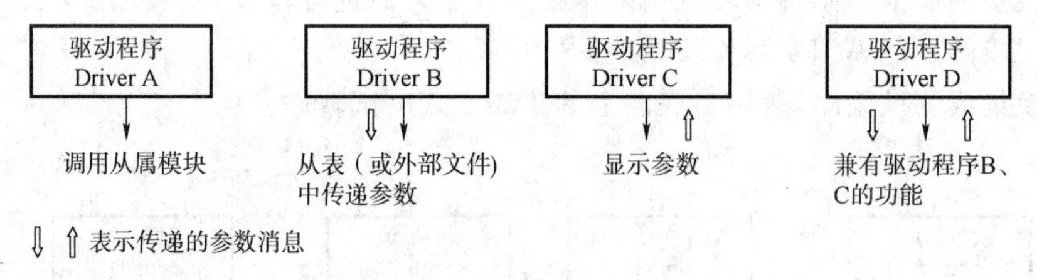

图 10.8　驱动单元的 4 种类型

10.2.5　其他集成测试策略

除了一次性集成、自底向上集成和自顶向下集成,还有以下一些常用的集成测试策略。

(1) 三明治集成(或混合增量集成):这种策略是自顶向下和自底向上两种策略的混合。它首先进行自顶向下的集成,测试系统的顶层模块和关键路径,然后进行自底向上的集成,确保底层模块的功能正常。最后,将所有模块组合起来进行系统级的集成测试。这种策略结合了两种方法的优点,但也可能增加测试的复杂性和开销。

（2）高频集成：这是一种持续集成的方法，开发团队在开发过程中频繁地（例如每日或每小时）将新代码集成到共享代码库中，并进行自动化的构建和测试。这种方法可以尽早发现集成问题，减少集成风险，并提高开发并行度。

（3）基于功能分解的集成：这种方法将系统按功能划分为多个子系统或模块集，然后对每个子系统或模块集进行独立的集成和测试。这种方法有助于并行开发和测试，但可能需要额外的协调工作来确保各个子系统之间的接口一致性和互操作性。

（4）基于路径的集成：这种方法通过分析系统执行路径来确定集成和测试的顺序。它首先测试关键路径和常用路径上的模块，然后逐步扩展到其他路径。这种方法可以确保关键路径的功能和性能得到充分的验证，但可能需要复杂的路径分析和测试设计工作。

（5）基于风险的集成：这种方法根据模块的重要性和风险水平来确定集成和测试的顺序。它首先测试那些对系统成功至关重要且风险较高的模块，然后逐步测试其他模块。这种方法有助于优先关注关键问题，但可能需要准确的风险评估和排序工作。

以上这些集成测试策略各有优缺点，适用于不同的项目场景和需求。在实际项目中，通常会根据项目的特点、团队的技能和资源情况等因素来选择合适的集成测试策略。

10.3 测试与调试

测试的主要目的是评估软件系统，找出其中的错误和缺陷，以确保软件能够满足用户需求和预期行为。测试通过执行预设计的测试用例来检查软件，尽可能在软件发布前找出并修复问题，提升用户体验。调试则是定位和解决软件错误的过程。当测试发现错误时，调试人员会利用调试工具和技术来追踪错误来源，找出根本原因并修复。调试包括代码分析、设置断点、单步执行等操作，逐步缩小错误范围，确保软件能按预期正常工作。测试和调试的关系可以理解为相辅相成，两者相互依赖、相互促进，形成一个迭代和优化的循环。测试为调试提供错误和缺陷的线索，使调试更具针对性。调试则是对测试结果的回应和修正，通过修复错误提高软件质量和稳定性。

10.3.1 调试相关的错误特征

调试过程中，可能发现问题的原因，也可能找不到问题的症结所在，不管哪种情况，程序员应该不断假设错误源，设计测试用例帮助验证此假设，并重复测试、修改代码的过程，以移除错误。调试在软件开发过程占据相当重要的时间和资源，特别是引起软件错误的症状具有如下特征时：

- 症状和原因可能相隔很远。有些软件症状可能不会直接显现在用户界面上，而是通过影响性能、产生错误日志或影响其他系统功能来间接表现。
- 症状可能在另一个错误被纠正后消失后暂时性消失。
- 症状可能和时间相关，而不是与处理步骤相关。
- 有些软件症状可能不是持续存在的，而是间歇性出现，这使得问题的复现和定位变得更加困难。用户可能在某一时段内无法复现问题，但在另一时段又突然遇到。
- 某些软件症状可能在特定的条件下才会出现，而这些条件可能非常难以准确模拟或复现。例如，问题可能只在特定的硬件配置、操作系统版本、软件配置或网络环境下发生。

- 一个软件症状可能不是由单一原因引起的，而是由多个因素的组合导致的。这意味着解决问题可能需要同时处理多个潜在的原因。
- 软件症状的影响范围可能不确定，可能只影响到少数用户或特定功能，也可能影响到整个系统或大多数用户。
- 有些症状可能只在执行特定操作或处理特定数据时才会出现。例如，处理特定格式的文件时可能会导致软件崩溃。

软件出现这些症状时，程序员需要较高的调试水平才能定位到错误代码，进而解决问题。要提高调试技能，程序员必须熟悉并掌握常用的调试工具，例如设置断点、单步执行、查看变量值和调用栈等基本功能。当程序崩溃或出现异常时，程序员要学会分析堆栈跟踪信息，通过堆栈跟踪，可以了解问题发生的调用链和上下文信息。当然，为程序编写单元测试、集成测试的测试用例，以覆盖尽可能多的代码路径，也是程序员应该掌握的自动化测试技能，这可以更容易地复现和定位问题。遇到难以解决的问题时，程序员要善用搜索引擎搜索相关信息，积极参与开发者社区和论坛，向其他开发者请教和学习经验。

10.3.2 调试实例

下载工程 DebugSample[1]，学习调试的基本技能。

【例 10.3】工程 DebugSample 有两个类：DebugMain 和 ValueProcess，它们都有错误语句，通过调试消除这些故障代码。ValueProcess 类的代码为

```
1.  public classValueProcess {
2.
3.      private int nValue[];  //数组
4.      private int nTotal;    //数组元素个数
5.
6.      public ValueProcess()
7.      {
8.          nValue  = null ;
9.          nTotal = 0;
10.     }
11.
12.     public void addValue(int v)
13.     {  //给数组添加一个整数
14.         int nIndex = nTotal - 1;
15.         nValue[nIndex] = v;
16.         nTotal ++ ;
17.     }
18.
```

① https://gitee.com/softwaretestingpractice/debug-sample

```
19.        public int getMax()
20.        {  //获取数组的最大值
21.                int max = nValue[0];
22.                for( int i = 1;i<nTotal;i ++ )
23.                        if( max<nValue[i] )
24.                                max = nValue[i];
25.                return max;
26.        }
27.
28.        public int getMin()
29.        {  //获取数组的最小值
30.                int min = nValue[0];
31.                for( int i = 1;i<nTotal;i ++ )
32.                        if( min>nValue[i] )
33.                                min = nValue[i];
34.                return min;
35.        }
36.
37.
38.        public String afterSort()
39.        {  //从小到大排列数组
40.                for( int i = 0;i<nTotal;i ++ )
41.                {
42.                        int first = nValue[i];
43.                        for( int j = i + 1;j<nTotal; j ++ )
44.                                if( first>nValue[j])
45.                                {
46.                                        first = nValue[j];
47.                                        nValue[j] = first;
48.                                }
49.                }
50.                StringBuffer buffer = new StringBuffer();
51.                for( int i = 0;i<nTotal;i ++ )
52.                {
53.                        buffer.append(nValue[i]);
54.                        buffer.append(",");
55.                }
56.                return buffer.toString();  //返回数组排序后的字符串形式
57.        }
58. }
```

类 ValueProcess 维护了一个整数数组，它有 3 个重要方法，可以获取最大值、获取最小值和对数组元素排序。类 DebugMain 是主程序，扮演 ValueProcess 驱动单元的角色。我们在调试 ValueProcess 时，应该先设计它的测试用例，将测试用例的相关代码写入 DebugMain。我们根据以下步骤定位 ValueProcess 类的错误：

(1) 运行程序，选择"a：添加一个数"，再输入 24，程序出错，抛出异常。根据程序错误症状，首先猜测错误源，也可以将程序报错的语句或者前一条语句假定为错误源。在错误源设置断点，再用 debug 形式继续运行程序，到达断点位置后改为单步执行，每执行一步就停下来观察变量值的变化，逐步验证我们对错误的猜想。最终可以发现代码在第 14 行出错，正确代码应该为"int nIndex = nTotal;"。

(2) 按照程序的提示，分别输入 25 和 36 后，再选择"b：找出已有数列的最大值最小值"，此时程序输出结果为：最大值 51，最小值 50。我们继续猜测错误源，设置断点和单步执行，再结合变量观察。如果错误源猜想不符合预期，可以让断点前移或后移大段代码。通过这些步骤，可以发现 DebugMain 类有错误语句，可以用"string str = bVT.readLine()； int num = Integer.ParseInt(str)；"取代原来的读整数代码。

(3) 按照程序的提示，给数组添加 5、20、4、30 和 6，再选择"c：对已有数组排序"，此时排序结果出错。我们可以在代码第 42 行设置断点，再单步执行并跟踪数组的值，直到找出错误根源。实际上，代码的第 46、47 行并不能交换数组元素，可以采用下述代码。

```
int tmp = nValue[j];
nValue[j] = first;
first = tmp;
```

(4) 上述错误全部排除后，可能表面上没有出现错误症状，实际程序还隐藏着一处错误，不经过严格测试是找不出来的。数组里未加入任何整数，当查找最大值和最小值时，程序应该提示"数组为空"，可程序却输出最大值 0 和最小值 0。

这个例子也告诉我们，要设计完善的测试用例，才能更好地排除故障，提高软件质量。

10.4 软件错误定位

测试用例及其执行信息，不仅可以辅助人工定位软件的错误源，还可以被应用成为自动化软件错误定位工具的帮手。

软件生命周期的开发阶段和维护阶段都有大量的调试活动。程序员通常利用断点、print 语句和断言来调试程序。比较而言，断点方法更为有效，也更受欢迎。执行引起程序故障的测试用例后，程序员先猜测可能出错的语句，设置其为断点，让程序停下来。再利用开发工具，查看内存中的变量值和程序的运行结果。如与预期一致，则判为正确语句，再猜测其他语句；如不符，则判为错误语句。如是反复，直到所有测试用例都通过。当前流行的开发平台，如 Visual Studio、MyEclipse 等都带有单步执行、变量呈现等调试工具辅助断点方法。在调试过程中，还需要不断分析常量、变量、运算符、函数、语句等之间的依赖关系。如果没有自动化或半自动化的错误定位工具，要想找到错误代码是一件非常困难的事情，复杂和大型的软件尤为甚。

为解决错误定位的难题，人们提出了许多有效的方法，自动搜索程序故障位置，将搜索结果呈现出来，由程序员决定如何修改代码。这些方法包括两大类：静态方法和动态方法。静态方法不运行程序，依据开发语言的语法语义分析源代码，但难以发现大多数逻辑错误。动态方法则运行程序，依据测试用例执行结果和代码运行轨迹来分析源代码。比较而言，动态方法更有效，也是软件错误定位领域的研究重点。动态的错误定位方法大致分为四类：①程序切片方法和谓词方法。设定感兴趣的变量或谓词，检查它们在程序运行过程中值变化情况，从而缩小错误代码搜索范围。②基于程序谱的方法，简称基于谱的方法。程序谱是指测试用例执行结果和程序实体覆盖信息。程序实体可以是语句、分支、代码片段，也可以是谓词、函数、类等。③基于模型的方法。假定程序实体的失效会遵循一个特定的模型，比如统计学模型、功能依赖模型、时间谱模型等。④数据挖掘方法。用数据挖掘算法揭示程序实体引起运行故障的特征模式。

所有软件错误定位方法中，基于谱的错误定位(Spectrum-Based Fault Localization, SBFL)最受关注。SBFL 只收集少量运行特征，计算也简单，每执行一次新的测试，很容易重新计算所有语句的错误可疑度，故而适应于大规模软件。人们提出许多 SBFL 方法，将 4 个运行特征组合成不同的语句可疑度计算公式。但这些方法存在缺陷：①对所有程序采用固定的可疑度公式。而特定的程序，受软件规模、测试套件、编程语言、程序员开发水平等因素的影响，可能出错方式与其他程序迥异。②若调试过程还收集到其他有用信息，很难集成到现有公式中。

为克服 SBFL 的两个缺点，研究者不断开发新的软件错误定位算法，包括基于排序学习的 SBFL、基于机器学习的错误定位等，这些算法将测试用例及其执行信息与源代码静态特征、程序运行时特征结合起来，取得了更好的效果。

10.4.1 基于谱的软件错误定位方法

SBFL 方法只需收集两类信息：①测试用例的执行结果：成功或失败。②程序运行时语句的覆盖程度，最为常见的是布尔值，即语句被覆盖或未被覆盖。SBFL 方法可用于所有程序实体，不失一般性，我们用语句作为研究对象。形式上，每条语句只用少量运行特征，可用四元组$<a_{ep}, a_{ef}, a_{np}, a_{nf}>$表示。SBFL 方法计算可执行语句的 4 个特征，a_{ep} 和 a_{ef} 表示测试用例执行时覆盖该语句，且程序运行结果分别为成功和失败；a_{np} 和 a_{nf} 表示测试用例执行时未覆盖该语句，且程序运行结果分别为成功和失败。显然，每条语句的四元组元素数值之和等于测试用例数目。

以图 10.9 为例，可理解 SBFL 的实现步骤。函数 middle 有 3 个整型参数，从中找到中间值，作为函数返回值。该函数共有 18 行代码，其中 15 行可执行。测试套件有 10 个测试用例。依据路径覆盖策略，设计了 $t_1 \sim t_6$ 这 6 个测试用例。考虑到程序员编写代码时，遇到>、>=、<和<=容易出错，另设计了 $t_7 \sim t_{10}$。程序中存在一处错误，在可执行语句 4，正确形式为 else if (x<z)，“<”被敲成了“>”。图的最后一行表示各测试用例的执行结果，P 表成功，F 表失败，共有 7 个成功测试用例，3 个失败测试用例。黑圆圈表示执行测试用例时语句被覆盖，空白则表示未运行该语句。以 t_1 为例，当 $x=5, y=3, z=2$ 测试 middle 时，语句 1、8、9、10 和 15 被覆盖，而其他语句不会运行。有了这些信息，容易统计出可执行语句的 4 个特征。显然，各语句的 $a_{ep}+a_{ef}+a_{np}+a_{nf}=10$，$a_{ep}+a_{np}=7$，$a_{ef}+a_{nf}=3$。

一个当然的想法是：a_{ep}越大，语句包含错误的可能性越小；a_{ef}越大，语句包含错误的可能性越大。相比而言，a_{np}和a_{nf}的大小与错误可能性关联程度小一些。但仍然可以推断：a_{np}越大，语句包含错误的可能性越小；a_{nf}越小，语句包含错误的可能性越大。SBFL 方法就是基于以上朴素想法而提出，构造一个映射函数，将 4 个特征映射为一个实数值。$\text{Jaccard}=a_{ef}/(a_{ep}+a_{ef}+a_{nf})$和 $\text{Wong1}=a_{ef}$已被证实能有效定位错误语句。依照 Wong1，语句 1、2、4、15 是最可能的错误语句，可疑度为 3。依照 Jaccard，可疑度 0.75 的语句 4 最可能出错。依 Jaccard，只需检查 1 条语句，也就是 6.67%的代码就可找到错误。在 SBFL 研究社区，Exam 值是最为常见的评估测度，当发现第一条错误语句时，所需检查的代码百分比定义为 Exam 值。其他条件相同，Exam 值越小，对应的方法越有效。Jaccard 的 Exam 值=6.67%。而依 Wong1 方法，4 条语句的可疑度都处于最高。最理想的情况，语句 4 最先检查，这种策略被称为 Best，也就是 Wong1 Best 的 Exam 值=6.67%。另一种策略 Worst，最坏的情况，语句 4 最后才被检查，这样需要检查 4 条语句，也就是 26.67%的代码才能发现错误，Wong1 Worst 的 Exam 值=26.67%。当然，Best 和 Worst 都是假设情况，简易可行的策略是 SOS(Statement Order Based)。程序员按照语句的顺序来检查代码，在依次检查语句 1 和语句 2 后，再检查语句 4，此时 Wong1 SOS 的 Exam 值=20%。Wong1 强调a_{ef}的作用，故而语句 1、2、4、15 是错误语句的可疑度同为最高，而 Jaccard 综合考虑a_{nf}、a_{ep}、a_{ef}的作用，语句 4 就变得最为可疑。在这个例子中，Jaccard 要优于 Wong1。但是一旦测试用例发生变化，又或者换做其他程序，Jaccard 和 Wong1 各有千秋。

	int middle (int x, int y, int z)	t_1 5,3,2	t_2 3,5,2	t_3 2,5,3	t_4 2,3,5	t_5 3,2,5	t_6 5,2,3	t_7 2,2,3	t_8 2,3,3	t_9 3,2,3	t_{10} 3,3,3	a_{cp},a_{cf}, a_{np},a_{nf}	Wong1	Jaccard
	{													
	int r;													
1	if(y<z)	●	●	●	●	●	●	●	●	●	●	7,3,0,0	3	0.3
2	if(x<y)				●	●	●	●		●		2,3,5,0	3	0.6
3	r=y;				●							1,0.6,3	0	0
4	/*bug*/ else if(x>z)					●	●	●		●		1,3,6,0	3	0.75
5	r=x;						●					0.1,7,2	1	0.33
6	else					●		●		●		1,2,6,1	2	0.5
7	r=z;					●		●		●		1,2,6,1	2	0.5
8	else	●	●	●					●		●	5,0.2,3	0	0
9	if(x>y)	●	●	●					●		●	5,0,2,3	0	0
10	r=y,	●										1,0,6,3	0	0
11	else if(x>z)		●	●					●		●	4,0,3,3	0	0
12	r=x;		●									1,0.6,3	0	0
13	else			●					●		●	3,0,4,3	0	0
14	r=z;			●					●		●	3,0.4,3	0	0
15	returnr;	●	●	●	●	●	●	●	●	●	●	7,3,0,0	3	0.3
	} Pass/Fail	P	P	P	P	F	F	F	P	P	P			

图 10.9 程序谱的计算

除了Jaccard和Wong1外，表10.1所示为其他常见的SBFL公式。NaishO、NaishOp、Kulczynski2、Wong1、Wong3、Jaccard、Tarantula和Ochiai是8个代表性的映射函数。以Exam值为评估测度，当程序只有一条错误语句时，Xie等人从理论上证明：NashiO与NashiOp等价，NashiOp＞Kulczyuskiz＞Ochiai＞Jaccard＞Tarantula，NashiOp＞Wong3，此处＞表示优于。而NashiOp与Wong1无法比较。各种SBFL方法无外乎将语句的4个特征组合成不同形式，但组合形式无穷。

表10.1　常用SBFL公式

名称	公式	名称	公式
Tarantula	$\frac{\frac{ef}{F}}{\frac{ef}{F}+\frac{ep}{P}}$	Ochiai	$\frac{ef}{\sqrt{F*(a_{ef}+a_{ep})}}$
Zoltar	$\frac{ef}{ef+ep+nf+\frac{10\,000*nf*ep}{ef}}$	Ample	$\left\lvert\frac{ef}{F}-\frac{ep}{P}\right\rvert$
Kulczynski2	$\frac{1}{2}\left(\frac{ef}{F}+\frac{ef}{ep+ef}\right)$	M2	$\frac{ef}{ef+np+2(nf+ep)}$
RusselRao	$\frac{ef}{F+P}$	Jaccard	$\frac{ef}{F+ep}$
NaishO	$\begin{cases}-1 & a_{nf}<0\\ a_{np} & \text{otherwise}\end{cases}$	NaishOp	$ef-\frac{ep}{P+1}$
DStar2	$\frac{ef*ef}{ep+nf}$	GP2	$2(a_{ef}+\sqrt{a_{np}})+\sqrt{a_{ep}}$
GP10	$\sqrt{\left\lvert ef-\frac{1}{np}\right\rvert}$	GP13	$a_{ef}\left(1+\frac{1}{a_{ef}+2a_{ep}}\right)$
Kulczynski1	$\frac{ef}{ep+nf}$	Wong2	$ef-ep$
Wong3	$a_{ef}-h,h=\begin{cases}a_{ep} & a_{ep}\leqslant 2\\ 2+0.1(a_{ep}-2) & 2<a_{ep}\leqslant 10\\ 2.8+0.001(a_{ep}-10) & a_{ep}>10\end{cases}$		

10.4.2　基于排序学习的SBFL

在信息检索系统，用户提交查询要求后，系统按照相关度从高到低返回一系列对象（文档、图片、视频等）。可以将软件错误定位问题看成信息检索问题。调试过程中，程序员要求查询错误语句，以行为单位，错误定位系统依可疑度从高到低返回代码，供程序员判断。

1. 排序学习算法

信息检索的相关度计算过程中，构造排序模型是关键环节。以$\boldsymbol{x}_i$作为第i个对象d_i的特征向量。以$\boldsymbol{w}$为排序模型的特征权向量，排序学习算法的目标是找到合适的$\boldsymbol{w}$，使得任意两

个对象 d_i 和 d_j，当 d_i 比 d_j 关联度高时，有 $\boldsymbol{w} * \phi(\boldsymbol{x}_i) > \boldsymbol{w} * \phi(\boldsymbol{x}_j)$。$*$ 是内积运算符，ϕ 是特征映射函数，它可以是线性的，也可以是非线性的核函数。若排序模型是线性模型，以 $\boldsymbol{w} * \boldsymbol{x}_i$ 作为关联度计算公式，判断对象的关联度高低。

从训练样本划分，排序学习大致有三类方式：单样本、样本对和多样本。其中样本对方式将损失函数建立在成对的对象上，将相关度不同的对象样本两两组合成一个实例。已有的分类算法都可加入样本对策略，用于解决排序问题。在学习阶段，组织训练数据时，当 d_i 排在 d_j 前，可构造样本 $(d_i-d_j,+1)$；反之，则构造为 $(d_i-d_j,-1)$。学习到分类模型后，若要对 d_i、d_j 排序，只需计算 d_i-d_j 的类别，若属于 $+1$ 类，则 d_i 排在 d_j 前；否则，排在 d_j 之后。

2. 排序学习 SBFL 的优化目标

软件错误定位问题的语句错误可疑度对应信息检索问题的对象关联度。以 $\boldsymbol{x}_i$ 作为程序第 i 条可执行语句的特征向量，以线性模型求解软件错误定位问题，$\boldsymbol{w}_i$ 是 $\boldsymbol{x}_i$ 的权重。假设程序有 n 条可执行语句，其中 q 条语句包含错误代码，语句特征为 m 维。U_{OK} 和 U_{Fault} 分别表示正确语句集合和错误语句集合，$n-q$ 和 q 是集合 U_{OK} 和 U_{Fault} 的元素个数。程序语句 d_i 和 d_j 的特征向量用 $\boldsymbol{x}_i$ 和 $\boldsymbol{x}_j$ 表示。基于排序学习的软件错误定位算法的优化目标为问题：

$$\min_w \frac{1}{2c}w^2 + \sum \xi_{i,j}^2 \tag{10.1}$$

使得 $\forall (d_i \in U_{\mathrm{Fault}}, d_j \in U_{\mathrm{OK}})$：

$$\sum_{t=1}^{m} w_t x_{i,t} \geqslant \sum_{t=1}^{m} w_t x_{j,t} + 1 - \xi_{i,j} \ \forall i,j : \xi_{i,j} \geqslant 0 \ i=1,2,\cdots,q, j=1,2,\cdots,n-q \tag{10.2}$$

式中，$\xi_{i,j}$ 是约束条件成立的误差标量，使得当 d_i 有错，d_j 无错时，保证 $\boldsymbol{w} * \boldsymbol{x}_i \geqslant \boldsymbol{w} * \boldsymbol{x}_j$。$C$ 是误差和权向量之间的平衡因子。显然有 $q(n-q)$ 个 $\xi_{i,j}$。

引入加号函数 $(1-y)_+ = \max(0,1-y)$，可将上述问题变为无约束问题。加号函数不可微，用分段多项式光滑函数近似 $(1-y)_+$，结合牛顿法和一维精确搜索算法可求解该无约束问题。

3. 排序的软件错误定位模型

当用排序学习算法解决软件错误定位问题，首先确定描述程序语句的特征。程序谱、切片、定义－使用对等，无论是单独使用，还是混合使用，都可表达 $\boldsymbol{x}_i$。接下来的学习过程中，针对程序的某个旧版本，任意故障语句和正确语句两两组合为式(10.2)的一个不等式；所有程序旧版本形成的不等式构成式(10.2)。求解式(10.1)和式(10.2)后，得到软件错误定位的排序模型 $\boldsymbol{w}$，与特征 $\boldsymbol{x}$ 组成动态变化的可疑度计算公式。当定位故障语句时，用可疑度公式计算所有可执行语句的错误可疑度，将语句按可疑度大小排序。定义程序第 i 条可执行语句的可疑度 $\mathrm{Susp}_i = \boldsymbol{w} * \boldsymbol{x}_i$，语句的 Susp 越大，就越被怀疑为错误代码。

10.4.3 基于机器学习的软件错误定位

特定的项目，受软件规模、测试套件、单个或多个故障、编程语言等因素的影响，可能出错方式与其他程序迥异。以表征语句可疑度的 SBFL 公式为特征集，机器学习技术可为项目搜索到对应的最优故障代码判别模型。然而，这些方法和传统的 SBFL 技术相似，可疑度只依赖于测试用例执行结果和程序实体覆盖信息，错误定位效果受到严重制约。要提升性能，程序逻辑复杂度、故障语句类型和测试用例集等因素都应该考虑。由此，研究者拓宽思路，引入表征软件的其他视角数据，开发了许多基于机器学习的软件错误定位方法。

从搜索式软件错误定位和软件复杂性度量研究工作得到启发，我们设计了一种集成程序谱和代码行静态属性的排序学习方法，由线性排序支持向量机构造语句级的错误定位模型。语句的其他轻量特征，例如结构化类别、变量谱、语句认知复杂度以及程序元素改变频率，也能够方便地集成到搜索方法中。

1. 程序谱特征

程序谱特征选择23个SBFL公式为排序学习的程序谱特征。为加快学习算法收敛速度，类似Overlap，将这些SBFL的可疑度值归一化到区间[0,1]。

2. 语句的结构化类别

在结构复杂的代码中，程序员更容易出错。因此，划分如表10.2所示的4种语句类别作为表征语句的特征，特征向量值为0或者1。为简化问题，并不执行重叠计数，任一语句只属于某一类，若循环（或return）语句包含条件判断，判为循环（或return）语句。

表10.2 语句的结构化类别

序号	语句类别特征	序号	语句类别特征
1	是否循环语句	3	是否return语句
2	是否条件语句	4	其他类型语句

3. 程序语句的静态属性

一般来说，越复杂的程序语句（代码行），其导致软件出现故障的概率越大。代码复杂度与软件质量属性紧密联系，可分为内在复杂度和外在复杂度，软件的内在复杂度容易获取，外在复杂度获取代价大。软件工程领域的代码复杂度研究成果繁多，常见的有代码行数、圈复杂度、类继承层次、模块扇入扇出、程序运行时间和可执行模块大小等。目前，还没有出现以语句为单位的代码复杂性测度，而我们的目标要求定位到故障语句，因此选取了如表10.3所示的语句内在静态属性来表征语句复杂度。

表10.3 语句静态属性

序号	语句复杂性静态属性	序号	语句复杂性静态属性
1	顶层局部变量数目	4	方法（函数）调用数目
2	参数数目	5	逻辑运算符种类
3	全局变量和类属性数目	6	其他运算符种类

4. 语句静态属性计算的实例

表10.3语句静态属性为序号1～4的特征，同名的并不重复计数；序号5的逻辑运算符限于&&、||、!这3个，序号6不统计赋值运算符。并不从属方法（函数）的语句，其序号1和2的特征值皆为0。

如某个类的方法annotation有9行代码：

```
1.  float annotation(Config config, Type type, float r) {
2.        float desc = 0,ac = 0;              //(2,0,0,0,0,0,0,0,0,1)
3.        for( int i = 0;i<10;i++ ){         //(0,0,0,0,0,2,1,0,0,0)
4.              desc + = cevf(config,r);    //(1,2,0,1,0,0,0,0,0,1)
```

```
5.            if( (desc>100 && desc<200) || (desc>r && ac<r) )
                                                //(2,1,0,0,2,2,0,1,0,0)
6.                       ac = devf(type);       //(1,1,0,1,0,0,0,0,0,1)
7.     }
8.     return desc + ac - pfVoc;                //(2,0,1,0,0,2,0,0,1,0)
9. }
```

该方法有参数 config、type 和 r,有顶层局部变量 desc 和 ac(注意,第 3 行的 i 是定义在 for 语句块的局部变量),pfVoc 为方法所属类的属性,cevf 和 devf 是方法(函数)名称,则对应行的特征向量可从注释观察到。注释的 10 维特征向量,前 6 维属于语句静态属性,后 4 维属于语句结构化类别。例如,第 5 行有两个顶层局部变量,两种关系运算符(&& 和||),两种其他运算符(<和>),属于条件语句,所以它的特征向量为:(2,1,0,0,2,2,0,1,0,0)。

5. 机器学习算法训练错误定位模型

获取到语句的多维特征后,就可以使用机器学习算法从数据集训练得到软件错误定位模型。令 PS 为训练集,其元素由同一版本成对的故障语句与非 bug 语句构成(x_i 和 x_j)。这些机器学习算法的优化目标为

$$\min_{w} \frac{1}{2} w^T w + C \sum_{(i,j) \in PS} \max(0, 1 - w^T (x_j - x_j)) \tag{10.3}$$

式中,$\boldsymbol{w}$ 是样本(语句)的权向量,也就是机器学习算法训练的错误定位模型,C 是模型的平衡因子。非故障语句判为错误语句,或者错误语句判为非故障语句,模型尽力减小这些误判引起的误差实数值,另外模型还得保持泛发性,两者的平衡由 C 来调节。令某条语句的特征向量为 $\boldsymbol{x}$,则该语句的可疑度值 $=\boldsymbol{w} * \boldsymbol{x}$,$*$ 为内积运算。语句的 $\boldsymbol{w} * \boldsymbol{x}$ 值越大,它就越可能包含故障。特征集除程序谱、语句静态属性、变量谱外,还可以加入其他语句级的特征。排序学习、梯度提升树、K 近邻、支持向量机、随机森林和决策树等机器学习算法都可用于训练软件错误定位模型。

工程 DebugSample 代码

基于排序学习算法的软件错误定位模型研究

融合语句复杂度的软件错误定位轻量级方法

参考文献

[1] 朱少民.全程软件测试(十周年版)[M].北京:人民邮电出版社,2019.

[2] 朱少民.软件测试[M].2版.北京:人民邮电出版社,2016.

[3] thl789.Java 语言编码规范[EB/OL].https://blog.csdn.net/thl789/article/details/8025273,2012-9-27.

[4] Oracle.Code conventions for the Java programming language[EB/OL].(1999-4-20)[2024-1-20].https://www.oracle.com/java/technologies/javase/codeconventions-introduction.html.

[5] treewith.[个体软件过程]之缺陷管理——C++代码复查指南和检查表[EB/OL].(2003-5-8)[2023-12-20].http://blog.csdn.net/treewith/article/details/18469.

[6] 百度文库.FindBugs 介绍[EB/OL].[2023-12-20].http://wenku.baidu.com/view/ad628c5d3b3567ec102d8a2c.html.

[7] www.sourceforge.net.FindBugs downloads[EB/OL].[2023-12-20].http://findbugs.sourceforge.net/downloads.html.

[8] 田迎晨,李柯君,王太明,等.代码坏味研究综述[J].软件学报,2023,34(1):150-170.

[9] 51Testing 教研团队.软件测试核心技术—从理论到实践[M].北京:人民邮电出版社,2020.

[10] 杜庆峰.软件测试技术[M].2版.北京:清华大学出版社,2021.

[11] 蔡建平.嵌入式软件测试实用技术[M].北京:清华大学出版社,2010.

[12] 赵翀,孙宁.软件测试技术—基于案例的测试[M].北京:机械工业出版社,2011.

[13] 郑人杰,许静,于波.软件测试[M].北京:人民邮电出版社,2011.

[14] Peter Liggesmelyer.软件的质量—软件的分析、测试与验证[M].于芳,译.北京:机械工业出版社,2009.

[15] Ron Patto.软件测试[M].张小松,王珏,曹跃,等译.北京:机械工业出版社,2006.

[16] 黄武,洪玫,杨秋辉,等.软件测试与维护基础教程[M].北京:机械工业出版社,2012.

[17] 佟伟光.软件测试[M].2版.北京:人民邮电出版社,2015.

[18] 51Testing 软件测试网.软件测试专项技术—基于 Web、移动应用和微信[M].北京:人民邮电出版社,2020.

[19] 陈霁,王富,武夏.敏捷测试从零开始[M].北京:清华大学出版社,2022.

[20] 魏晋强.软件测试技术及应用研究[M].北京:中国原子能出版社,2021.

[21] 宫云战.软件测试教程[M].3版.北京:机械工业出版社,2021.

[22] 崔梦天,张波,郭雪峰.软件测试原理及应用[M].成都:西南交通大学出版社,2018.

[23] 黑马程序员.软件测试[M].2版.北京:人民邮电出版社,2023.

[24] 朱建凯.软件工程及软件建模[M].北京:北京邮电大学出版社,2019.

[25] 周元哲,张庆生,王伟伟,等.软件测试案例教程[M].北京:机械工业出版社,2020.

[26] 张卫祥,魏波,张慧颖,等.智能化软件测试基础[M].北京:清华大学出版社,2023.

[27] 于艳华,孙佳帝.软件测试项目实训[M].北京:电子工业出版社,2023.

[28] 肖利琼.软件测试之困:测试工程化实践之路[M].北京:人民邮电出版社,2023.
[29] 斛嘉乙,符永蔚,樊映川.软件测试技术指南[M].北京:机械工业出版社,2019.
[30] 钱巨.软件测试实验:从应用实践到工具研制[M].北京:清华大学出版社,2023.
[31] 顾翔.软件测试技术实战—设计、工具及管理[M].北京:人民邮电出版社,2017.
[32] 北京新奥时代科技有限责任公司.互联网软件测试(初级)[M].北京:人民邮电出版社,2022.
[33] 付朝晖.软件测试技术与实践[M].北京:电子工业出版社,2023.
[34] 邹福英,陈玲,等.软件测试实战指南[M].北京:人民邮电出版社,2023.
[35] 兰景英.软件测试技术与实践[M].北京:清华大学出版社,2023.
[36] James Whittaker, Jason Arbon, Jeff Carollo. Google 软件测试之道[M] .黄利,李中杰,薛明,译.北京:人民邮电出版社,2023.
[37] 李龙.软件测试架构时间与精准测试[M].北京:人民邮电出版社,2018.
[38] 刘文红,张卫祥,司倩然,等.软件测试实用方法与技术[M].北京:清华大学出版社,2017.
[39] 高炽扬.软件测试分析与实践[M].北京:电子工业出版社,2022.
[40] 赵强.大话软件测试—性能、自动化及团队管理[M].北京:清华大学出版社,2018.
[41] 王朝阳,傅江如,陆怡颐,等.敏捷测试实战指南[M].北京:人民邮电出版社,2021.
[42] 朱少民,李洁.敏捷测试——以持续测试促进持续交付[M].北京:人民邮电出版社,2021.
[43] 顾翔.全栈软件测试工程师宝典[M].北京:清华大学出版社,2020.
[44] 郭雷.软件测试[M].3 版.北京:高等教育出版社,2022.
[45] 谭凤,宁华.软件测试技术.2 版.北京:清华大学出版社,2020.
[46] 保罗·C·乔根森.基于模型的测试:一个软件工艺师的方法[M].王轶辰,王轶昆,曹志钦,译.北京:机械工业出版社,2019.
[47] 吴迪.软件测试[M].北京:北京邮电大学出版社,2020.
[48] 高静,张丽,陈俊杰,等.软件测试与质量保证[M].北京:清华大学出版社,2023.
[49] Iftikhar U, Ali N B, Börstler J. A tertiary study on links between source code metrics and external quality attributes[J]. Information and Software Technology, 2024(165).
[50] Yilmaz N, Tarhan A K. Quality evaluation models or frameworks for open source software: A systematic literature review[J]. Journal of Software: Evolution and Process, 2022, 34(6): e2458.
[51] Pecorelli F, Palomba F, Lucia A D. The relation of test-related factors to software quality: A case study on Apache systems[J]. Empirical Software Engineering, 2021(26), article number 18.
[52] Dallal J A, Briand L C. A precise method-method interaction-based cohesion metric for object-oriented classes[J]. ACM Transactions on Software Engineering and Methodology , 2012, 21(2):1-34.
[53] 李凡,田文洪,王伟东.软件测试技术[M].北京:机械工业出版社,2016.
[54] 国家市场监督管理总局,国家标准化管理委员会.GB/T 38634.1—2020 系统与软件工程软件测试 第 1 部分:概念和定义[S].北京: 中国标准出版社, 2020.

[55] 国家市场监督管理总局,国家标准化管理委员会.GB/T 38634.2—2020 系统与软件工程软件测试 第 2 部分:测试过程[S].北京：中国标准出版社，2020.

[56] 国家市场监督管理总局,国家标准化管理委员会.GB/T 38634.3—2020 系统与软件工程软件测试 第 3 部分:测试文档[S].北京：中国标准出版社，2020.

[57] 国家市场监督管理总局,国家标准化管理委员会.GB/T 38634.4—2020 系统与软件工程软件测试 第 4 部分:测试技术[S].北京：中国标准出版社，2020.

[58] ISO/IEC/IEEE 29119-1：2022. Software and systems engineering—Software testing—Part 1：Concepts and definitions[S]. Geneva，Switzerland：International Organization for Standardization (ISO)，2022.

[59] ISO/IEC/IEEE 29119-2：2021. Software and systems engineering—Software testing—Part 2：Test processes[S]. Geneva，Switzerland：International Organization for Standardization (ISO)，2021.

[60] ISO/IEC/IEEE 29119-3：2021. Software and systems engineering—Software testing—Part 3：Test documentation [S]. Geneva，Switzerland：International Organization for Standardization (ISO)，2021.

[61] ISO/IEC/IEEE 29119-4：2021. Software and systems engineering—Software testing—Part 4：Test techniques [S]. Geneva，Switzerland：International Organization for Standardization (ISO)，2021.

[62] 高原,刘辉,樊孝忠,等.代码坏味的处理顺序[J].软件学报,2012,23(8):1965-1977.

[63] SpotBugs.Running SpotBugs[EB/OL].[2024-2-20]. https://spotbugs.readthedocs.io/en/latest/ running.html.

[64] w3cschool.Swing 教程[EB/OL].[2024-2-20]. https://www.w3cschool.cn/swing.

[65] w3school. XML 教程[EB/OL].[2024-2-20]. https://www. w3school. com. cn/xml/index.asp.

[66] runoob. XML 教程[EB/OL].[2024-2-23]. https://www. runoob. com/xml/xml-tutorial.html.

[67] Stefan Bechtold，Sam Brannen，Johannes Link，et al. JUnit 5 User Guide[EB/OL].[2024-2-23]. https:// junit.org/junit5/docs/current/user-guide.

[68] 家桥居士.JUnit5 用户手册 5.10 中文版[EB/OL].(2023-12-17)[2024-2-23]. https://blog.csdn.net/qq_69684924 /article/details/135048605.

[69] AssertJ. AssertJ-fluent assertions java library[EB/OL].[2024-2-14]. https://assertj.github.io/doc.

[70] WebDriver. WebDriver drives a browser natively，learn more about it.[EB/OL].[2024-2-15]. https://www.selenium.dev/documentation/webdriver.

[71] MDN web docs.XPath.[EB/OL].[2024-2-15]. https://developer.mozilla.org/zh-CN/docs/Web/XPath.

[72] Test Practices. Some guidelines and recommendations on testing from the Selenium project.[EB/OL].[2024-2-17]. https://www. selenium. dev/documentation/test_practices.

[73] W3schools.XPath Tutorial[EB/OL].[2024-2-20]. https://www.w3schools.com/xml/xpath_intro.asp.

[74] 何海江.基于排序学习算法的软件错误定位模型研究[J].电子科技大学学报，2017，46(3):577-582.

[75] 何海江.融合语句复杂度的软件错误定位轻量级方法[J].计算机工程与科学，2022，44(12):2187-2195.

[76] ZOU Daming，LIANG Jingjing，XIONG Yingfei，et al. An empirical study of fault localization families and their combinations[J]. IEEE Transactions on Software Engineering，2021，47(2):332-347.